控制系统设计与应用综合实验教程

李 伟　韩治国　许 锦　编著

西北工业大学出版社

西 安

【内容简介】 控制系统设计与应用是控制领域技术人员需要具备的关键之一。控制系统分析与设计技术工程性强，如果缺少实践性环节的学习和锻炼，将对控制技术的深刻理解和掌握产生影响。本书分为5章，主要介绍基于经典控制理论与现代控制理论的控制器设计基本方法，内容包括经典控制理论基础、现代控制理论基础、直线一级倒立摆控制系统设计实验以及飞行器控制系统半物理仿真实验等，并在附录给出了实验中可能经常使用的工具软件的简要说明。本书通过对控制系统组成原理的深入分析，在组件、系统和应用对象3个层次上合理组织实验模块，旨在让学生借助实验手段较为全面地掌握制导与控制技术。

本书可作为高等学校自动控制类和航空航天类专业高年级本科学生、研究生的实践课程教材，或作为毕业设计、课程设计和实验研究的辅导书，也可供控制领域技术人员的工程实践活动参考书。

图书在版编目(CIP)数据

控制系统设计与应用综合实验教程/李伟，韩治国，许锦编著．—西安：西北工业大学出版社，2021.3
ISBN 978-7-5612-7599-3

Ⅰ.①控…　Ⅱ.①李…②韩…③许…　Ⅲ.①控制系统设计-高等学校-教材　Ⅳ.①TP273

中国版本图书馆CIP数据核字(2021)第049351号

KONGZHI XITONG SHEJI YU YINGYONG ZONGHE SHIYAN JIAOCHENG
控制系统设计与应用综合实验教程

责任编辑：华一瑾　　策划编辑：华一瑾
责任校对：宋辰浩　　装帧设计：李　飞
出版发行：西北工业大学出版社
通信地址：西安市友谊西路127号　　邮编：710072
电　　话：(029)88491757，88493844
网　　址：www.nwpup.com
印 刷 者：陕西向阳印务有限公司
开　　本：787 mm×1 092 mm　1/16
印　　张：10.875
字　　数：285千字
版　　次：2021年3月第1版　　2021年3月第1次印刷
定　　价：48.00元

前　言

随着科学技术的快速发展，现代社会对控制理论、控制技术、控制系统与应用等提出了更高的要求，因此，夯实控制理论知识基础是高校人才培养的重要责任。工业生产和科学技术的发展，自动控制技术已经广泛、深入地应用于社会各方面，如航空航天技术、交通运输等。自动控制原理与现代控制理论作为高等工科院校重要的技术基础课程，如何提高学生对这些课程理论知识的掌握程度，是亟需解决的问题。

倒立摆是控制领域经典的研究对象之一，它具有非线性、强耦合等工程中十分普遍的特性。在控制领域，为了解决遇到的许多典型问题而提出的控制策略均可通过倒立摆实验系统来进行检验，其控制效果可以通过摆杆和小车的稳定性直观地体现出来。对倒立摆控制系统的研究不仅在理论层面意义重大，而且对工业生产的发展进步也有着很重要的作用。通过对倒立摆控制方法的研究，不仅对夯实学生控制理论技术基础具有重要作用，而且对提高学生工程技术以及分析问题的能力也具有重要作用。

为了进一步提高高等学校航空、航天类学生对工程技术问题的分析能力，本书还增加了飞行控制技术的半实物仿真实验内容。通过使用 ACE－1 型导航制导与控制实验装置，为学生搭建一个实验内容相对独立、体系较为完备的开放式实验平台。从实验基本原理、实验内容的组织与实施等多方面解决长期困扰飞行器设计相关专业的实验教学问题。

本实验教程内容广泛，涉及很多方面的技术知识，因此，在编写的过程中参考了大量可贵文献，并从中汲取了较多的研究成果，有些成熟理论、方法、工具软件的说明等内容是根据国内外优秀文献的相关内容选编、整理而成的。在此，对所引用文献的中外专家、学者表示崇高的敬意和衷心的感谢。西北工业大学教务处和西北工业大学出版社对本书的出版给予了热情支持，在此一并深致谢忱。

由于笔者水平有限，书中一定存在疏漏或不妥之处，恳请读者批评指正。

编著者

2020 年 10 月

目　　录

第1章　绪　　论

1.1　自动控制的基本原理与方法

1.1.1　自动控制技术及其应用

在现代科学技术的众多应用领域中，自动控制技术起着越来越重要的作用。所谓自动控制，是指在没有人直接参与的情况下，利用外加的设备或装置（控制装置或控制器），使机器、设备或生产过程（统称被控对象）的某个工作过程或参数（被控量）自动地按照预定规律运行。例如，数控机床按照预定程序自动地切削工件；化学反应炉的温度或压力自动地维持恒定；雷达和计算机组成的导弹发射和制导系统，自动地将导弹导引到敌方目标；无人驾驶飞机按照预定航迹自动升降和飞行；人造卫星准确地进入预定轨道运行并回收等，这一切都是以应用高水平的自动控制技术为前提的。

近数十年来，随着电子计算机技术的发展和应用，在宇宙航行、机器人控制、导弹制导以及核动力等高新技术领域中，自动控制技术更是具有特别重要的作用。不仅如此，自动控制技术的应用范围现已扩展到生物、医学、环境、经济管理和其他许多社会生活领域中，并已成为现代社会活动中不可缺少的重要组成部分。

1.1.2　自动控制科学

自动控制科学是研究自动控制共同规律的技术科学，它的诞生与发展源自自动控制技术的应用。

20 世纪 40 年代，是系统和控制思想空前活跃的时代。1945 年，贝塔朗菲提出了“系统论”，1948 年，维纳提出了著名的“控制论”，至此形成了完整的控制理论体系——以传递函数为基础的经典控制理论，主要研究单输入单输出、线性定常系统的分析和设计问题。

20 世纪五六十年代，人类开始征服太空。1957 年，苏联成功发射了第一颗人造地球卫星，1968 年，美国阿波罗飞船成功登上月球。在这些举世瞩目的里程碑事件中，自动控制技术起着不可磨灭的作用，也因此催生了 20 世纪 60 年代第二代控制理论——现代控制理论的发展，其中包括以状态为基础的状态空间法、贝尔曼的动态规划法、庞特里亚金的极小值原理和卡尔曼滤波器。现代控制理论主要研究具有高性能、高精度和多耦合回路的多变量系统的分析和设计问题。

从20世纪70年代开始，随着计算机技术的不断发展，出现了许多以计算机控制为代表的自动化技术，如可编程控制器和工业机器人，自动化技术发生了根本性的变化，其相应的自动控制科学研究也出现了许多分支，如自适应控制、模糊控制和神经网络控制等。此外，控制论的概念、原理和方法还被用来处理社会、经济、人口和环境等复杂系统的分析与控制，形成了经济控制论和人口控制论等学科分支。目前，控制理论还在基础发展阶段，正朝着以控制论、信息论和仿生学为基础的智能控制理论深入发展。

1.2 自动控制在航空航天领域的应用

航空航天技术是21世纪以来发展最迅速、对人类社会最有影响力的尖端科学技术领域之一。飞行器是航空航天活动的重要载体，也是航空航天技术的核心组成部分。飞行控制技术作为飞行器的灵魂，是实现飞行器安全、稳定飞行的重要保障，对飞行器系统设计有着举足轻重的作用。飞行器可以粗略分为航空飞行器(如导弹)、航天飞行器(如卫星)以及临近空间飞行器三大类。虽然不同类别的飞行器所处飞行环境以及动力学特性大相径庭，但从控制设计角度来看，它们都是典型的具有多变量、多通道耦合、不确定、易受干扰等特点的非线性被控对象，所追求的目标也都是速度快、精度高、准确、稳定又具良好机动性。随着控制理论的蓬勃发展与飞行器控制研究的不断深入，当前有关非线性系统的各种控制设计方法几乎均被尝试应用于飞行器控制系统设计中，内容遍及古典控制、现代控制、时域方法、频域方法、鲁棒控制、自适应控制、预测控制和智能控制等诸多方法。

航空航天技术的迅速发展离不开现代控制理论的不断完善。比如在实现惯性导航系统的过程中，控制技术起到了至关重要的作用。平台系统依靠陀螺仪、稳定回路使台体稳定在惯性空间，而捷联系统中惯性仪表采用力反馈回路来实现角速度或加速度等信息的敏感。在平台系统的初始对准中，通过调平回路和方位对准回路分别实现水平对准和方位对准。上述过程的实现，都需要通过设计满足各种性能指标的控制器来实现。目前，随着控制技术的发展，科技工作者对一些新型的控制理论和方法在惯性导航系统中的应用进行了探索，目的是提高惯性导航系统的精度、鲁棒性、稳定性、可靠性、环境适应性以及满足小型化的需求。

目前，许多轻型高飞行性能的飞机的最主要的部件是数字飞行控制系统。F-16和X-29飞机中的机械联动机构已被数字计算机和电线代替，因此，又称“以线飞行”系统。为了增强飞行性能，这些飞机被设计得静态(开环)不稳定。数字式的线飞行系统可以被设计得能改变飞机的飞行特性，控制系统全时间工作以镇定飞机，并支持驾驶人员发出的各种指令。这种设计由于采用了快到足以反映流体动力学的波动和镇定一个不稳定动态系统的数字控制系统而得到实现。用控制理论去设计这些飞机的确是一个重大的成功。很明显，将来“超性能”飞机的出现将取决于快速、完善的设计研究的进展。

航天飞机装备着包括两部不同的数字自动驾驶仪的精密控制系统，其中一部驾驶仪专用来控制飞机在轨道上的上升和下降动作，另一部则用来控制飞机在轨道上的正常飞行。控制和数字控制处理功能由五部相同的IBMAP-101计算机完成。轨道飞行控制系统用状态估计和开关控制等各种现代控制原理构成控制规律。例如，反应控制系统依靠在每个转轴上的相平面中预先规划好的切换曲线来控制推进器的正、负点火指令，这一设计需要广泛研究飞行体和动态负载间所有可能的不利的动态反应。作为预防故障的手段，要设计能对转动率的极值、推进器的冲力强度给予限制的装备。除此之外，还备有一个更新试验驾驶仪，它具有一个用以选择发动机喷射器的与线性规划算法相结合的三维相空间控制规律。这个自动驾驶仪经飞行试验证明，它对飞机动态变化有很强的适应性。

第2章　经典控制理论基础

2.1　概　述

在实际工程控制中，往往需要设计一个系统并选择适当的参数以满足性能指标的要求，或对原有系统增加某些必要的元件或环节，使系统能够全面满足性能指标要求，此类问题就称为系统校正与综合，或称为系统设计。系统设计过程是一个反复试探的过程，需要许多经验的积累，MATLAB/Simulink 为控制系统设计提供了有效的手段。

本章主要介绍控制系统校正与综合的基本概念和常用设计方法，重点阐述 PID 控制器的设计原理，以及基于 MATLAB/Simulink 的线性控制系统设计方法。

2.2　控制系统校正与综合基础

设计控制系统的目的是使控制系统满足特定的性能指标要求，性能指标与控制精度、相对稳定性和响应速度等因素有关。在设计控制系统时，确定控制系统性能指标是非常重要的工作。

2.2.1　控制系统性能指标

性能指标有多种形式，不同的设计方法选用的性能指标是不同的，不同的性能指标之间又存在着某些联系，这些都需要在确定性能指标时仔细考虑。

(1)性能指标概述。按类型，控制系统的性能指标可按如图 2－1 所示进行分类。

1)时域性能指标，包括稳态性能指标和动态性能指标。

2)频域性能指标，包括开环频域指标和闭环频域指标。

在控制系统设计中，采用的设计方法一般依据性能指标的形式而定。若性能指标以单位阶跃响应的峰值时间、调节时间等时域特征量给出，则一般采用根轨迹法进行设计；若性能指标以相角裕度、幅值裕度等频域特征量给出，则一般采用频率法进行设计。工程上通常采用频率法进行设计，因此需要通过近似公式对时域和频域两种性能指标进行转换。

(2)二阶系统频域指标和时域指标的关系。各类性能指标是从不同的角度来表示系统性能的，它们之间存在内在联系。二阶系统是设计中最常见的系统，对于二阶系统，时域指标和频域指标能用数学公式准确地表示出来，其可统一采用阻尼比 ζ 和无阻尼自然振荡频率 ω_n 进行描述。

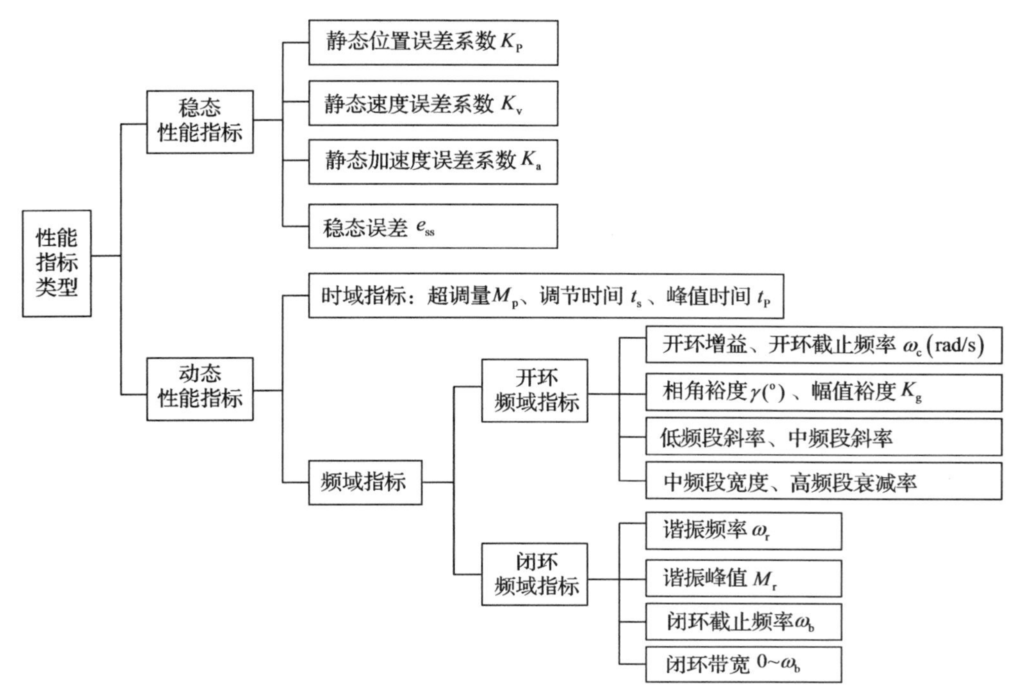

图 2-1　控制系统性能指标分类图

1)超调量 M_p：

$$M_p = \mathrm{e}\,\frac{\pi\zeta}{\sqrt{1-\zeta^2}} \times 100\%$$

2)调节时间 t_s：

$$t_s = \frac{3.5}{\zeta\omega_n}, \qquad \omega_c t_s = \frac{7}{\tan\gamma}$$

3)上升时间 t_r：

$$t_r = \frac{\pi - \arctan\dfrac{\sqrt{1-\zeta^2}}{\zeta}}{\omega_n\sqrt{1-\zeta^2}}$$

4)谐振峰值 M_r：

$$M_r = \frac{1}{2\zeta\sqrt{1-\zeta^2}}, \quad 0 \leqslant \zeta \leqslant \frac{\sqrt{2}}{2}$$

5)谐振频率 ω_r：

$$\omega_r = \omega_n\sqrt{1-2\zeta^2}$$

6)闭环截止频率 ω_b：

$$\omega_b = \omega_n\sqrt{1-2\zeta^2+\sqrt{2-4\zeta^2+2\zeta^4}}$$

7)相角裕度 γ：

$$\gamma = \arctan\frac{2\zeta}{\sqrt{\sqrt{1+4\zeta^4}-2\zeta^2}}$$

8)开环截止频率 ω_c：

$$\omega_c=\omega_n\sqrt{\sqrt{1+4\zeta^4}-2\zeta^2}$$

2.2.2 控制系统校正概述

为使控制系统满足一定的性能指标，通常需要在控制系统中引入一定的附加装置，称为控制器或校正装置。

根据校正装置的特性，可分为超前校正装置、滞后校正装置和滞后-超前校正装置。

(1)超前校正装置。校正装置输出信号在相位上超前于输入信号，即校正装置具有正的相角特性，这种校正装置称为超前校正装置，对系统的校正称为超前校正。

(2)滞后校正装置。校正装置输出信号在相位上滞后于输入信号，即校正装置具有负的相角特性，这种校正装置称为滞后校正装置，对系统的校正称为滞后校正。

(3)滞后-超前校正装置。校正装置在某一频率范围内具有负的相角特性，而在另一频率范围内却具有正的相角特性，这种校正装置称为滞后-超前校正装置，对系统的校正称为滞后-超前校正。

(4)串联校正。若校正元件与系统的不可变部分串联起来，则称这种形式的校正为串联校正，如图 2－2 所示。串联校正通常设置在前向通道中能量较低的点，为此通常需要附加放大器以增大增益，补偿校正装置的衰减或进行隔离。

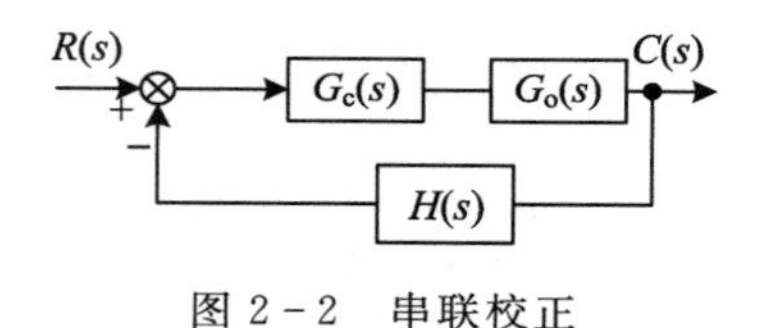

图 2－2　串联校正

图 2－2 中的 $G_o(s)$ 表示前向通道不可变部分的传递函数，$H(s)$ 表示反馈通道不可变部分的传递函数，$G_c(s)$ 表示校正部分的传递函数。

(5)反馈校正。如果从系统的某个元件输出取得反馈信号，构成反馈回路，并在反馈回路内设置传递函数为 $G_c(s)$ 的校正元件，则称这种形式的校正为反馈校正，如图 2－3 所示。反馈削弱了前向通道上元件变化的影响，具有较高的灵敏度，单位反馈时也容易控制偏差，这就是较多地采用反馈校正的原因。

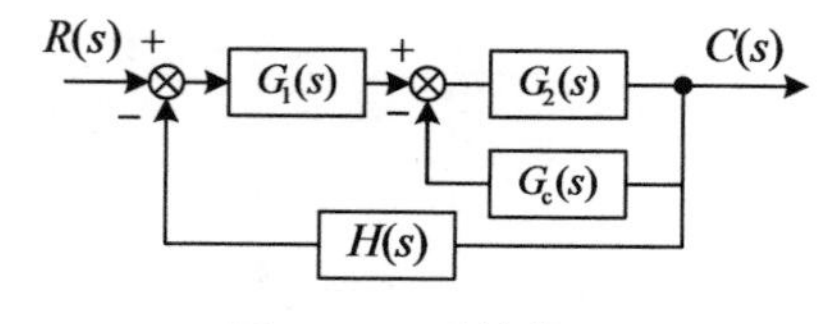

图 2－3　反馈校正

(6)前馈校正。如果从系统的输入元件输出取得前馈信号，构成前馈回路，并在前馈回路内设置传递函数为 $G_c(s)$ 的校正元件，如图 2－4 所示，则称这种形式的校正为前馈校正，它是在系统反馈回路之外采用的校正方式之一。前馈校正通常用于补偿系统外部扰动的影响，也可用于对控制输入进行校正。

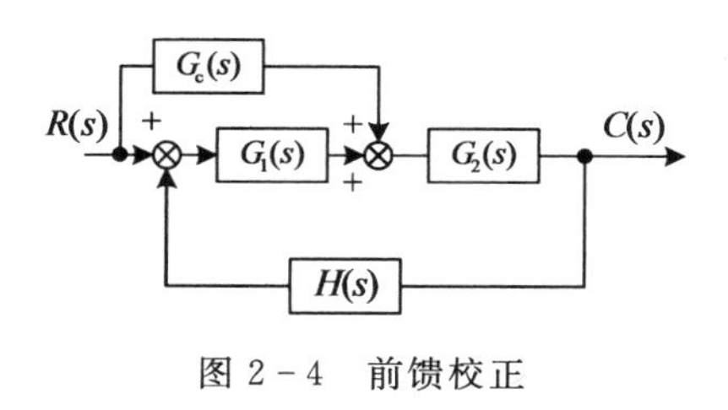

图 2－4　前馈校正

2.3　PID 控制器设计及 MATLAB/Simulink 应用

当今自动控制技术大部分是基于反馈概念的。反馈理论包括测量、比较和执行三个基本要素。测量关心的是变量，并与期望值相比较，以此误差来纠正和调节控制系统的响应。反馈理论及其在自动控制中应用的关键是做出正确测量与比较后，如何用于系统的纠正与调节。

在过去的数十年里，PID 控制器在工业控制中得到了广泛应用。在控制理论和技术飞速发展的今天，工业过程控制中 95%以上的控制回路都具有 PID 结构，并且许多高级控制都是以 PID 控制为基础的。

PID(比例-积分-微分)控制器作为最早实用化的控制器已有 70 多年历史了，现在仍然是应用最广泛的工业控制器。PID 控制器简单易懂，使用中不需要精确的系统模型等先决条件，因而成为应用最为广泛的控制器。

PID 控制器结构和算法简单，应用广泛，但参数整定方法复杂，通常用凑试法来确定。通常根据具体的调节规律、不同调节对象的特征，经过闭环实验，反复凑试。利用在 MATLAB/Simulink 环境下仿真，不仅可以方便、快捷地获得不同参数下系统的动态特性和稳态特性，而且还能加深理解比例、积分和微分环节对系统的影响，积累凑试整定法的经验。

2.3.1　PID 简介

PID 是 Proportion Integration Differentiation 的英文简称，中文名称就是比例-积分-微分，是一种在自动控制技术中占有非常重要地位的控制算法，大家也习惯称其为“万能算法”。时至今日，凡是有“自动控制”能力的产品，几乎无一不应用到 PID 算法，大至武器、飞机、轮船，小至家电、物联网设备、儿童玩具等等，任何一个需要将某一个物理量“保持稳定”的场合(比如稳定温度、维持平衡、保持转速等)都会有它的身影。图 2－5 为 PID 控制的工程应用案例。

例如，人们日常使用的空调，它是使用 PID 算法将室内温度控制在设定的温度；冰箱使用 PID 算法将其内部温度控制在其面板上预定的温度；热水器使用 PID 算法将水温控制在人们想要的温度；两轮平衡小车使用 PID 算法维持其动态平衡状态；汽车使用 PID 算法实现其定速巡航功能；手机导航使用 PID 算法准确分析其运动状态；无人机使用 PID 算法稳定其飞行姿态。PID 在人们周围无处不在，虽然人们看不见它(PID 算法一般以各种程序形式存储在设备控制芯片中，类似人的思想存储于大脑中)，但它却一直低调地尽心尽力帮助人类实现“自动控制”，让人们的世界变得更加便利与美好。

(a)

(b)

图 2-5　PID 控制的工程应用案例

(a)平衡车；(b)四旋翼无人机

根据 PID 算法而设计的 PID 控制器(也称 PID 调节器)问世至今，以其结构简单、工作可靠、调整方便、性价比高而成为工业过程控制的主要技术，在石油、化工、电力和冶金等部门都有着广泛的应用。据统计，工业控制的控制器中 PID 类控制器应用比例高达 90%以上。PID 算法从诞生到现在已有多年的历史，但其在控制界的地位至今仍无法撼动，无愧于控制界中的“老大哥”。不过有一个名为 ADRC(Active Disturbance Rejection Control，自抗扰控制)算法的小弟一直想挑战 PID 的大哥地位，ADRC 号称 PID 的继承者，最近几年受到越来越多的关注也是不争的事实，但至于 ADRC 能否挑战成功，人们还将拭目以待。图 2-6 为工业中常用的 PID 调节器。

2.3.2　反馈控制简介

PID 算法是一种经典的反馈控制算法，为了能够对后续内容进行更好地学习，这一节以家用燃气型恒温热水器(见图 2-7)为例来说明什么是典型反馈控制系统。

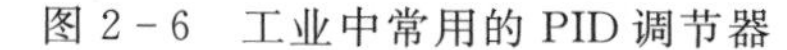

图 2-6　工业中常用的 PID 调节器

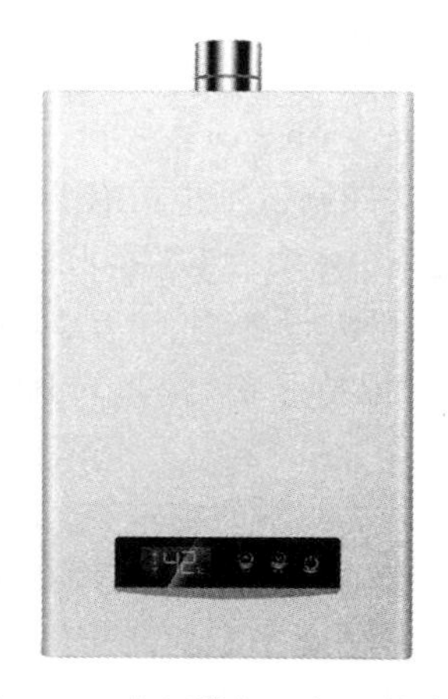

图 2-7　家用燃气型恒温热水器

洗澡前，人们一般会通过热水器面板上的调节按钮来设定一个水温值，这个值就是控制理论里经常提到的期望值或给定值，对控制系统来说这个值就是输入信号，所以也称为输入量或给定量，在这里用 R 来表示。人们希望洗澡时热水器水箱内的水温能恒定在这个值，而不是忽冷忽热，天气热的时候这个值可以设低一点，天气冷的时候这个值可以设高一点。这里以深圳春季为参考，此时 R 一般设为 42℃较为适宜，设置好温度以后就可以开始洗澡了，一打开花洒就能听见热水器内部打火的声音，这说明加热系统已经开始工作了，但此时的水还是凉的，只有过一会儿水温才慢慢升上来，升高到 42℃以后基本就稳定在这个温度了，这个时候就可以洗个舒服的 42℃水温的热水澡了，当然也可以通过安装一个冷热水混水阀门继续调低花洒的出水温度。

大家有没有想过一个问题，同样是用燃气烧水，那为什么用热水壶(见图 2-8)烧水直接就奔沸腾去了(标准大气压条件下，水的沸点一般为 100℃)？两者之间的区别在哪里？控制的本质是反馈，热水器烧水之所以能让水温控制在人们想要的温度，就是因为热水器内部有反馈的作用，而热水壶则没有。

既然是控制水温，那水自然就是人们狭义上讲的被控对象了(广义上的被控对象包含燃气、火力等)，水温就是那个需要被控制的物理量，它是被控对象水的输出量，一般也称为被控变量，用 C 来表示。热水器的加热系统在给水加热的过程中，水温渐渐升高，温度值由热水器内部的温度传感器实时测量得到，称为测量值，属于反馈信号，也称反馈量，反馈量是输出量经反馈元件反馈回比较器的量，在这里用 F 来表示，理想情况下可以认为反馈量 F 就等于输出量 C，即 $F=C$，反馈通道比例为 1，也就是单位反馈。反馈信号一般以负反馈(在自动控制系统中大多是采用负反馈，因为大多数情况是要抑制偏差，而不是加强它)形式输入比较器，比较器将温度输入信号 R 与温度反馈信号 F 作减法(因为是负反馈)运算就能得到当前的温度偏差信号，也称偏差量，在这里用 E 来表示，即 $E=R-F$。PID 控制器根据输入的温度偏差信号 E 计算出合理的控制量信号 U(也可简称为控制量 U)，这里的控制量 U 就是热水器内部水温控制比例阀门的开度，从而控制燃气流量来调节火力大小，达到改变水温的目的。也可以简单理解为温度偏差量 E 越大，U 就越大，火力也就越大，热水器水温升高得也就越快；温度偏差量 E 越小，U 就越小，火力也就越小，热水器水温升高得也就越慢。而温度传感器每隔一段时间(这段时间可以认为是系统的控制周期)就会把当前温度值反馈回比较器，比较器会再次计算出温度偏差量 E，PID 控制器根据当前温度偏差量 E 再次计算出一个合理的控制量 U，从而形成一个闭环控制回路，所以只要温度偏差量 E 一直存在，这个控制过程就会一直进行，直到温度偏差量 E 为零(理想状态)，即热水器水箱内的水温刚好达到设置的 42℃。

图 2-8　家用热水壶

根据以上描述可以用框图的形式来直观展示热水器内部水温控制系统，如图 2-9 所示。

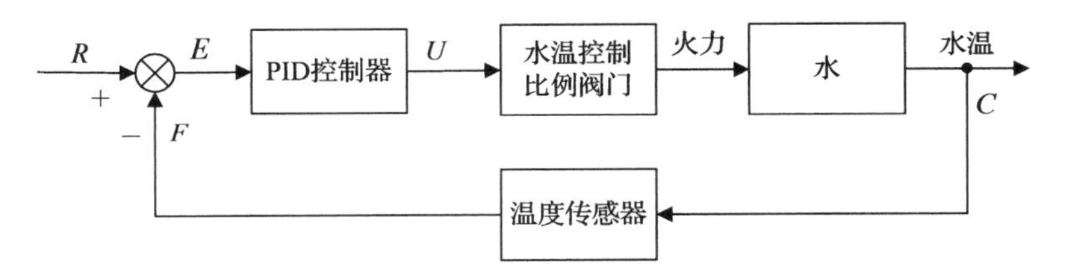

图 2-9　热水器内部水温控制原理

图 2-10 为一个经典的反馈控制系统，也称闭环控制系统或按偏差控制系统。

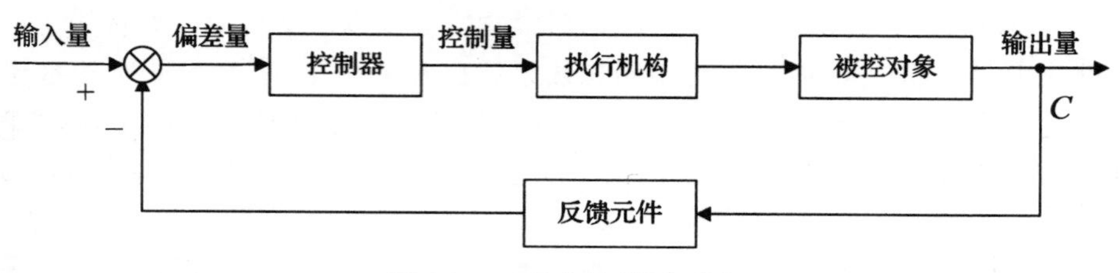

图 2-10　经典控制原理图

如果可以把任何符合描述的控制系统都定义为反馈控制系统，那么不难看出，热水器内部水温控制系统对应典型反馈控制系统各环节如下：

(1)输入量：期望水温。

(2)控制器：PID 控制器。

(3)反馈元件：温度传感器。

(4)执行机构：水温控制比例阀门。

(5)被控对象：水。

(6)输出量：水温。

这个过程虽然有点像套公式，但是只要大家掌握了这个“公式”，就可以很轻松地把其他类似的控制系统快速、准确地表达出来。

举个例子，桌子上有本书，人要去拿它，如果人们站在所学自动化专业的角度去分析这个过程的话，这就是一个很典型的反馈控制过程，首先，人通过眼睛(反馈元件)去确定手的位置(输出量)相对于书的位置(输入量)，并将这个信息送入大脑(控制器)，然后由大脑判断手与书之间的距离，产生偏差信号(偏差量)，大脑根据偏差大小发出控制手臂关节(执行机构)移动的命令，逐渐使手(被控对象)的位置与书之间的距离(偏差)减小，只要这个偏差存在，上述过程就要反复进行，直到偏差减小为零，手便取到书了。可以看出，大脑控制手取书的过程，是一个利用偏差产生控制作用，并不断使偏差减小直至消除的运动过程。根据之前所学可以快速地把这个控制过程用框图形式表达出来，如图 2-11 所示。

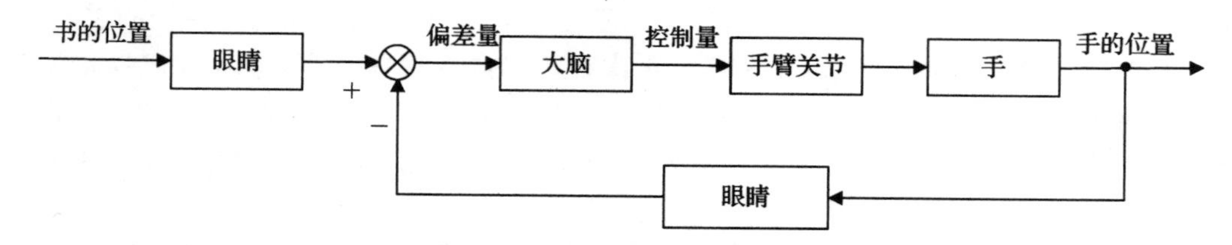

图 2-11　大脑控制取书原理图

图 2-11 中画出比较器的目的只是为了更直观，实际比较的工作也是由大脑完成的。手拿书这个动作对于一个健康的成年人来说确实是很简单的一件事，简单到忽略了这个过程中竟然还有这么多控制的知识，这个动作简单是因为我们人类拥有一套顶级的控制系统，顶级的反馈元件(眼睛)，顶级的控制器(大脑)，顶级的执行机构(灵活的手臂)，但只要其中一个出现伤病，这个任务都很难完成。比如盲人(视力受损，相当于反馈元件故障)、脑瘫患者(脑部发育障碍，相当于控制器故障)、渐冻症患者(全身肌肉萎缩，相当于执行机构故障)、手部受伤者(手

指骨折或手掌烫伤，相当于被控对象故障），因此一个反馈控制系统的正常运行需要各个环节协同合作，任何一个环节出现故障系统都无法正常工作，熟悉各个环节的功能也有助于我们提高反馈控制系统故障的排查效率。

2.3.3　为什么要使用 PID

前面已经用方块图的形式表示了热水器内部水温控制系统，知道它是一个典型的反馈控制系统，控制目标就是让热水器水箱内的水温能保持在 42℃，这个时候很多小伙伴就会想了，这么简单的任务，为啥还要用到 PID 控制算法呢？会不会大材小用了？我们让热水器在水温低于 42℃的时候自动打火加热，高于或等于 42℃的时候自动关火，不就行了吗？一条 if else 语句就解决了问题啊。

```
if(水温<42℃)
    热水器开火;
else
    热水器关火;
```

理论上这种方法也不是完全没有道理，在一些对控制精度要求不高的场合，确实可以这么做，但是这种控制方法过于简单、粗暴，完全体现不出控制之美。即使热水器在水温到达 42℃时自动关火了，但由于金属水箱的余热（热惯性）作用可能还会使水温继续升高一小会儿，水温可能达到 43℃甚至更高，这样精度就没法保证了，当然洗澡时水温相差这么几度看似也不是多大的事儿，起码能接受。但是由于热水器的进水口不断有冷水进来，出水口不断有热水出去，所以水温很快又会下降，为了保证水温，这就要求热水器要不断地执行打火和关火动作。打火和关火动作耗电不说，这种高频率的打火动作对设备器件本身就是一种伤害，热水器中的点火器装置都是有设计寿命的，到了一定次数，就不能用了。如果热水器采用的是电子打火方式，频繁的打火动作有可能造成打火电路短路，引起火灾。

再举个生活中的例子，2.1 节提到过 PID 算法在汽车定速巡航功能中的应用，现在希望汽车保持在 60 km/h 车速巡航，设想此时也用简单的开关量来实现控制，汽车的定速巡航电脑在某一时间测到当前车速为 45 km/h，它立刻命令发动机：加速！结果，发动机那边突然来了个 100%全油门，嗖地一下，汽车一下急加速到了 65 km/h，这时电脑根据测到的车速又发出命令：刹车！

因此，由上述两个例子可以看出，在大多数自动控制系统中，人们不能使用简单的开关量来控制一个物理量（温度、速度等），这种不连续的控制方式一加就是“全剂量”的，一减也是“全剂量”的，没有任何中间的过渡，很不合理，人们需要一种更科学、更合理的控制方式来帮人们实现控制目的。

为了更直观地说明问题，下面以图形的形式来表示假设使用开关量来控制一个物理量的大致控制过程，如图 2-12 所示。

如果以热水器为例，那么图 2-12 中直线表示的就是期望水温，是个常量 42，即系统给定量 $r(t)=42$。曲线表示的就是实际水温，是一个随着时间不断在变化的变量。一开始，水温低于 42℃，热水器首次打火，热水器以最大火力加热，水温迅速升高，很快就高于 42℃，热水器关火，但由于热惯性作用温度会继续升高一些，直到曲线中第一个波峰，但由于进水口不断有冷水进来，出水口不断有热水出去，再加上热水器本身散热，因此水温很快又会下降至曲线中第一个波谷，此时热水器第二次打火，热水器继续以最大火力加热，水温再次迅速升高至第二个波峰，热水器第二次关火，水温下降至曲线中第二个波谷，随着打火和关火的动作不断重复，热水器水箱内的水温变化如图 2－12 中曲线所示。如果是汽车定速巡航的例子，那图 2－12 中的曲线表示的就是车速的变化，单看这曲线是不是就有种要晕车的感觉呢？抛开别的因素，就这种控制曲线对控制来说，是不能接受的。

较完美的控制曲线应如图 2－13 所示。

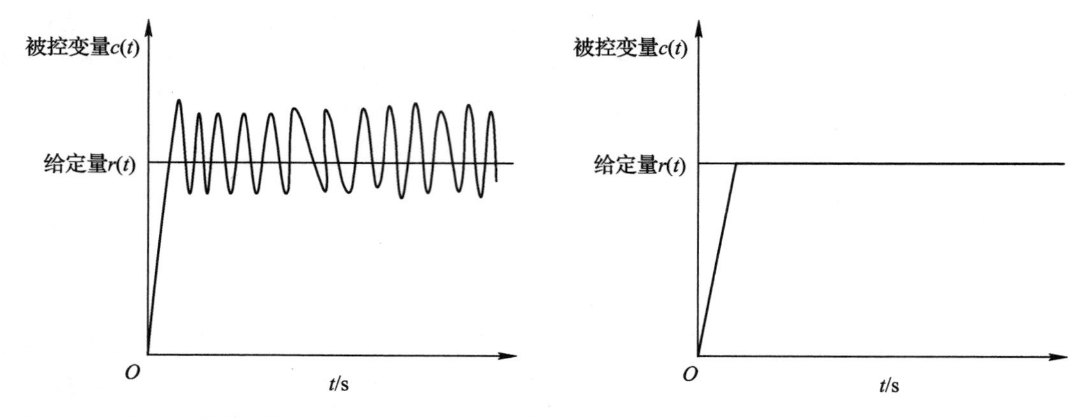

图 2－12　某控制器根据阶跃响应示意图(严重振荡)　图 2－13　某控制器根据阶跃响应示意图(无超调)

自动控制系统应满足稳(稳定性)、准(准确性)和快(快速性)3 个基本要求，任何一个系统多少都会受到内部或外部因素的影响，比如热水器中金属水箱的热惯性，水箱中热水的热辐射与热传导，汽车行驶过程中车轮与地面的摩擦力，汽车行驶过程中所受空气阻力，汽车刹车时的惯性，等等。因此，如图 2－13 所示的控制过程在现实世界中是不可能实现的，那到底怎么样的控制过程是一种比较理想而又符合实际情况，基于图 2－13 的完美曲线做一下调整，就得到如图 2－14 所示曲线。

学过自动控制原理的同学对这个曲线肯定熟悉，可以说是又爱又恨，曾经无数次的仿真实验都是希望它的出现，但总是因为各种控制参数调节与它遗憾错过。下述继续以热水器的例子来分析这条让人又爱又恨的曲线吧。

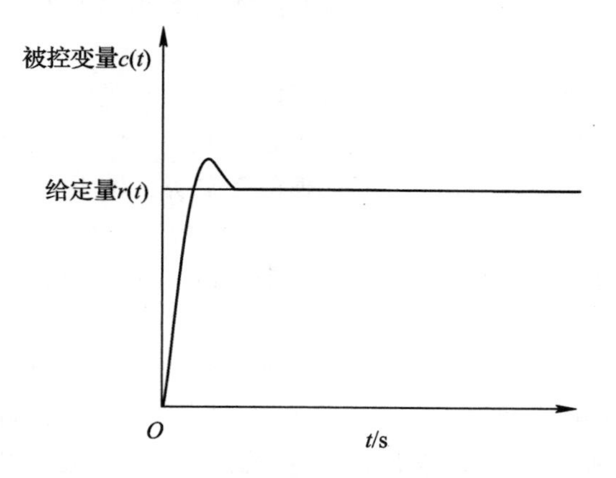

图 2－14　某控制器根据阶跃响应示意图
(理想控制曲线)

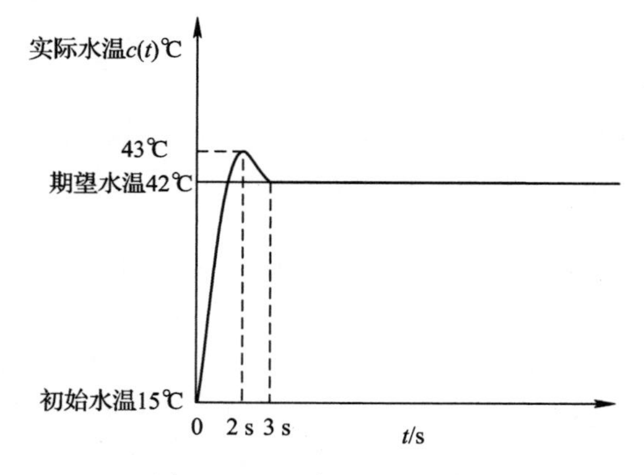

图 2－15　跟踪理想控制曲线

假如人们买的燃气型热水器是质量较好的，意味着实际水温能在较短时间内稳定地达到人们的期望水温，那么图 2-15 就可以看成是热水器实际控制曲线。对曲线进行描述：初始水温是 15℃（假设自来水常温，以深圳地区为参考），设定的期望水温是 42℃，在 $t=0$ s 时刻开始打火加热，水温快速上升；在 $t=1.5$ s（空间有限，图中并未标出）时刻第一次达到 42℃；在 $t=2$ s时刻达到最高峰 43℃；然后又快速下降，在 $t=3$ s 时刻回到 42℃之后并一直保持稳定。

现在结合自动控制原理中的一些基本概念来分析这个过程（没有自动控制原理基础的小伙伴也能看懂）。系统的热惯性作用导致实际水温在某一时间段内超过期望水温，这种现象称之为超调，超调现象在很多控制系统中都会出现，特别是在电机控制中更是避免不了的（因为转动设备都有惯性），有电机调试经验的同学体会应该更深。为了量化这种现象，自动控制原理用了一个专业名词叫超调量（overshoot），也叫过冲量或最大振荡幅度，习惯用 $\sigma\%$ 来表示。自动控制原理中对其完整的定义是响应的最大偏离量 $c(t_p)$ 与终值 $c(\infty)$ 的差与终值 $c(\infty)$ 比的百分数，即

$$\sigma\%=\frac{c(t_p)-c(\infty)}{c(\infty)}\times 100\% \tag{2-1}$$

式中，t_p 表示峰值时间，指响应超过其终值到达的第一个峰值所需的时间。

终值也称稳态值，记住，这个值并不一定等于期望值，因为有时候系统会存在一定的稳态误差，后面会讲到，下面分析的是稳态误差等于零的情况。

从图 2-15 曲线不难看出，峰值时间 $t_p=2$ s，第一个峰值为 43，即最大偏离量 $c(t_p)=43$，而终值 $c(\infty)=42$。根据式（2-1），很容易计算出这款热水器的超调量为

$$\sigma\%=\frac{43-42}{42-15}\times 100\%=3.7\% \tag{2-2}$$

这时候，同学们就纳闷了，分母怎么要减个 15 啊，怎么不按公式计算呢？这里给大家解释一下，因为自动控制原理教材里面为了统一规范，对系统的响应分析都是在假设为零初始条件下进行的（在 $t=0$ 时的值均为 0），即初始值 $c(0)=0$，但例子中水温的初始值并不是 0，而是 15，所以分母中需要减 15 才对。

超调量是控制系统动态性能指标中的一个，表示被控变量动态偏离给定量的最大程度，也是衡量一个自动控制系统品质的重要指标，它反映了系统的相对稳定性。超调量越小，说明系统的相对稳定性越好，即动态响应越平稳。在某些对安全有严格要求的控制系统中，甚至是不允许出现超调的（即 $\sigma\%=0\%$），比如民航客机的飞行速度控制，因为客机在飞行过程中对平稳性要求是极高的，所以其大致的速度响应曲线如图 2-16 所示，看上去比图 2-15 的曲线更平稳。

从图 2-16 中可以看出，虽然系统没有出现超调现象，但实际速度在很长一段时间内才趋于稳定，这段时间就是调节时间，表示系统被控变量从初始值到达稳态值（注意：自动控制原理指的是稳态值的（$1\pm5\%$）或（$1\pm2\%$）内）所需的最短时间，通常用 t_s 表示。调节时间也是系统动态性能指标中的一个，它反映了系统的快速性。调节时间越短，说明系统响应越快，调节时间越长，说明系统响应越慢。不过有时候也可以用上升时间 t_r 来评价系统的响应速度。热水器例子中，实际水温在 $t=1.5$ s 时刻第一次达到 42℃，这个时间就是上升时间 t_r 。在 $t=3$ s

时刻又回到42℃之后并一直保持稳定，说明调节时间 $t_s=2$ s，这个时间越长，也意味着洗澡过程中等待热水的时间越长，浪费的水和燃气自然也就越多。

从上述两个例子可以得出结论，热水器对快速性的要求更高，对存在一点超调是完全可以接受的(超调太大的话容易烫伤人)；而民航客机则对稳定性要求更高，因此调整过程慢一点也没关系。有些小伙伴可能就会问了，同时保证系统的稳定性和快速性不就可以了吗？但现实是鱼和熊掌不可兼得，因为在同一个系统中，稳定性和快速性是相互影响的，有时为了保证系统稳定性，快速性不得不做出点牺牲；而有时为了保证系统快速性，稳定性又要做点让步。民航客机对稳定性要求更高，因此响应速度就没那么快，也注定民航客机无法像战斗机那么机动灵活；而战斗机要求机动灵活，响应迅速，对快速性要求更高，因此稳定性自然就要差点，安全性上就不如民航客机，这也是同在正常飞行情况下，战斗机事故率远远高于民航客机事故率的重要原因。为了更直观理解，画出战斗机与民航客机的速度响应大致曲线，如图 2-17 所示。

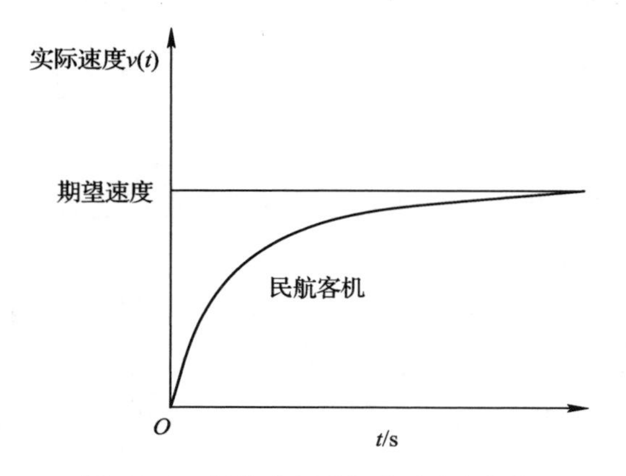

图 2-16　民航客机理想阶跃响应曲线

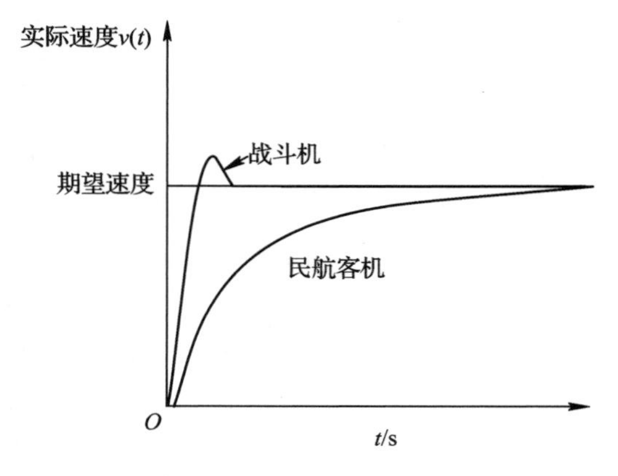

图 2-17　战斗机与民航客机理想阶跃响应曲线

除了前面讲到的超调量 $\sigma\%$ 和调节时间 t_s，还有一个衡量自动控制系统品质的重要指标，那就是稳态误差，常用 e_{ss} 来表示。超调量、调节时间以及上升时间都是描述系统动态性能的常用性能指标，而稳态误差则是描述系统稳态性能的一种常用性能指标。稳态误差可以理解为被控变量在达到稳定以后的实际值(即稳态值)与期望值的差，稳态误差是系统控制精度或抗扰动能力的一种度量，它反映的是控制系统的准确性。

稳态误差按照产生的原因一般分为两类，一类是由于系统本身结构、输入量形式等造成的，称为原理性稳态误差，这类误差是可以被完全消除的；另一类是由于系统组成硬件中的各种不完善因素(如摩擦、间隙、不灵敏等)所造成的，称为实际性稳态误差，而这类误差是不可能被完全消除的，这也是为什么在现实世界中得不到完美控制曲线的重要原因，人们只能通过选用高精度的硬件尽量去消除它。记住，控制理论里面讨论的稳态误差指的都是原理性稳态误差。

假如热水器的水温实际控制曲线不是如图 2-15 所示，而是如图 2-18 所示。在 $t=3$ s 时刻水温达到稳定，但此时的实际水温是 42.5℃，与设定的期望水温相差 0.5℃，这个 0.5℃就是稳态误差，说明这款热水器的控制精度并不是很高。有些控制系统对稳态误差比较宽容，而有些控制系统对稳态误差又极其苛刻，比如某些对生产工艺要求极为严格的过程控制系统中，这也对系统的整体设计提出了更高的要求。

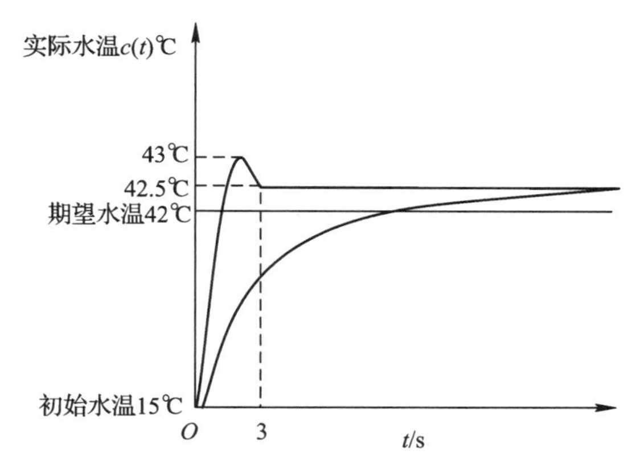

图 2-18　系统实际响应与理想阶跃响应

由于被控对象的具体情况不同，各种系统对稳、准、快的要求各有侧重。同一个系统中，稳、准、快互相制约，响应速度太快，系统可能出现强烈振荡而变得不稳定；改善稳定性，响应过程又可能过于迟缓，精度也可能变差；提高控制精度，稳定性和响应速度又不一定能保证。因此需要找到一种能平衡这三者之间关系的算法，它至少需要解决以下 3 个问题：

(1)它可以将需要被控制的物理量快速带到目标量附近，保证快速性。

(2)它可以消除因为系统某些因素所造成的稳态误差，保证准确性。

(3)它可以“预见”这个物理量的变化趋势并提前抑制误差，保证稳定性。

这种算法就是 PID 算法，PID 算法中 3 个不同功能的控制环节完美地解决了上述 3 个问题。

(1)比例控制 P：可以将需要被控制的物理量快速带到目标量附近。

(2)积分控制 I：可以消除因为系统某些因素所造成的稳态误差。

(3)微分控制 D：可以“预见”这个物理量的变化趋势并提前抑制误差。

学习知识不仅要知其然，更要知其所以然，这样对知识点的理解才会更深入。现在我们已经知道 PID 中三个不同控制环节在反馈控制系统中起的作用，但具体它们是怎么做到的我们现在还不清楚，这也是 2.3.4 节要学习的主要内容。

2.3.4　PID 控制原理

由 2.3.3 节可知 PID 控制由 3 个不同的控制环节组成，分别是比例控制 P、积分控制 I 和微分控制 D，比例估计好理解一点，但是一看到积分和微分，有些小伙伴就头疼了，学高等数学的时候微积分就让他们吃了不少苦头，在这里也有必要提醒一下小伙伴们，想要学好控制，数学是必不可少的工具。

(1)比例控制 P。比例控制是一种最简单、最直接的控制规律，其控制作用的输出与输入偏差量 $e(t)$ 成比例关系，即 $U_{\mathrm{p}}(t)=K_{\mathrm{p}}e(t)$ ，其中 K_{p} 就是比例系数，系数越大，系统响应越快，偏差减小得也就越快，当偏差量 $e(t)=0$ 时，控制作用也为 0，因此，比例控制是基于偏差进行调节的，即有差调节。但过大的比例会使系统稳定性下降，甚至造成系统不稳定，当仅有比例控制作用时，系统容易产生稳态误差，因此一般要和其他环节组合使用，如组合成 PI 控制器、PD 控制器或 PID 控制器。比例控制的特点就是快速作用于输出，好比“现在”，现在就起作用，马上起作用，快起作用。

（2）积分控制 I。积分控制中，控制作用的输出与输入偏差量 $e(t)$ 的积分成比例关系，即 $U_i(t)=K_i\int e(t)dt$，其中 K_i 就是积分系数（$K_i=K_p/T_i$，T_i 为积分时间）。自动控制系统为了消除稳态误差，在控制作用中引入积分项，积分项对偏差取决于时间的积分，随着时间的增加，积分项增大。这样，即使一开始偏差很小，积分项也会随着时间的增加而慢慢增大，从而推动积分控制的输出增大使稳态误差进一步减小，直到等于零。由于积分控制输出随时间积累而逐渐增大，故调节动作缓慢，这样会造成调节不及时，使系统响应速度下降。因此积分作用一般不单独使用，而是与比例作用组合起来构成 PI 控制器。积分控制的特点就是消除过去的累积偏差，好比“过去”，清除过去错误，回到正确轨道。

（3）微分控制 D。微分控制中，控制作用的输出与输入偏差量 $e(t)$ 的微分成比例关系，即 $U_d(t)=K_d\mathrm{d}e(t)/\mathrm{d}t$，其中 K_d 就是微分系数（$K_d=K_pT_d$，T_d 为微分时间）。自动控制系统在克服偏差的调节过程中可能会出现振荡甚至失稳，其原因是由于系统存在有较大惯性环节或滞后环节，具有抑制偏差的作用，其变化总是落后于偏差的变化。解决的办法是使抑制偏差的作用的变化“超前”，即在偏差接近零时，抑制偏差的作用就应该是零。而微分项则能预测偏差变化的趋势，这样，具有比例+微分的 PD 控制器，就能够提前使抑制偏差的控制作用等于零，甚至为负值，从而避免了被控量的严重超调，保证了系统的稳定性。微分控制的特点是具有超前控制作用，好比“未来”，放眼未来，未雨绸缪，稳定求发展。

为了更好理解以上 3 种控制作用对一个系统的动态响应影响，以图 2-19 为例进行说明（仔细对比每幅图右上角的 3 个控制参数）。

也可以简单理解为：比例控制 P 提高系统响应速度，积分控制 I 消除系统稳态误差，微分控制 D 抑制系统超调振荡。

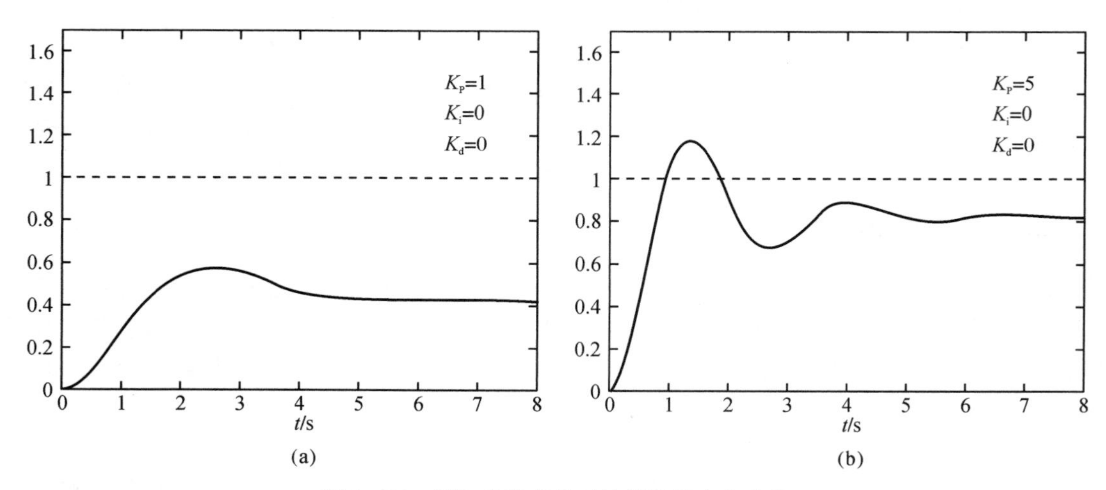

图 2-19　PID 参数变化时控制效果变化曲线

(a)控制效果 1；(b)控制效果 2

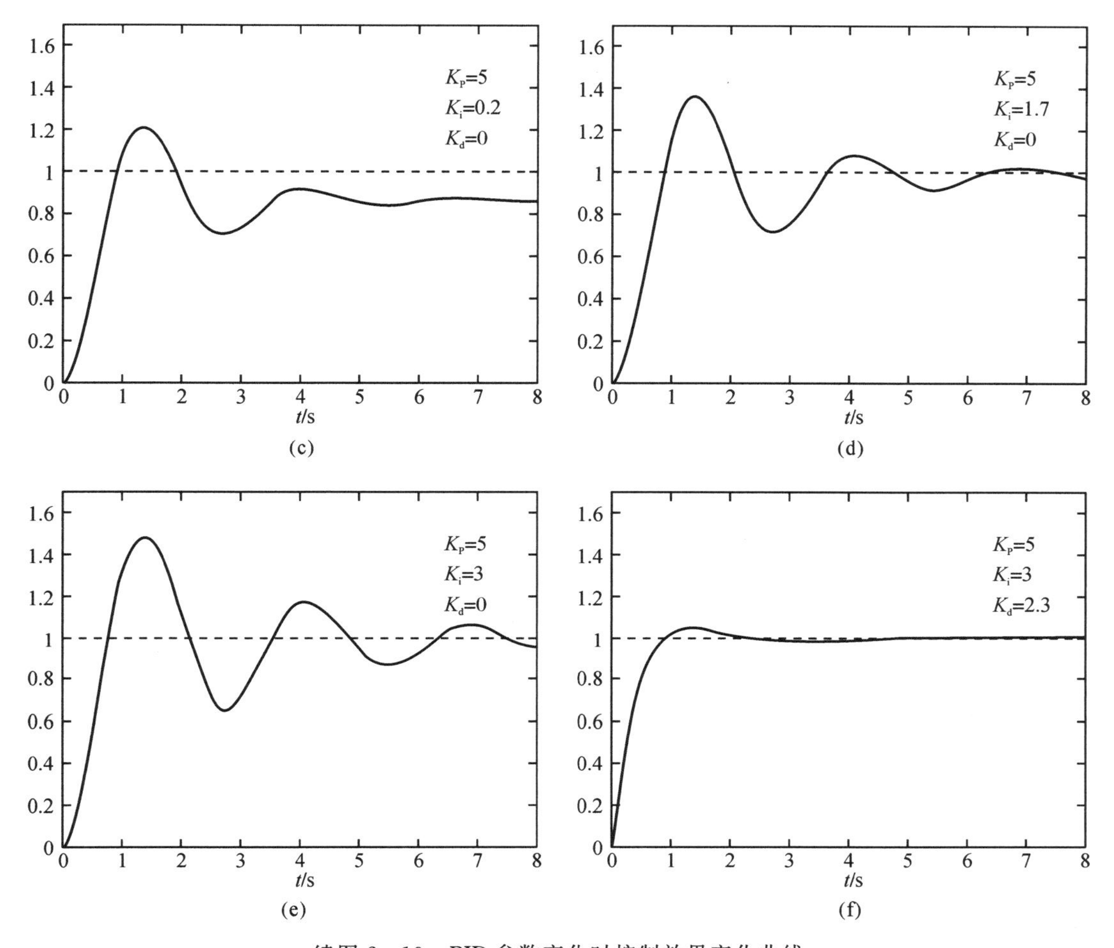

续图 2－19　PID 参数变化时控制效果变化曲线

(c)控制效果 3;(d)控制效果 4;(e)控制效果 5;(f)控制效果 6

PID 控制器是一种单输入单输出的线性控制器,它将比例控制作用、积分控制作用和微分控制作用通过线性组合构成总的控制作用,然后对被控对象进行控制,如图 2－20 所示。

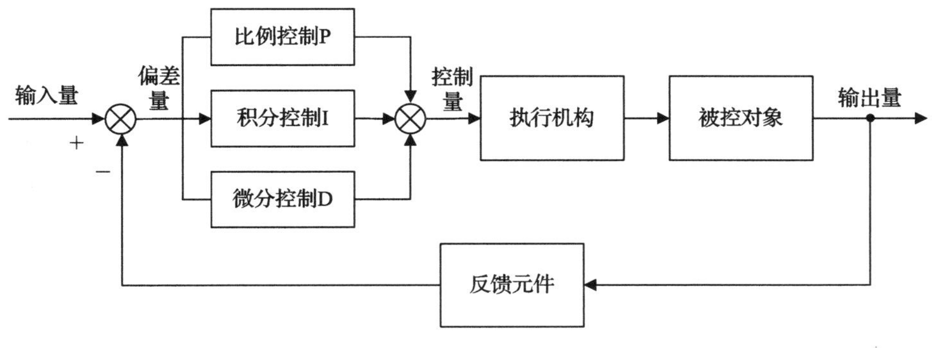

图 2－20　PID 控制系统结构

根据上面的描述，可以写出 PID 控制规律的数学表达式为

$$u(t)=K_{p}\left[e(t)+\frac{1}{T_{i}}\int_{0}^{t}e(t)\mathrm{d}t+T_{d}\frac{\mathrm{d}e(t)}{\mathrm{d}t}\right] \tag{2-3}$$

简化后可表示为

$$u(t)=K_{p}e(t)+K_{i}\int_{0}^{t}e(t)\mathrm{d}t+K_{d}\frac{\mathrm{d}e(t)}{\mathrm{d}t} \tag{2-4}$$

此表达式是时域的，输入输出都是模拟信号，只适用于连续型控制系统。但现在大部分控制系统都是需要通过计算机来实现控制的，而计算机只能接收数字信号，属于离散型控制，这里讲的计算机除了通用 PC 机还包括单片机、ARM，DSP 等微处理器，因此必须对 PID 算法公式进行离散化。

计算机控制是一种采样控制，它只能根据采样时刻的偏差来计算控制量，假设控制系统采样时间为 T，这里的采样时间其实就是通常所说的系统控制周期，采样序号为 k，$k=0,1,2,3,4,\cdots$ 当系统进行第 k 次采样，此时的偏差可以表示为 $e(k)=r(k)-c(k)$ ，$r(k)$ 表示输入（期望位置），$c(k)$ 表示输出（实际位置）。当采样时间 T 足够小时（T 趋近于 0），意味着离散型控制无限接近连续型控制，可以作以下近似化处理，即

$$u(t)\approx u(k)\ ,\ e(t)\approx e(k)$$

$$\int_{0}^{t}e(t)\,\mathrm{d}t=\sum_{j=0}^{k}e(j)\,\Delta t=\sum_{j=0}^{k}Te(j)\ ,\ \frac{\mathrm{d}e(t)}{\mathrm{d}t}\approx\frac{e(k)-e(k-1)}{\Delta t}=\frac{e(k)-e(k-1)}{T}$$

将以上各式代入式（2－3），得到 PID 算法的离散化表达式为

$$u(k)=K_{p}\left[e(k)+\frac{T}{T_{i}}\sum_{j=0}^{k}e(j)+\frac{T_{d}}{T}(e(k)-e(k-1))\right] \tag{2-5}$$

简化后可得到最终表达式为

$$u(k)=K_{p}e(k)+K_{i}\sum_{j=0}^{k}e(j)+K_{d}(e(k)-e(k-1)) \tag{2-6}$$

这种以系统被控变量实际位置与期望位置的偏差进行 PID 控制的，就是位置式 PID 算法，位置式 PID 算法最大的缺点就是输出跟过去的所有偏差信号都有关，计算机需要对所有偏差进行累加处理，运算量偏大，实现起来不是很方便，而且如果没有处理好的话，会对系统稳定性带来很大影响。但如果只采用 PD 控制而不需要积分环节的话，那么位置式 PID 算法就会变得简单很多，编程实现起来也就更加容易了，因此在使用位置式 PID 算法时，一般直接使用 PD 控制，则有

$$u(k)=K_{p}e(k)+K_{d}(e(k)-e(k-1)) \tag{2-7}$$

位置式 PID 算法适用于那些稳态误差不是必要条件的被控对象，如自平衡小车、倒立摆、四旋翼等动态平衡系统，这一类系统在控制过程中一直处于动态，不存在完全意义上的稳态，因此对稳态误差的要求也就没有那么高，适合使用位置式 PID 算法实现控制。

除了位置式 PID 控制，还有一种就是增量式 PID 控制。和位置式 PID 控制不同，增量式 PID 控制将当前时刻的控制量 $u(k)$ 和上一时刻的控制量 $u(k-1)$ 作差，以差值 $\Delta u(k)$ 为新的控制量，即在上一次的控制量的基础上需要增加或减少的控制量，是一种递推式的算法。增量式 PID 算法表达式为

$$\Delta u(k)=u(k)-u(k-1) \tag{2-8}$$

将式（2－6）带入式（2－8）得到

$$\Delta u(k)=K_p[e(k)-e(k-1)]+K_i e(k)+K_d[e(k)-2e(k-1)+e(k-2)] \quad (2-9)$$

式中，$e(k)$ 表示当前偏差；$e(k-1)$ 表示上次偏差；$e(k-2)$ 表示上上次偏差。

从式(2－9)可以看出，增量式 PID 算法中不再需要对偏差进行累加处理，控制增量 $\Delta u(k)$ 的确定仅与最近 3 次(当前、上次、上上次)的采样有关，容易通过加权处理并获得比较好的控制效果。

由于 PID 控制器用途广泛，使用灵活，已有系列化产品，使用中只需设定 3 个参数(K_p ，K_i 和 K_d)即可。在很多情况下，并不一定需要 3 个单元，可以取其中的一或两个单元，不过比例控制单元是必不可少的。

PID 控制器具有以下优点。

(1)原理简单，使用方便。PID 控制器参数(K_p ，K_i 和 K_d)可以根据过程动态特性及时调整，如果过程的动态特性发生变化，如对负载变化引起的系统动态特性变化，PID 控制器参数就可以重新进行调整和设定。

(2)适应性强。按 PID 控制器控制规律进行工作的控制器早已商业化，即使目前最新式的过程控制计算机，其基本控制功能也仍然是 PID 控制器控制。PID 控制器应用范围广，虽然很多工业过程是非线性或时变的，但通过适当简化，可以将其变成基本线性和动态特性不随时间变化的系统，这样就可以通过 PID 控制器控制了。

(3)鲁棒性强，控制品质对被控制对象特性的变化不太敏感。

PID 控制器也有其固有的缺点，PID 控制器在控制非线性、时变、耦合及参数和结构不确定的复杂过程时，效果不是太好；如果 PID 控制器不能控制复杂过程，无论怎么调参数都没用。

尽管有这些缺点，在科学技术尤其是计算机技术迅速发展的今天，虽说涌现出了许多新的控制方法，但 PID 控制器仍因其自身的优点而得到了最广泛的应用，PID 控制器控制规律仍是最普遍的控制规律，PID 控制器是最简单且在许多时候仍是最好用的控制器。

2.3.5　比例(P)控制

比例控制是一种最简单的控制方式，其控制器的输出与输入误差信号成比例关系，当仅有比例控制时系统输出存在稳态误差。比例控制器的传递函数为

$$G_c(s)=K_p \quad (2-10)$$

式中，K_p 称为比例系数或增益(视情况可设置为正或负)，一些传统的控制器又常用比例带(Proportional Band，PB)取代比例系数 K_p ，比例带是比例系数的倒数，比例带也称比例度。

对于单位反馈系统，0 型系统响应实际阶跃信号 $R_0(t)$ 的稳态误差与其开环增益 K 近似成反比，即 $\lim\limits_{t\to\infty} e(t)=R_0/(1+K)$ 。对于单位反馈系统，I 型系统响应匀速信号 $R_I(t)$ 的稳态误差与其开环增益 K_v 近似成反比，即 $\lim\limits_{t\to\infty} e(t)=R_I/K_v$ 。

P 控制只改变系统的增益而不影响相位，它对系统的影响主要反映在系统的稳态误差和稳定性上，增大比例系数可提高系统的开环增益、减小系统的稳态误差，从而提高系统的控制精度，但这会降低系统的相对稳定性，甚至可能造成闭环系统的不稳定，因此，在系统校正和设计中，P 控制一般不单独使用。比例控制器的系统结构如图 2－21 所示。

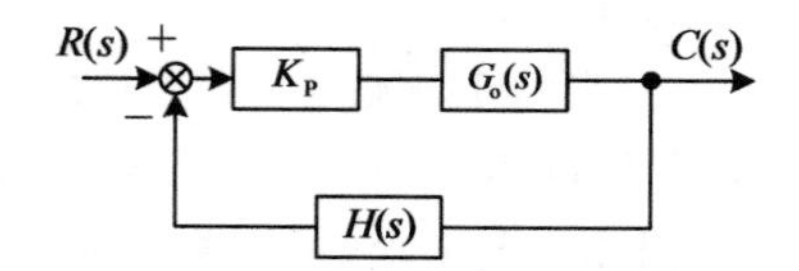

图 2-21　具有比例控制器的系统结构框图

系统的特征方程为

$$D(s)=1+K_pG_o(s)H(s)=0$$

下述举例说明纯比例控制的作用或比例调节对系统性能的影响。

【例 2-1】 控制系统如图 2-21 所示，其中 $G_o(s)$ 为三阶对象模型，$H(s)$为单位反馈，对系统采用纯比例控制，比例系数分别为 $K_p=0.1,2.0,2.4,3.0,3.5$，试求各比例系数下系统的单位阶跃响应，并绘制响应曲线。其表达式为

$$G_o(s)=\frac{1}{(s+1)(2s+1)(5s+1)} \tag{2-11}$$

解：MATLAB 程序代码如下：

```
clc; clear; close all;
G = tf(1, conv(conv([1, 1], [2, 1]), [5, 1]));  %建立开环传递函数
kp=[0.1, 2.0, 2.4, 3.0, 3.5]                    %5 个不同的比例系数
fori = 1:5
    G = feedback(kp(i) * G, 1); %建立不同的比例控制作用下的系统闭环传递函数
    step(G); hold on        %求取相应的单位阶跃响应，并在同一个图上绘制曲线
end
%放置 kp 取不同值的文字注释
gtext('kp=0.1');gtext('kp=2.0');gtext('kp=2.4');gtext('kp=3.0');gtext('kp=3.5');
```

响应曲线如图 2-22 所示。

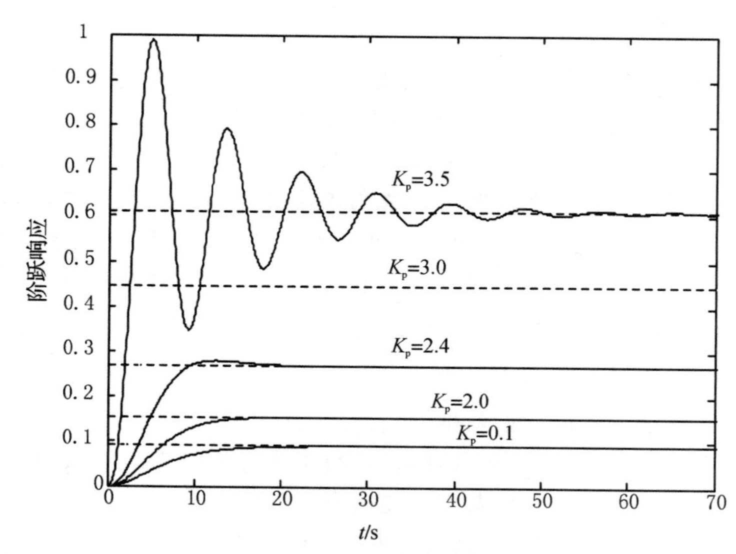

图 2-22　例 2-1 系统阶跃响应图

从图 2－22 中可以看出，随着 K_p 值的增大，系统响应速度也加快，系统的超调也随之增加，调节时间也随之增长。但在 K_p 增大到一定值后，闭环系统将趋于不稳定。

2.3.6　比例微分(PD)控制

具有比例加微分控制规律的控制称 PD 控制，PD 的传递函数为

$$G_c(s)=K_P+K_P\tau s \tag{2-12}$$

式中，K_P 为比例系数；τ 为微分时间常数；K_P 与 τ 两者都是可调的参数，如图 2－23 所示。

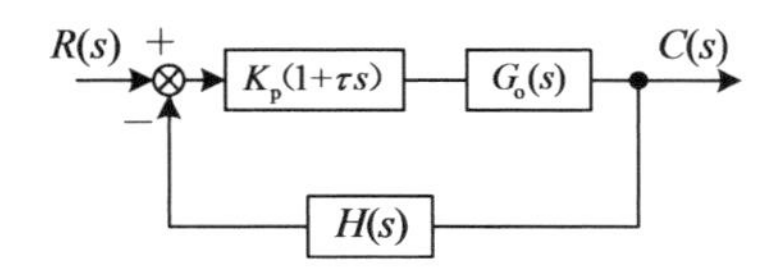

图 2－23　具有比例微分控制器的系统结构图

PD 控制器的输出信号为

$$u(t)=K_Pe(t)+K_P\tau\frac{\mathrm{d}e(t)}{\mathrm{d}t} \tag{2-13}$$

在微分控制中，控制器的输出与输入误差信号的微分(即误差的变化率)成正比关系。微分控制反映误差的变化率，只有当误差随时间变化时，微分控制才会对系统起作用，而对无变化或缓慢变化的对象不起作用，因此微分控制在任何情况下不能单独与被控对象串联使用，只能构成 PD 或 PID 控制。

自动控制系统在克服误差的调节过程中可能会出现振荡甚至不稳定，其原因是由于存在有较大惯性的组件(环节)或有滞后的组件，具有抑制误差的作用，其变化总是落后于误差的变化。解决的办法是使抑制误差作用的变化“超前”，即在误差接近零时，抑制误差的作用就应该是零。也就是说，在控制器中仅引入“比例”项是不够的，比例项的作用仅是放大误差的幅值，而目前需要增加的是“微分项”，它能预测误差变化的趋势，这样，具有“比例＋微分”的控制器，就能提前使抑制误差的控制作用等于零，甚至为负值，从而避免被控量的严重超调。因此对有较大惯性或滞后的被控对象，“比例＋微分”(PD)控制器能改善系统调节过程中的动态特性。另外，微分控制对纯滞后环节不能起到改善控制品质的作用且具有放大高频噪声信号的缺点。

在实际应用中，当设定值有突变时，为了防止由于微分控制输出的突跳，常将微分控制环节设置在反馈回路中，这种做法称为微分先行，即微分运算只对测量信号进行，而不对设定信号进行。

【例 2－2】　控制系统如图 2－24 所示，其中 $G_o(s)$ 为三阶对象，具体表达式如式(2－11)所示，$H(s)$ 为单位反馈，采用比例微分控制，比例系数 $K_p=2$，微分系数分别取 $\tau=0,0.3,0.7,1.5,3$，试求各比例微分系数下系统的单位阶跃响应，并绘制响应曲线。

解：MATLAB 程序代码如下：

```
G = tf(1,conv(conv([1, 1], [2, 1]), [5, 1]));   %建立开环传递函数
kp = 2                                           %比例系数
tou = [0, 0.3, 0.7, 1.5, 3]                      %5 个不同的微分系数
fori = 1:5
    G1 = tf([kp * tou(i), kp], 1)%建立各个不同的比例微分控制作用下开环传递函数
```

```
    sys = feedback(G1 * G, 1)；%建立相应的闭环传递函数
    step(sys)； hold on %求取相应的单位阶跃响应，并在同一个图上绘制曲线
end
%放置 tou 取不同值的文字注释
gtext('tou=0')；gtext('tou=0.3')；gtext('tou=0.7')；gtext('tou=1.5')；gtext('tou=3')；
```

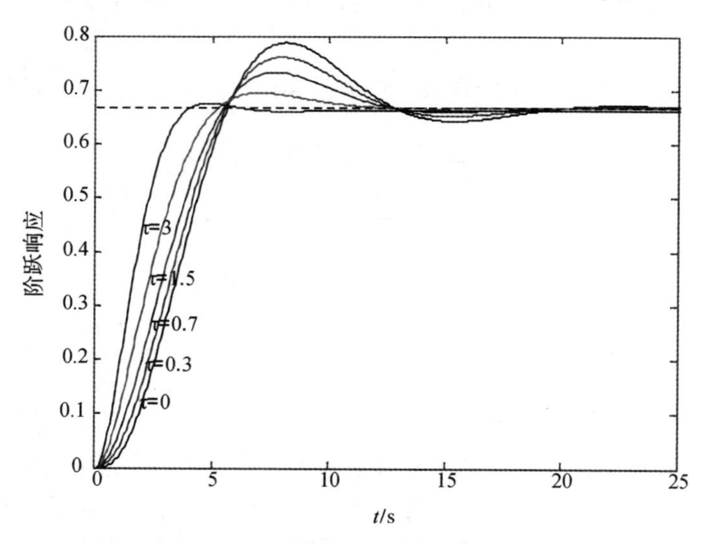

图 2-24　例 2-2 系统阶跃响应图

单位阶跃响应曲线如图 2-24 所示，从图 2-24 中可以看出，仅有比例控制时系统阶跃响应有相当大的超调量和较剧烈的振荡，随着微分作用的加强，系统的超调量减小，稳定性提高，上升时间减小，快速性提高。

2.3.7　积分(I)控制

具有积分控制规律的控制称为积分控制，即 I 控制，I 控制的传递函数为

$$G_c(s)=\frac{K_I}{s} \tag{2-14}$$

式中，K_i 称为积分系数。控制器的输出信号为

$$u(t)=K_I\int_0^t e(t)\mathrm{d}t \tag{2-15}$$

或者称，积分控制器输出信号 $u(t)$ 的变化速率与输入信号 $e(t)$ 成正比，即

$$\frac{\mathrm{d}u(t)}{\mathrm{d}t}=K_I e(t) \tag{2-16}$$

对于一个自动控制系统，如果在进入稳态后存在稳态误差，则称这个控制系统是有稳态误差的，简称有差系统。为了消除稳态误差，在控制器中必须引入积分项。积分项对误差取决于时间的积分，随着时间的增加，积分项会增大。这样，即使误差很小，积分项也会随着时间的增加而加大，它推动控制器的输出增大，使稳态误差进一步减小，直到等于零。

2.3.8　比例积分(PI)控制

具有比例加积分控制规律的控制称为比例积分控制，即 PI 控制，PI 控制的传递函数为

$$G_c(s)=K_p+\frac{K_p}{T_i}\frac{1}{s}=\frac{K_p(s+1/T_i)}{s} \tag{2-17}$$

式中，K_P 为比例系数；T_i 称为积分时间常数，两者都是可调的参数。

控制器的输出信号为

$$u(t)=K_P e(t)+\frac{K_P}{T_i}\int_0^t e(t)\mathrm{d}t \tag{2-18}$$

PI 控制器可以使系统在进入稳态后无稳态误差。PI 控制器与被控对象串联连接时，相当于在系统中增加了一个位于原点的开环极点，同时也增加了一个位于 s 左半平面的开环零点。位于原点的极点可以提高系统的型别，以消除或减小系统的稳态误差，改善系统的稳态性能；而增加的负实部零点则可减小系统的阻尼比，缓和 PI 控制器极点对系统稳定性及动态过程产生的不利影响。在实际工程中，PI 控制器通常用来改善系统的稳态性能。

【例 2-3】 单位负反馈控制系统的开环传递函数为 $G_o(s)$，其表达式见式(2-11)，采用比例积分控制，比例系数 $K_P=2$，积分时间常数分别取 $T_i=3,6,14,21,28$，试求各比例积分系数下系统的单位阶跃响应，并绘制响应曲线。

解：MATLAB 程序代码如下：

```
G=tf(1,conv(conv([1,1],[2,1]),[5,1]));   %建立开环传递函数
kp=2                                      %比例系数
ti=[3,6,14,21,28]                         %5 个不同的积分时间
for i = 1:5
G1 = tf([kp, kp/ti(i)], [1, 0]            %建立不同的比例积分控制作用下的开环传递函数
sys=feedback(G1 * G,1);                   %建立相应的闭环传递函数
step(sys); hold on                        %求取相应的单位阶跃响应,并在同一个图上绘制
end
%放置 ti 取不同值的文字注释
gtext('ti=3');gtext('ti=6');gtext('ti=14');gtext('ti=21');gtext('ti=28');
```

响应曲线如图 2-25 所示，从图 2-25 中可以看出，随着积分时间减小，积分控制作用增强，闭环系统的稳定性变差。

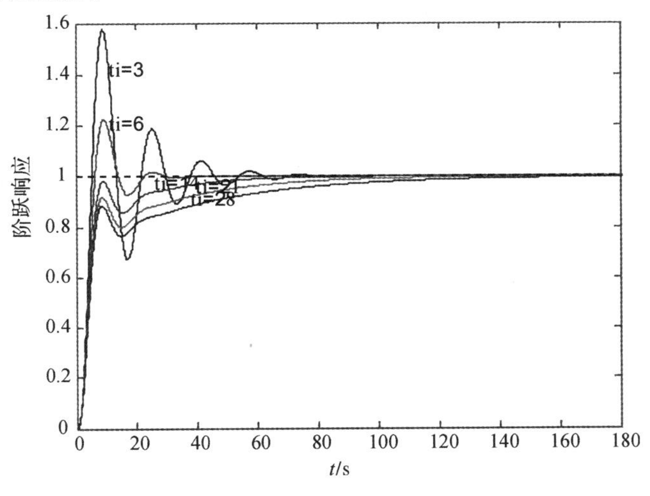

图 2-25　例 2-3 系统阶跃响应图

2.3.9 比例积分微分(PID)控制

具有比例＋积分＋微分控制规律的控制称为比例积分微分控制，即 PID 控制，PID 控制的传递函数为

$$G(s)=K_{\mathrm{p}}+\frac{K_{\mathrm{p}}}{T_{\mathrm{i}}}\cdot\frac{1}{s}+K_{\mathrm{p}}\tau s \tag{2-19}$$

式中，K_{P} 为比例系数；T_{i} 为积分时间常数；τ 为微分时间常数，三者都是可调参数。

PID 控制器的输出信号为

$$u(t)=K_{\mathrm{P}}e(t)+\frac{K_{\mathrm{p}}}{T_{\mathrm{i}}}\int_{0}^{t}e(t)\mathrm{d}t+K_{\mathrm{P}}\tau\frac{\mathrm{d}e(t)}{\mathrm{d}t} \tag{2-20}$$

PID 控制器的传递函数可写成

$$\frac{U(s)}{E(s)}=\frac{K_{\mathrm{p}}}{T_{\mathrm{i}}}\frac{(T_{\mathrm{i}}\tau s^{2}+T_{\mathrm{i}}s+1)}{s} \tag{2-21}$$

PI 控制器与被控对象串联连接时，可以使系统的类型级别提高一级，而且还提供了两个负实部的零点。与 PI 控制器相比，PID 控制器除了同样具有提高系统稳态性能的优点外，还多提供了一个负实部零点，因此在提高系统动态性能方面具有更大的优越性。在实际工程中，PID 控制器被广泛应用。

PID 控制通过积分作用消除误差，而微分控制可缩小超越量、加快系统响应，是综合了 PI 控制与 PD 控制长处并去除其短处的控制。从频域角度来看，PID 控制通过积分作用于系统的低频段，以提高系统的稳态性能；而微分作用于系统的中频段，以改善系统的动态性能。

2.3.10 PID 控制器参数整定

PID 控制器的参数整定是控制系统设计的核心内容，它根据被控过程的特性确定 PID 控制器的比例系数、积分时间和微分时间。

PID 控制器参数整定的方法很多，概括起来有以下两种。

(1)理论计算整定法。它主要依据系统的数学模型，经过理论计算确定控制系统参数。这种方法所得到的计算数据未必可以直接使用，还必须通过工程实际进行调整和修改。

(2)工程整定方法。它主要有 Ziegler－Nichols 整定法、临界比例度法、衰减曲线法。这三种方法各有特点，其共同点都是通过实验然后按照工程经验公式对控制器参数进行整定的。无论采用哪一种方法所得得到的控制器参数，都需要在实际运行中进行最后调整与完善。工程整定法的基本特点是不需要事先知道过程的数学模型，直接在过程控制系统中进行现场整定，方法简单，计算简便，易于掌握。

1)Ziegler－Nichols 整定法。Ziegler－Nichols 法是一种基于频域设计 PID 控制器的方法。基于频域的参数整定是需要参考模型的，首先需要辨识出一个能较好反映被控对象频域特性的二阶模型。根据这样的模型，结合给定的性能指标可推导出公式，以用于 PID 参数控制器的整定。

基于频域的设计方法在一定程度上回避了精确的系统建模，而且有较为明确的物理意义，比常规的 PID 控制有更多的可适应场合。目前已经有一些基于频域设计 PID 控制器的方法，如 Ziegler－Nichols 法、Cohen－Coon 法等。Ziegler－Nichols 法是最常用的整定 PID 控制器

的参数的方法。

Ziegler - Nichols 法是根据给定对象的瞬态响应特性来确定 PID 控制器的参数的，首先通过实验获取控制对象单位阶跃响应，如图 2 - 26 所示。

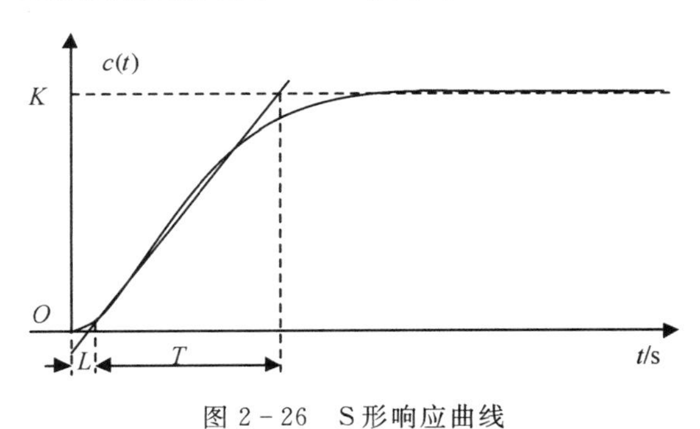

图 2 - 26　S 形响应曲线

如果单位阶跃响应曲线看起来是一条 S 形的曲线，则可用此法，否则不能用。S 形曲线用延迟时间 L 和时间常数 T 来描述，则对象传递函数可近似为

$$\frac{C(s)}{R(s)}=\frac{K\mathrm{e}^{-Ls}}{Ts+1} \tag{2-22}$$

利用延迟时间 L、放大系数 K 和时间常数 T，根据表 2 - 1 中的公式确定 K_{p}，T_{i} 和 τ 的值。

表 2 - 1　Ziegler-Nichols 法整定控制器参数

控制器类型	比例度 δ/(%)	积分时间 T_{i}	微分时间 τ
P	$T/(KL)$	∞	0
PI	$0.9T/(KL)$	$L/0.3$	0
PID	$1.2T/(KL)$	2.2 L	0.5 L

【例 2 - 4】　已知如图 2 - 27 所示的控制系统。系统开环传递函数为 $G_{\mathrm{o}}(s)$，具体表达式见式(2 - 23)，试采用 Ziegler - Nichols 整定公式计算系统 P,PI,PID 控制器的参数，并绘制整定后系统的单位阶跃响应曲线：

$$G_{\mathrm{o}}(s)=\frac{8}{(360s+1)}\mathrm{e}^{-180s} \tag{2-23}$$

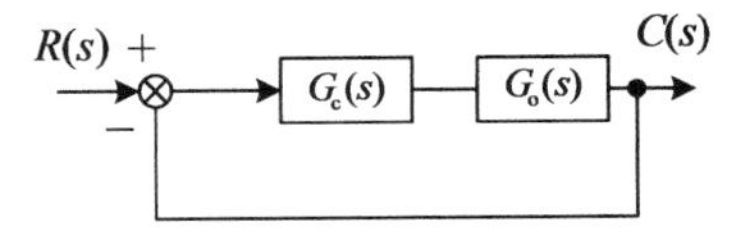

图 2 - 27　控制系统结构图

解:PID 参数整定是一个反复调整测试的过程，使用 Simulink 能大大简化这一过程。根据题意，建立如图 2 - 28 所示的 Simulink 模型。

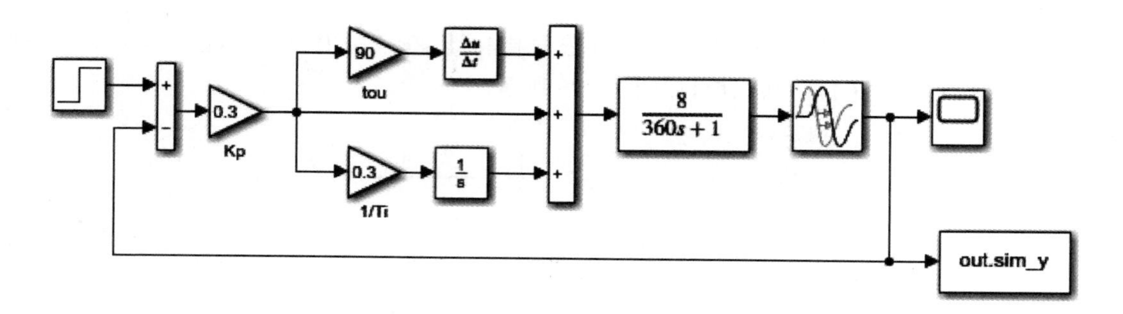

图 2-28 例 2-4 系统 Simulink 模型

图 2-28 中，“Intergrator”为积分器，“Derivative”为微分器，“K_p”为比例系数 K_p，“$1/T_i$”为积分时间 T_i，“tou”为微分时间常数 τ。进行 P 控制器参数整定时，微分器和积分器的输出不连到系统中，在 Simulink 中，把微分器和积分器的输出连线断开即可；同理，进行 PI 控制器参数整定时，微分器的输出连线断开。

Ziegler-Nichols 整定的第一步是获取开环系统的单位阶跃响应，在 Simulink 中，把反馈连线、微分器的输出连线、积分器的输出连线都断开，“K_p”的值置为 1，选定仿真时间（注意，如果系统滞后比较大，则应相应加大仿真时间），仿真运行，运行完毕后，双击“Scope”，得到如图 2-29 所示的结果。

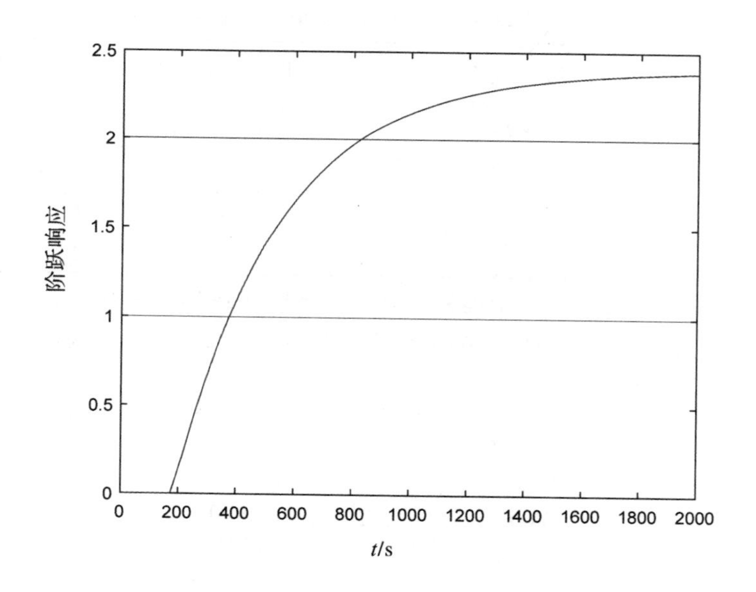

图 2-29 例 2-4 系统开环单位阶跃响应曲线

按照 S 形响应曲线的参数求法，大致可以得到系统延迟时间 L、放大系数 K 和时间常数 T：$L=180$，$T=540-180=360$，$K=8$。

如果从示波器的输出不易看出这 3 个参数，则可以将系统输出导入 MATLAB 的工作空间中，然后编写相应的 M 文件求取这 3 个参数。

根据表 2-1，可知 P 控制整定时，比例放大系数 $K_p=0.25$，将"K_p"的值置为 0.25，仿真运行，运行完毕后，双击"Scope"得到如图 2-30 所示的结果，它是 P 控制时系统的单位阶跃响应。

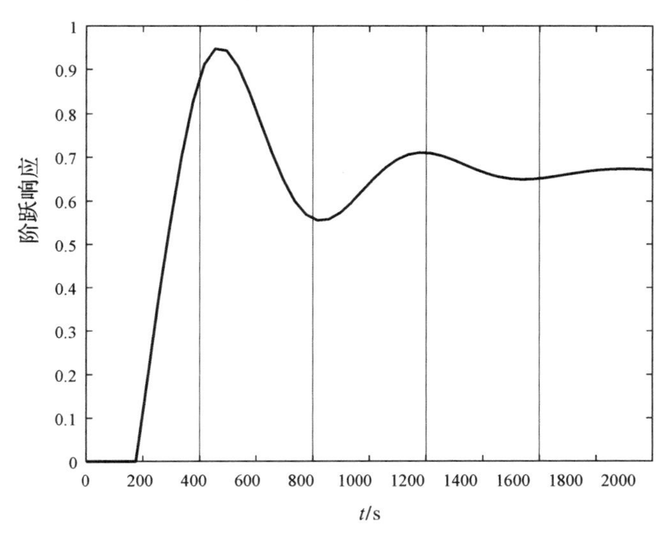

图 2-30　例 2-4 系统 P 控制时的单位阶跃响应曲线

根据图 2-30 可知，PI 控制整定时，比例放大系数 $K_p=0.225$，积分时间常数 $T_i=594$，将"K_p"的值设置为 0.225，"$1/T_i$"的值设置为 1/594，将积分器的输出连线连上，仿真运行，运行完毕后，双击"Scope"得到如图 2-31 所示的结果，它是 PI 控制时系统的单位阶跃响应。

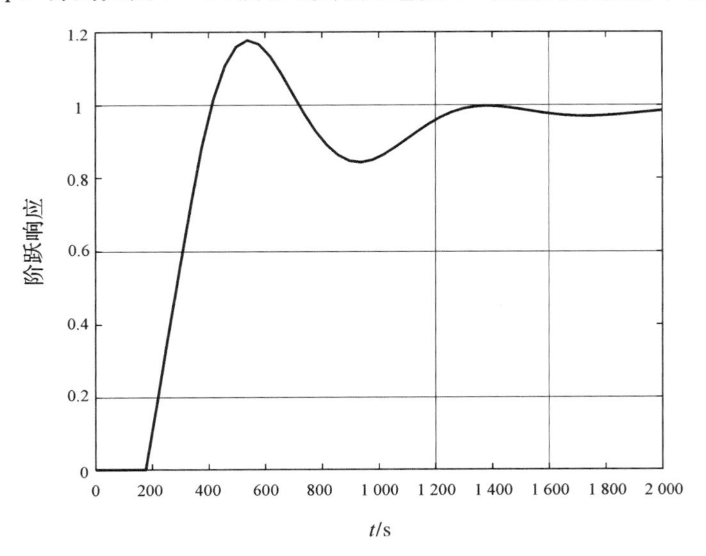

图 2-31　例 2-4 系统 PI 控制时的单位阶跃响应曲线

根据图 2-30 可知，PID 控制整定时，比例放大系数 $K_p=0.3$，积分时间常数 $T_i=396$，微分时间常数 $\tau=90$，将"K_p"的值设置为 0.3，"$1/T_i$"的值设置为 1/396，"τ"的值设置为 90，将微分器的输出连线连上，仿真运行，运行完毕后，双击"Scope"得到如图 2-32 所示的结果，它是 PID 控制时系统的单位阶跃响应。

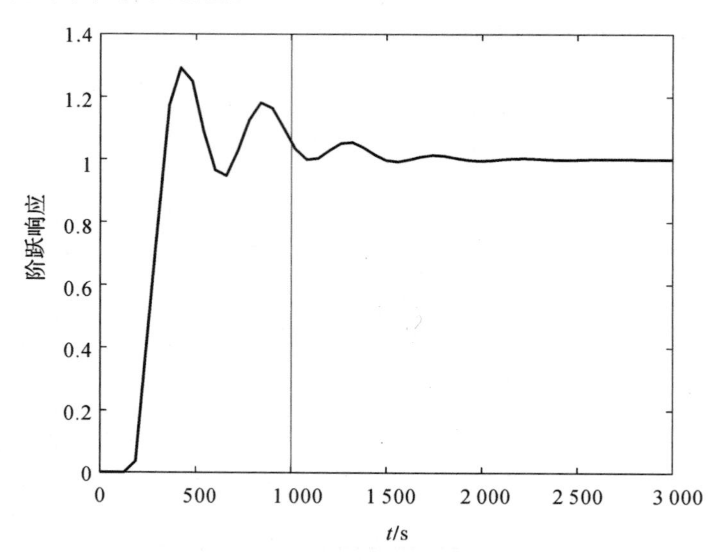

图 2-32　例 2-4 系统 PID 控制时的单位阶跃响应曲线

由图 2-30～图 2-32 的对比可以看出，P 控制和 PI 控制两者的响应速度基本相同，因为这两种控制的比例系数不同，因此系统稳定的输出值不同。PI 控制的超调量比 P 控制的要小，PID 控制比 P 控制和 PI 控制的响应速度要快，但是超调量大些。

【例 2-5】 已知如图 2-27 所示的控制系统，其中系统开环传递函数为 $G_o(s)$，具体表达式见式(2-24)。试采用 Ziegler-Nichols 整定公式计算系统 P 控制器、PI 控制器、PID 控制器的参数，并绘制整定后系统的单位阶跃响应曲线：

$$G_o(s)=\frac{1.67}{(4.05s+1)}\frac{8.22}{(s+1)}e^{-1.5s} \tag{2-24}$$

解：根据题意，建立如图 2-33 所示的 Simulink 模型。

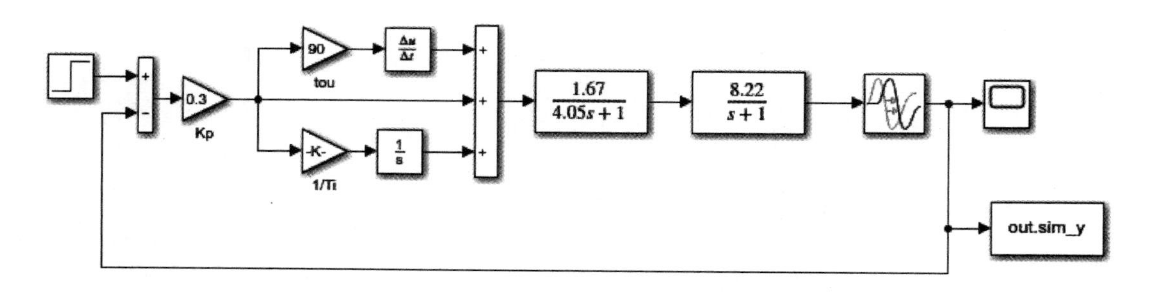

图 2-33　例 3-5 系统 Simulink 模型

Ziegler-Nichols 整定的第一步是获取开环系统的单位阶跃响应，在 Simulink 中，把反馈连线、微分器的输出连线、积分器的输出连线都断开，“K_p”的值置为 1，选定仿真时间(注意，如果系统滞后比较大，则应相应加大仿真时间)，仿真运行，运行完毕后，双击“Scope”得到如图 2-34 所示的结果。

按照 S 形响应曲线的参数求法，大致可以得到系统延迟时间 L、放大系数 K 和时间常数 T：$L=2.2$，$T=9.2-2.2=7$，$K=13.727$。

如果从示波器的输出不方便看出这 3 个参数，可以将系统输出导入 MATLAB 的工作空间中，然后编写相应的 M 文件求取这 3 个参数。

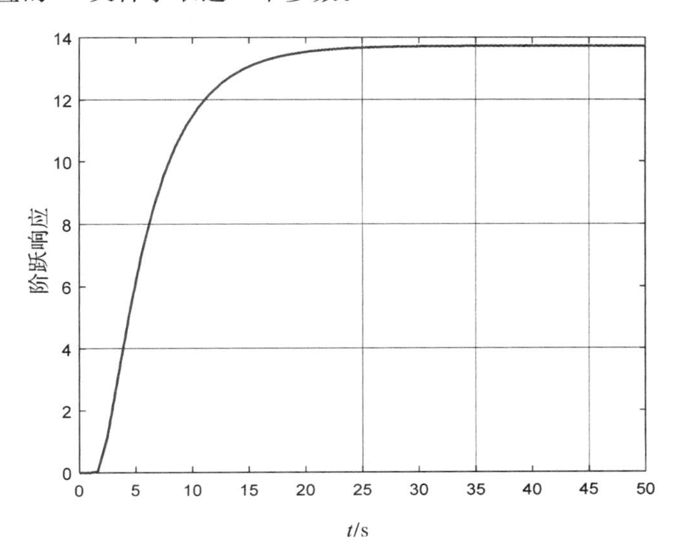

图 2-34　例 2-5 系统开环单位阶跃响应曲线

根据图 2-34，可知 P 控制整定时，比例放大系数 $K_P=0.231\,8$，将"K_p"的值置为 0.231 8，仿真运行，运行完毕后，双击"Scope"得到如图 2-35 所示的结果，它是 P 控制时系统的单位阶跃响应。

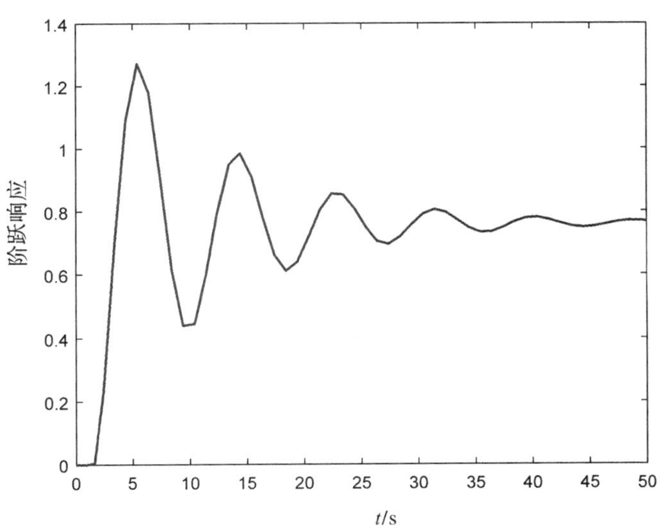

图 2-35　例 2-5 系统 P 控制时单位阶跃响应曲线

根据图 2-34，可知 PI 控制整定时，比例放大系数 $K_P=0.208\,6$，积分时间常数 $T_i=7.333\,3$，将“K_p”的值设置为 0.208 6,“$1/T_i$”的值设置为 1/7.333 3,将积分器的输出连线连上,仿真运行,运行完毕后,双击“Scope”得到如图 2－36 所示的结果,它是 PI 控制时系统的单位阶跃响应。

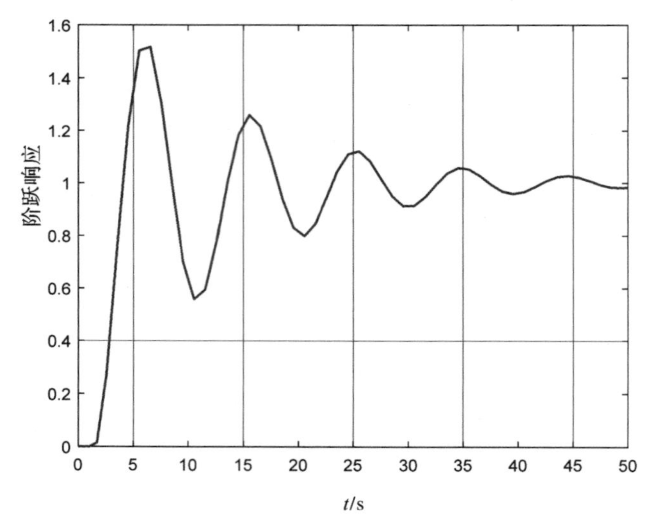

图 2－36　例 2－5 系统 PI 控制时单位阶跃响应曲线

根据图 2－34,可知 PID 控制整定时,比例放大系数 $K_p=0.3$,积分时间常数 $T_i=4.84$,微分时间常数 $\tau=1.1$,将“K_p”的值设置为 0.3,“$1/T_i$”的值设置为 1/4.84,“τ”的值设置为 1.1,将微分器的输出连线连上,仿真运行,运行完毕后,双击“Scope”得到如图 2－37 所示的结果,它是 PID 控制时系统的单位阶跃响应。

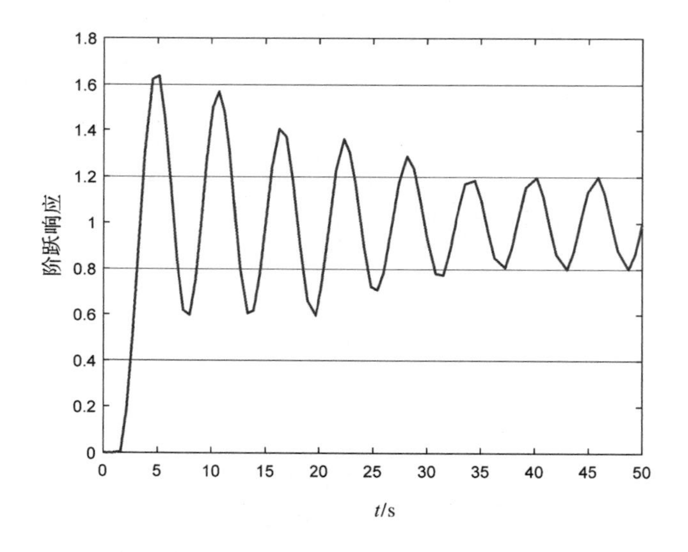

图 2－37　例 2－5 系统 PID 控制时的单位阶跃响应曲线

由图 2－35～图 2－37 的对比可以看出,P 控制和 PI 控制两者的响应速度基本相同,超调量大不相同,但由于这两种控制的比例系数不同,因此系统稳定的输出值不同。PI 控制的超调量比 P 控制要小,PID 控制比 P 控制和 PI 控制的响应速度要快,但是超调量大些。

2)临界比例度法。临界比例度法适用于已知对象传递函数的场合,在闭合的控制系统里,将调节器置于纯比例作用下,从大到小逐渐改变调节器的比例度,得到等幅振荡的过渡过程。此时的比例度称为临界比例度 δ_K ,相邻的两个波峰间的时间间隔称为临界振荡周期 T_K 。采用临界比例度法时,系统产生临界振荡的条件是系统的阶数是 3 阶或 3 阶以上。

临界比例度法的步骤如下。

①将调节器的积分时间 T_i 置于最大($T_i \to \infty$),微分时间置零($\tau=0$),比例度 δ 取适当值,平衡操作一段时间,把系统投入自动运行。

②将比例度 δ 逐渐减小,得到等幅振荡过程,记下理解比例度 δ_K 和临界振荡周期 T_K 的值。

③根据 δ_K 和 T_K 的值,采用表 2-2 中的经验公式,计算出调节器的各参数,即 δ , T_i 和 τ 的值。

表 2-2　临界比例度法整定控制器参数

控制器类型	比例度 δ/(%)	积分时间 T_i	微分时间 τ
P	$2\delta_K$	∞	0
PI	$2.2\delta_K$	$0.833T_K$	0
PID	$1.7\delta_K$	$0.50T_K$	$0.125\ T_K$

按“先 P 后 I 最后 D”的操作程序将调节器整定参数调到计算值上。若还不够满意,可再进一步调整。

临界比例度法整定的注意事项如下:

①有的过程控制系统,临界比例度很小,调节阀不是全关就是全开,对工业生产不利。

②有的过程控制系统,当调节器比例度 δ 调到最小刻度值时,系统仍不产生等幅振荡,对此,将最小刻度的比例度作为临界比例度 δ_K 进行调节器参数整定。

【例 2-6】 已知如图 2-27 所示的控制系统,其中系统开环传递函数 $G_o(s)$ 如式(2-25)所示。试采用临界比例度法计算系统 P 控制器、PI 控制器、PID 控制器控制器的参数,并绘制整定系统的单位阶跃响应曲线:

$$G_o(s)=\frac{1}{s} \tag{2-25}$$

解:根据题意,建立如图 2-38 所示的 Simulink 模型。

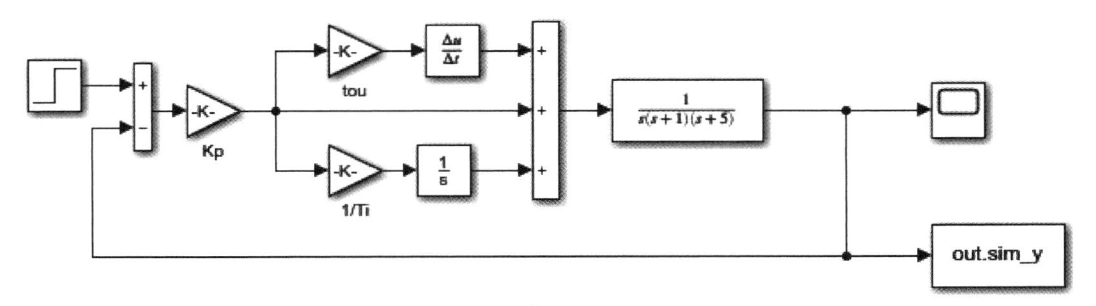

图 2-38　例 2-6 系统 Simulink 模型

临界比例度法整定的第一步是获取系统的等幅振荡曲线，在 Simulink 中，把反馈连线、微分器的输出连线、积分器的输出连线都断开，“K_p”的值从小到大进行实验，每次仿真结束后，观察示波器的输出，直到输出等幅振荡曲线为止。本例中当 $K_p=30$ 时出现等幅振荡，此时的 $T_K=2.81$，等幅振荡曲线如图 2-39 所示。

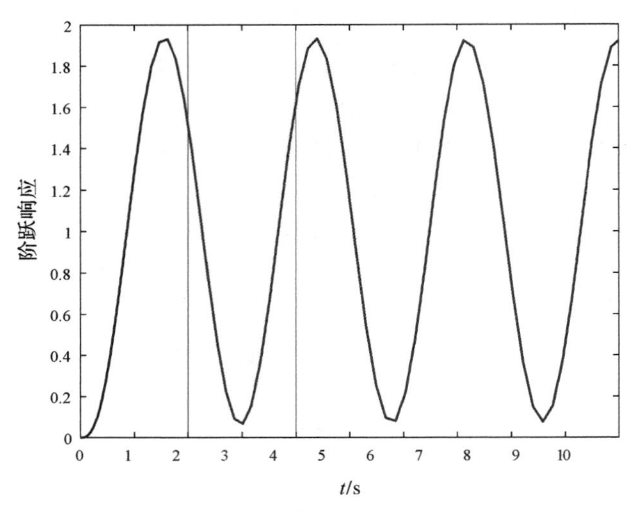

图 2-39 例 2-6 系统等幅振荡曲线

根据图 2-39 可知，P 控制整定时，比例放大系数 $K_p=15$，将“K_p”的值置为 15，仿真运行，运行完毕后双击“Scope”得到如图 2-40 所示的结果，它是 P 控制时系统的单位阶跃响应。

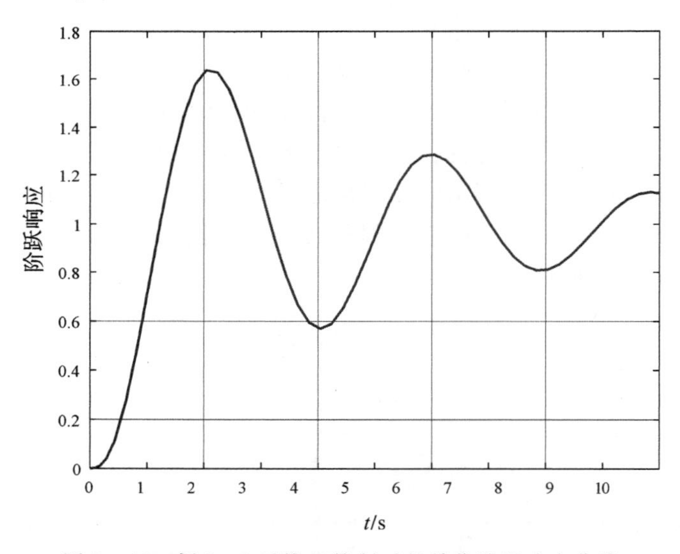

图 2-40 例 2-6 系统 P 控制时的单位阶跃响应曲线

根据图 2-39 可知，PI 控制整定时，比例放大系数 $K_P=13.5$，积分时间常数 $T_i=2.341\,7$，将“K_p”的值置为 13.5，“$1/T_i$”的值置为 1/2.341 7，将积分器的输出连线连上，仿真运行，运行完毕后，双击“Scope”得到如图 2-41 所示的结果，它是 PI 控制时系统的单位阶跃响应。

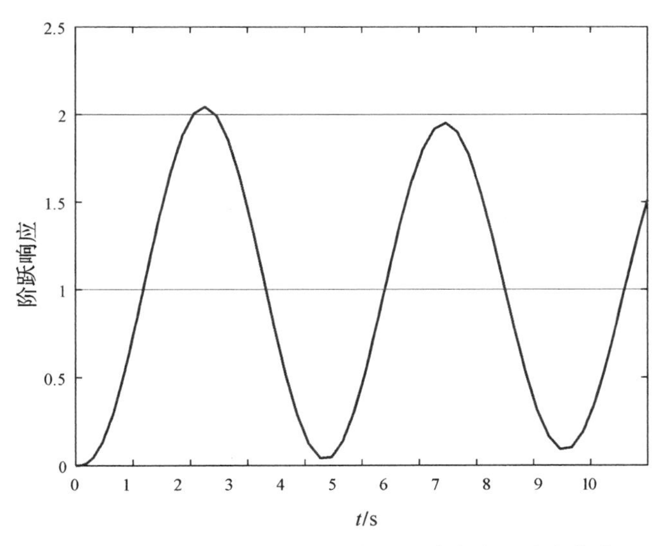

图 2－41　例 2－6 系统 PI 控制时的单位阶跃响应曲线

根据图 2－39 可知，PID 控制整定时，比例放大系数 K_P =17.647 1，积分时间常数 T_i = 1.405，微分时间常数 τ =0.351 24，将“K_p”的值设置为“17.647 1”，“$1/T_i$”的值设置为 1/4.05，“τ”的值设置为 0.351 24，将微分器的输出连线连上，仿真运行，运行完毕后，双击“Scope”得到如图 2－42 所示的结果，它是 PID 控制时系统的单位阶跃响应。

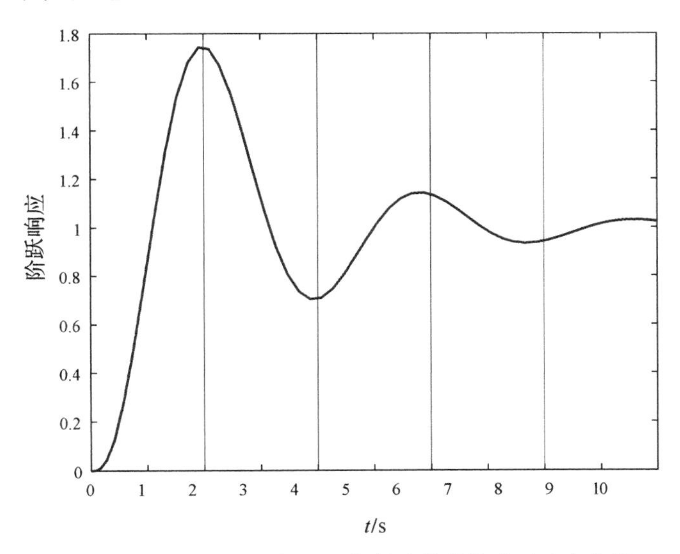

图 2－42　例 2－6 系统 PID 控制时的单位阶跃响应曲线

由图 2－40～图 2－42 的对比可以看出，P 控制和 PI 控制的阶跃响应上升速度基本相同，由于这两种控制的比例系数不同，因此系统稳定的输出值不同。PI 控制的超调量比 P 控制要小，PID 控制比 P 控制和 PI 控制的响应速度要快，但超调量大些。

值得注意的是，由于工程整定方法依据的是经验公式，不是在任何情况下都是适用的，因此，按照经验公式整定的 PID 参数并不是最好的，需要进行一些调整。本例中，按照图 2－39

整定的 PI 控制器的参数就不是非常好，这从图 2-41 中可以看出。将比例放大系数调整为 $K_P=13.5$，积分时间常数调整为 $T_i=12.5$，仿真运行，运行完毕后，双击“Scope”得到如图 2-43所示的结果。

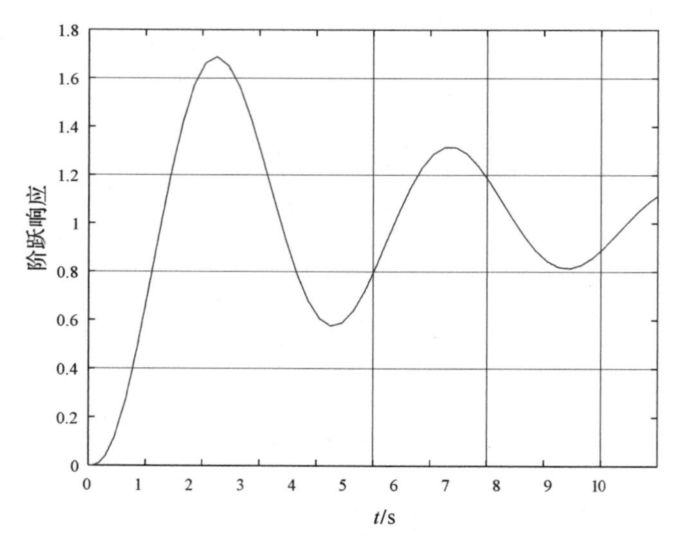

图 2-43　例 2-6 系统调整 PI 参数后的单位阶跃响应曲线

对比图 2-43 和图 2-42 可以看出，调整 PI 参数后系统的超调量减小了，调节时间也减小了。当然，调整参数的方法有多种，既可以调整 P 的参数，也可以调整 I 的参数，也可以同时调整这两者的参数。

(3)衰减曲线法。衰减曲线法根据衰减频率特性整定控制器参数。先把控制系统中调节器参数置成纯比例作用($T_i\rightarrow\infty,\tau=0$)，使系统投入运行，再把比例度 δ 从大逐渐调小，直到出现 4∶1 衰减过程曲线，如图 2-44 所示。

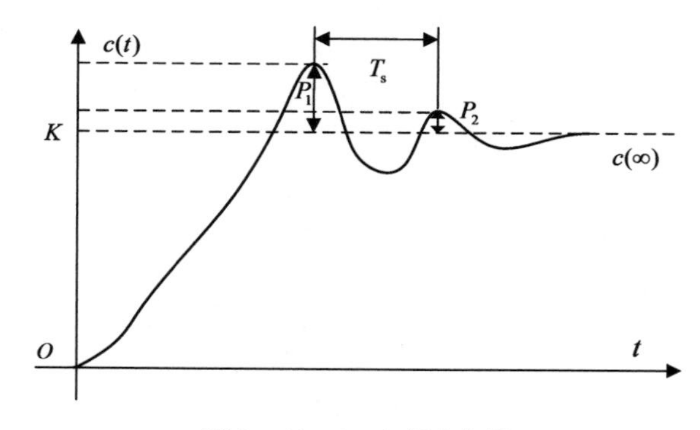

图 2-44　4∶1 衰减曲线

此时的比例度为 4∶1，即 $P_1/P_2=4:1$，衰减比例度为 δ_s ，上升时间为 t_r ，两个相邻波峰间的时间间隔 T_s 称为 4∶1 衰减振荡周期。

根据 δ_s ，t_r 或 T_s ，使用表 2-3 所示的经验公式，即可计算出调节器的各个整定参数值。

表 2-3　衰减曲线法整定控制器参数

控制器类型	比例度 δ/(%)	积分时间 T_i	微分时间 τ
P	δ_s	∞	0
PI	$1.2\delta_s$	$2t_r$ 或 $0.5T_s$	0
PID	$0.8\delta_s$	$1.5t_r$ 或 $0.3T_s$	$0.4t_r$ 或 $0.1T_s$

按“先 P 后 I 最后 D”的操作程序将调节器整定参数调到计算值上。若还不够满意，可在进一步调整。

衰减曲线法的注意事项如下：

1)反应较快的控制系统，要认定 4∶1 衰减曲线和读出 T_s 比较困难，此时，可用记录指针来回摆动两次就达稳定值作为 4∶1 衰减过程。

2)在生产过程中，负荷变化会影响过程特性。当负荷变化较大时，必须重新整定调节器参数值。

3)若认为 4∶1 衰减太慢，可采用 10∶1 衰减过程。对于 10∶1 衰减曲线法整定调节器参数值的步骤与上述完全相同，仅所用的计算公式有些不同，具体公式可查阅相关资料，此处不再赘述。

【例 2-7】 已知如图 2-27 所示的控制系统，其中系统开环传递函数 $G_o(s)$ 如下式所示，试采用临界比例度法计算系统 P 控制器、PI 控制器、PID 控制器控制器的参数，并绘制整定后系统的单位阶跃响应曲线。

$$G_o(s)=\frac{6}{(s+1)(s+2)(s+3)} \tag{2-26}$$

解：根据题意，建立如图 2-45 所示的 Simulink 模型。

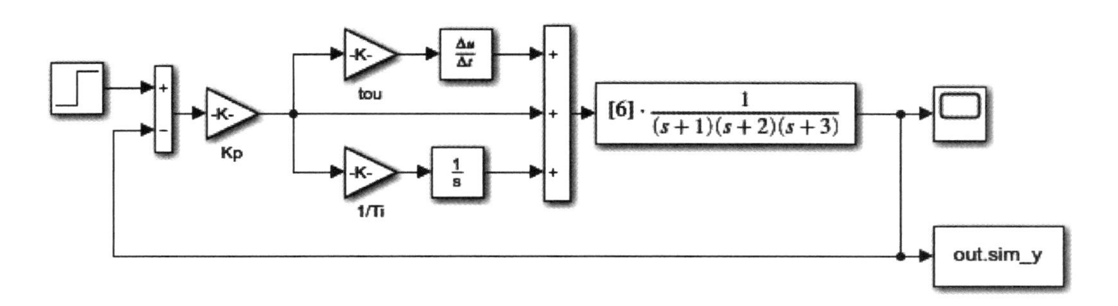

图 2-45　例 2-7 系统 Simulink 模型

衰减曲线法整定的第一步是获取系统的衰减曲线，本例按 4∶1 衰减曲线整定，在 Simulink 中，把微分器的输出连线、积分器的输出连线都断开，“K_P”的值从大到小进行试验，每次仿真结束后，观察示波器的输出，直到输出 4∶1 衰减振荡曲线为止。当 $K_p=3.823$，$t=1.55$ 时出现第一峰值，它的值为 1.13；在 $t=4.24$ 时出现第二峰值，它的值为 0.88，稳定值是 0.8，计算可得衰减度为 4:1。因此，当 $K_P=3.823$ 时，系统出现 4∶1 衰减振荡，且 $T_s=4.24-1.55=2.69$，曲线如图 2-46 所示。

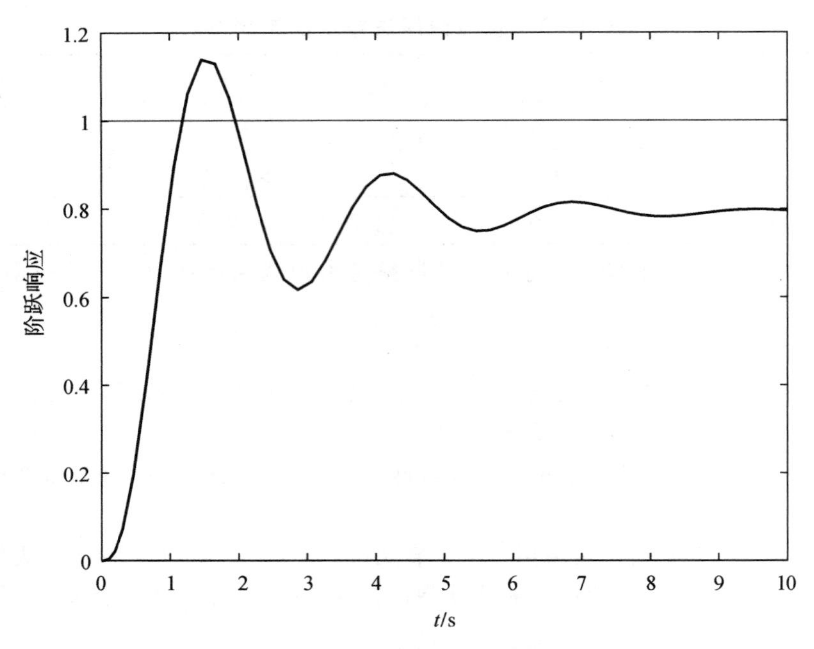

图 2-46　例 2-7 系统 4：1 衰减振荡曲线

根据图 2-46 可知，P 控制整定时，比例放大系数和出现 4：1 衰减振荡时的比例系数相同，因此，P 控制时系统的单位阶跃响应曲线和图 2-46 相同。

根据图 2-46 可知，PI 控制整定时，比例放大系数 $K_p=3.185\ 8$，积分常数 $T_i=1.345$，将“K_p”值设置为 3.181 5，“$1/T_i$”的值设置为 1/1.345，将积分器的输出连线连上，仿真运行，运行完毕后，双击“Scope”得到如图 2-47 所示的结果，它是 PI 控制时系统的单位阶跃响应曲线。

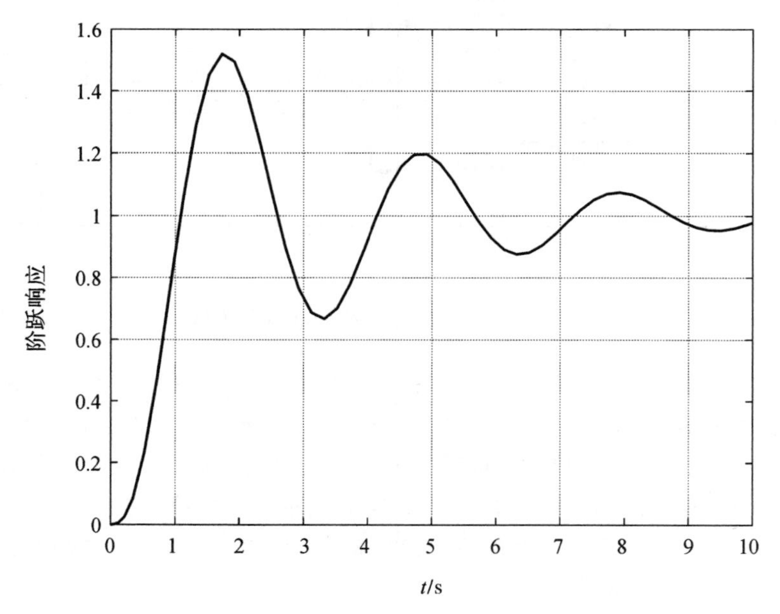

图 2-47　例 2-7 系统 PI 控制时的单位阶跃响应曲线

根据图 2－46 可知，PID 控制整定时，比例放大系数 $K_p=4.778\ 7$，积分常数 $T_i=0.807$，微分时间常数 $\tau=0.269$，将“K_p”值设置为 4.778 7，“$1/T_i$”的值设置为 1/0.807，“τ”的值设置为 0.269，将微分器的输出连接连上，仿真运行，运行完毕后，双击“Scope”得到如图 2－48 所示的结果，它是 PID 控制时系统的单位阶跃响应曲线。

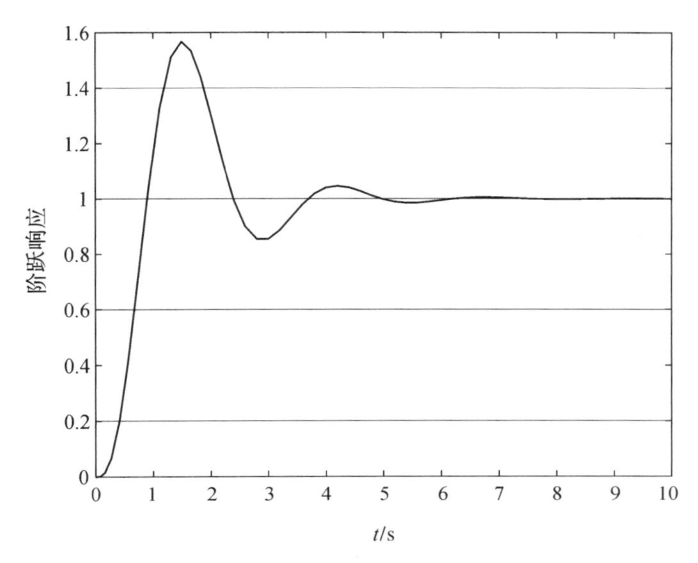

图 2－48　例 2－7 系统 PID 控制时的单位阶跃响应曲线

由图 2－46～图 2－48 对比可以看出，P 控制和 PI 控制的阶跃响应上升速度基本相同，由于这两种控制的比例系数不同，所以系统稳定的输出值不同。PI 控制的超调量比 P 控制要小，PID 控制比 P 控制和 PI 控制的响应速度要快，但超调量大些。

在 PID 控制器的参数进行整定时，如果能够用理论的方法确定 PID 控制器的参数当然是最理想的方法，但是在实际应用中，更多的是通过试凑法来确定 PID 控制器的参数的。通过上面的例子，可以总结出几条基本的 PID 控制器的参数整定规律。

(1)增大比例系数一般将加快系统的响应，在有静差的情况下有利于减小静差，但是过大的比例系数会使得系统有较大的超调，并产生振荡，使稳定性变差。

(2)增大积分时间有利于减小超调、减小振荡，使系统稳定性增加，但是系统的静差消除时间变长。

(3)增大微分时间有利于加快系统的响应速度，使系统的超调量减小，稳定性增加，但系统对扰动的抑制能力减弱。

在凑试时，可参考以上参数对系统控制过程的影响趋势，对参数调整实行先比例、后积分、再微分的整定步骤。即先整定比例部分，将比例参数由小变大，并观察相应的系统响应，直至得到反应快、超调小的响应曲线。如果系统没有静差或静差已经小到允许范围内，并且对响应曲线已经满意，则只需要比例调节器即可。

如果在比例调节的基础上系统的静差不能满足设计要求，则必须加入积分环节。在整定时先将积分时间设定到一个比较大的值，然后将已经调节好的比例系数略微缩小(一般缩小为原值的 80%)，然后减小积分时间，使得系统在保持良好动态特性的情况下，静差得到消除。在此过程中，可根据系统的响应曲线的好坏反复修改比例系数和积分时间，以期得到满意的控制过程和整定参数。

如果在上述调整过程中对系统的动态过程反复调整还不能得到满意的结果，则可以加入微分环节。首先把微分时间设置为0，在上述基础上逐渐增加微分时间，同时相应地改变比例系数和积分时间，逐步试凑，直至得到满意的调节效果。

在工业应用中PID算法及其衍生算法是应用最广泛的算法，是当之无愧的万能算法，如果能够熟练掌握PID算法的设计与实现过程，对于一般的研发人员来讲，应该是足够应对一般控制问题了，而难能可贵的是，在众多控制算法当中，PID控制算法又是最简单，最能体现反馈思想的控制算法，可谓经典中的经典。经典的未必是复杂的，而往往是最简单的。

PID控制的最大优点就是可以不依赖于被控对象的精确数学模型，很多实际被控对象通常具有强非线性、时变不确定性、强干扰等特性，常常很难建立其精确数学模型。当然有数学模型的话参数整定起来会更方便，就像倒立摆系统。PID控制在工程实践中得到广泛应用的其他原因如下：

(1)结构简单，使用方便，鲁棒性和适应性较强。

(2)大多数被控对象使用PID控制即可以满足实际的需要。

(3)各种高级控制算法在应用上还不完善，且难以被企业技术人员掌握。

随着科技的不断进步，被控对象也变得越来越复杂，大部分为多输入多输出(Multiple Input Multiple Output，MIMO)系统，这个时候使用PID控制就显得很吃力了。倒立摆中同时控制摆杆角度和小车位移需要整定6个相互耦合的参数，如果不是去掉了积分作用，整定起来是非常麻烦的。两个被控变量已经很麻烦了，如果是3个(9个参数)、4个(12个参数)甚至更多呢？为了解决多输入多输出复杂系统的控制问题，现代控制理论就诞生了，在以后也会为大家介绍几种典型的现代控制算法。

如今已经进入智能控制时代，人们也可以使用常规PID控制与模糊逻辑控制、神经网络控制、遗传算法等智能控制相结合，形成智能PID控制，也称先进PID控制。先进PID控制可以解决常规PID控制中的一些缺陷，比如模糊自适应PID控制就可以让系统在线自整定参数，而不需要人为整定，大大减轻了分析与设计的工作量，而且某些先进PID控制比常规PID控制有着更高的控制品质。

PID参数整定经验口诀参考如下：

参数整定找最佳，从小到大顺序查；
先是比例后积分，最后再把微分加；
曲线振荡很频繁，比例度盘要放大；
曲线漂浮绕大弯，比例度盘往小扳；
曲线偏离回复慢，积分时间要下降；
曲线波动周期长，积分时间要加长；
曲线振荡频率快，先把微分降下来；
动差大来波动慢，微分时间要加长；
理想曲线两个波，前高后低四比一；
一看二调多分析，调节质量不会低。

2.4 小　　结

本章通过对什么是 PID 控制、PID 控制算法的基本原理以及采用 P 控制、PD 控制、PI 控制、PID 控制等不同控制方法进行了对比分析，并通过仿真案例介绍了 PID 控制的参数整定的基本方法。

第3章 现代控制理论基础

3.1 概 述

在经典控制论中，常用高阶微分方程或传递函数来描述一个线性定常系统的运动规律，而微分方程或传递函数只能用于描述系统输入与输出之间的关系，而不能描述系统内部的结构及其状态变量。

从经典控制论发展而来的现代控制论采用状态空间法来分析系统，用一组状态变量的一阶微分方程组作为系统的数学模型，它可以反映出系统全部独立变量的变化情况，从而能同时确定系统的全部内部运动状态。

通过本章的学习，读者对线性系统状态空间的基础知识和分析方法会有一个全面的认识，并会熟练使用 MATLAB/Simulink 进行状态空间分析。

3.2 线性系统状态空间基础

3.2.1 状态空间基本概念

1.基本概述

(1)状态。任何一个系统在特定时刻都有一个特定的状态，系统在 t_0 时刻的状态。

(2)状态变量。状态变量是一个完全表征系统时间域行为的最小内部变量组。

(3)状态向量。设系统有 n 个状态变量，用 $x_1(t),x_2(t),\cdots,x_n(t)$ 表示，而且把这些状态变量看成向量 $x(t)$ 的分量，则向量 $\boldsymbol{x}(t)$ 称为状态向量，记为

$$\boldsymbol{x}(t)=[x_1(t)\ x_2(t)\ \cdots\ x_n(t)]'$$

(4)状态空间。以状态变量 $x_1(t),x_2(t),\cdots,x_n(t)$ 为轴的 n 维实向量空间称为状态空间。

(5)状态方程。描述系统状态变量与输入变量之间的关系的一阶微分方程组(连续时间系统)或一阶差分方程组(离散时间系统)称为系统的状态方程。它表征了输入对内部状态的变换过程，其一般形式为

$$\dot{x}(t)=f[x(t),u(t),t]$$

(6)输出方程。描述系统输出量与系统状态变量和输入变量之间函数关系的代数方程称为输出方程，它表征了系统内部状态变化和输入所引起的系统输出变换，是一个变化过程。输出方程的一般形式为

$$\boldsymbol{y}(t)=g[\boldsymbol{x}(t)\boldsymbol{u}(t)t]$$

(7)状态空间表达式。状态方程与输出方程的组合称为状态空间表达式，也称为动态方程，它表征一个系统完整的动态过程，其一般形式为

$$\begin{cases}\dot{\boldsymbol{x}}(t)=f[\boldsymbol{x}(t),\boldsymbol{u}(t),t]\\ \boldsymbol{y}(t)=g[\boldsymbol{x}(t),\boldsymbol{u}(t),t]\end{cases}$$

通常，对于线性定常系统，状态方程习惯写成如下形式：

$$\begin{bmatrix}\dot{x}_1\\ \dot{x}_2\\ \vdots\\ \dot{x}_n\end{bmatrix}=\begin{bmatrix}a_{11} & a_{12} & \cdots & a_{1n}\\ a_{21} & a_{22} & \cdots & a_{2n}\\ \vdots & \vdots & & \vdots\\ a_{n1} & a_{n2} & \cdots & a_{nn}\end{bmatrix}\begin{bmatrix}x_1\\ x_2\\ \vdots\\ x_n\end{bmatrix}+\begin{bmatrix}b_{11} & b_{12} & \cdots & b_{1n}\\ b_{21} & b_{22} & \cdots & b_{2n}\\ \vdots & \vdots & & \vdots\\ b_{n1} & b_{n2} & \cdots & b_{nn}\end{bmatrix}\begin{bmatrix}u_1 & u_2 & \cdots & u_r\end{bmatrix}$$

将其写成向量矩阵形式为

$$\begin{cases}\boldsymbol{x}=\boldsymbol{A}\boldsymbol{x}+\boldsymbol{B}\boldsymbol{u}\\ \boldsymbol{y}=\boldsymbol{C}\boldsymbol{x}+\boldsymbol{D}\boldsymbol{u}\end{cases}$$

式中，$\boldsymbol{x}=[x_1\quad x_2\quad \cdots\quad x_n]'$ 表示 n 维状态向量；$\boldsymbol{y}=[y_1\quad y_2\quad \cdots\quad y_m]'$ 表示 m 维输出向量；$\boldsymbol{u}=[u_1\quad u_2\quad \cdots\quad u_r]'$ 表示 r 维输入向量；$\boldsymbol{A}$ 表示系统内部状态的系数矩阵，称为系统矩阵 $\boldsymbol{A}_{n\times n}$；$\boldsymbol{B}$ 表示输入对状态作用的矩阵，称为输入(或控制)矩阵 $\boldsymbol{B}_{n\times r}$；$\boldsymbol{C}$ 表示输出与状态关系的矩阵，称为输出矩阵 $\boldsymbol{C}_{m\times n}$；$\boldsymbol{D}$ 表示输入直接对输出作用的矩阵，称为直接转移矩阵 $\boldsymbol{D}_{m\times r}$，也称为前馈系数矩阵。

$\boldsymbol{A}$ 由系统内部结构及其参数决定，体现了系统内部的特性，而 $\boldsymbol{B}$ 则主要体现了系统输入的施加情况，通常情况下 $\boldsymbol{D}=\boldsymbol{0}$。

系统动态方程可用如图 3-1 所示的框图表示，系统有两个前向通道和一个状态反馈回路组成，其中 $\boldsymbol{D}$ 通道表示控制输入 $\boldsymbol{U}$ 到系统输入 $\boldsymbol{Y}$ 的直接转移。

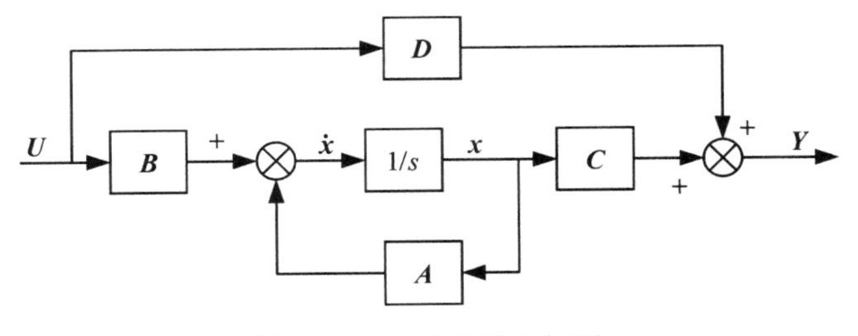

图 3-1　线性系统方框图

2.特点

状态空间描述具有以下特点。

(1)状态空间描述考虑到了“输入-状态-输出”这一过程，考虑到了被经典控制理论的“输

入-输出”描述所忽略的状态，因此它揭示了问题的本质，即输入引起状态的变化，而状态决定了输出。

(2)输入引起的状态变化是一个运动过程，数学上表现为向量微分方程，即状态方程。状态决定输出是一个变换过程，数学上表现为变换方程，即代数方程。

(3)系统的状态变量个数等于系统的阶数，一个 n 阶系统的状态变量个数为 n。

(4)对于给定的系统，状态变量的选择不唯一，状态变量的线性变换结果也可以作为状态变量。

(5)一般来说，状态变量不一定是物理上可测量或可观察的量，但从便于构造控制系统来说，把状态变量选为可测量或可观察的量更合适。

3.2.2 状态空间实现

控制系统一般可分为电器、机械、机电、液压和热力等系统，要研究它们，一般先要建立其运动的数学模型(如微分方程组、传递函数和动态方程等)。根据具体系统结构及其研究目的，选择一定的物理量作为系统的状态变量和输出变量，并利用各种物理定律，如牛顿定律、基尔霍夫电压/电流定律、能力守恒定律等，建立系统的动态方程模型。下面以典型的 RLC 电路动态方程为例，讲述系统的状态空间实现。

【例 3-1】 图 3-2 所示为 RLC 电路，系统的控制输入为电压 $u_i(t)$，系统输出为电压 $u_o(t)$，试建立系统的状态空间表达式。

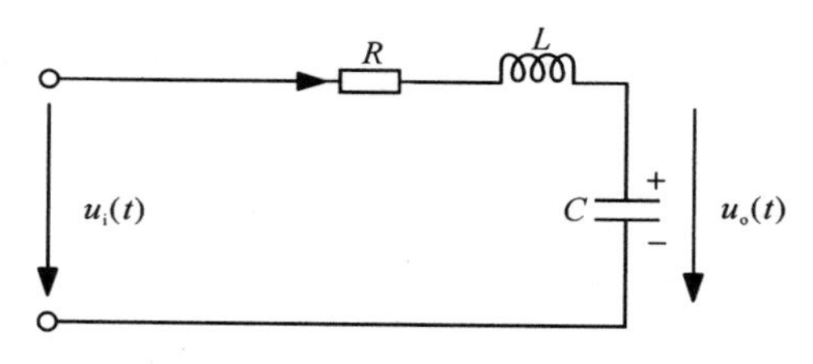

图 3-2 RLC 电路示意图

解：建立系统状态方程的步骤如下：

(1)选择状态变量。该 RLC 电路有两个独立的储能元件 L 和 C，可以取电容 C 两端电压 $u_o(t)$ 和流过电感 L 的电流 $i(t)$ 作为系统的两个状态变量，分别记作 x_1 和 x_2。

(2)列写微分方程。根据基尔霍夫电压定律和 R，L，C 元件的电压电流关系，可得：

$$\begin{cases} L\dfrac{\mathrm{d}x_2(t)}{\mathrm{d}t}+Rx_2(t)+x_1(t)=u_i(t) \\ x_2(t)=C\dfrac{\mathrm{d}x_1(t)}{\mathrm{d}t} \end{cases}$$

(3)转化为状态变量一阶微分方程组。微分方程可整理为

$$\begin{cases} \dot{x}_1=\dfrac{1}{C}x_2 \\ \dot{x}_1=-\dfrac{1}{L}x_1-\dfrac{R}{L}x_2+\dfrac{1}{L}u_i(t) \\ y=x_1 \end{cases}$$

(4)把一阶微分方程组写成向量矩阵形式,即状态空间表达式。一阶微分方程组写成矢量形式为

$$\begin{cases}\dot{\boldsymbol{X}}=\begin{bmatrix}0 & \dfrac{1}{C}\\ -\dfrac{1}{L} & -\dfrac{R}{L}\end{bmatrix}\boldsymbol{X}+\begin{bmatrix}0\\ \dfrac{1}{L}\end{bmatrix}u_{\mathrm{i}}(t)\\ \boldsymbol{Y}=[1\quad 0]\boldsymbol{X}\end{cases}$$

以上就是建立如图 3-2 所示 RLC 网络状态空间表达式的过程。

从经典控制理论中知道,任何一个线性系统都可以用线性微分方程表示为

$$y^{(n)}(t)+a_{n-1}y^{(n-1)}(t)+\cdots+a_1y^{(1)}(t)+a_0y(t)=$$
$$b_mu^{(m)}(t)+b_{m-1}u^{(m-1)}(t)+\cdots+b_1u^{(1)}(t)+b_0u(t),\ n\geqslant m$$

式中,u 为系统的输入量;y 为系统的输出量;在零初始条件下;输出量与输入量的拉普拉斯(简称拉氏)变换之比就是这个系统的传递函数,即

$$G(s)=\frac{Y(s)}{U(s)}=\frac{b_ms^m+b_{m-1}s^{m-1}+\cdots+b_1s+b_0}{s^n+a_{n-1}s^{n-1}+\cdots+a_1s+a_0}\tag{3-1}$$

利用传递函数的概念,可以用以 s 为变量的代数方程表示系统的动态特性。如果传递函数分母中 s 的最高次数为 n,则称该系统为 n 阶系统。

传递函数只是表达了系统输出与输入的关系,没有表明系统的内部结构,而状态空间表达式可以完整地表明系统的内部结构,由系统的传递函数求其状态方程的过程称为系统的实现问题。

有了系统的状态空间表达式,就可以实现该系统,系统的实现一般有直接实现法、串联实现法和并联实现法,下述分别对这 3 种方法进行分析。

(1)状态空间直接实现法。不失一般性,假设 $m=n$,则式(3-1)可以写成

$$G(s)=\frac{Y(s)}{U(s)}=b_n+\frac{b'_{n-1}s^{n-1}+b'_{n-2}s^{n-2}+\cdots+b'_1s+b'_0}{s^n+a_{n-1}s^{n-1}+\cdots+a_1s+a_0}\tag{3-2}$$

式中,$b'_{\mathrm{i}}=b_{\mathrm{i}}-b_na_{\mathrm{i}}(i=0,1,\cdots,n-1)$ 。令

$$\frac{Z(s)}{U(s)}=\frac{b'_{n-1}s^{n-1}+b'_{n-2}s^{n-2}+\cdots+b'_1s+b'_0}{s^n+a_{n-1}s^{n-1}+\cdots+a_1s+a_0}\tag{3-3}$$

代入式(3-2),可得

$$Y(s)=Z(s)+b_nU(s)\tag{3-4}$$

若引入新变量 $Y_1(s)$,并且令

$$\frac{Y_1(s)}{U(s)}=\frac{1}{s^n+a_{n-1}s^{n-1}+\cdots+a_1s+a_0}\tag{3-5}$$

则由式(3-3)可得

$$\frac{Z(s)}{Y_1(s)}=b'_{n-1}s^{n-1}+b'_{n-2}s^{n-2}+\cdots+b'_1s+b'_0\tag{3-6}$$

对式(3-5)和式(3-6)分别进行拉氏反变换,可得

$$y_1^n+a_{n-1}y_1^{n-1}+\cdots+a_1y_1^{(1)}+a_0y_1=u(t)\tag{3-7}$$

$$z(t)=b'_{n-1}y_1^{(n-1)}+b'_{n-2}y_1^{(n-2)}+\cdots+b'_1y_1^{(1)}+b'_0y \tag{3-8}$$

选择状态变量如下：

$$\left.\begin{aligned}&x_1=y_1\\&x_2=y_1^{(1)}=\dot{x}_1\\&x_3=y_1^{(2)}=\dot{x}_2\\&\cdots\cdots\\&x_n=y_1^{(n-1)}=\dot{x}_{n-1}\end{aligned}\right\} \tag{3-9}$$

即

$$\left.\begin{aligned}&\dot{x}_1=x_2\\&\dot{x}_2=x_3\\&\dot{x}_3=x_4\\&\cdots\cdots\\&\dot{x}_n=y_1^{(n)}\end{aligned}\right\} \tag{3-10}$$

可得 $\dot{x}_n$ 为

$$\begin{aligned}\dot{x}_n&=y_1^{(n)}=-a_0y_1-a_1y_1^{(1)}-\cdots-a_{n-1}y_1^{n-1}+u(t)\\&=-a_0x_1-a_1x_2-\cdots-a_{n-1}x_n+u(t)\end{aligned} \tag{3-11}$$

其系统状态方程为

$$\left.\begin{aligned}&\dot{x}_1=x_2\\&\dot{x}_2=x_3\\&\dot{x}_3=x_4\\&\cdots\cdots\\&\dot{x}_{n-1}=x_n\\&\dot{x}_n=-a_0x_1-a_1x_2-\cdots-a_{n-1}x_n+u(t)\end{aligned}\right\} \tag{3-12}$$

对式(3-4)进行拉氏变换，并将式(3-8)代入式(3-4)，可得系统的输出 y，即

$$y=z+b_nu=b'_0x_1+b'_1x_2+\cdots+b'_{n-1}x_n+b'_nu \tag{3-13}$$

将式(3-12)和式(3-13)写成矢量形式，可得系统的动态方程为

$$\left.\begin{aligned}&\dot{\boldsymbol{X}}=\begin{bmatrix}0&1&0&\cdots&0\\0&0&1&\cdots&0\\\vdots&\vdots&\vdots&&\vdots\\0&0&0&\cdots&1\\-\alpha_0&-\alpha_1&-\alpha_2&\cdots&-\alpha_{n-1}\end{bmatrix}\boldsymbol{X}+\begin{bmatrix}0\\0\\\vdots\\0\\1\end{bmatrix}u_{\mathrm{i}}(t)\\&\boldsymbol{Y}=[b'_0\quad b'_1\quad b'_2\quad\cdots\quad b'_{n-1}]\boldsymbol{X}+b_n\boldsymbol{U}\end{aligned}\right\} \tag{3-14}$$

式(3-14)所代表的系统实现的结构图如图 3-3 所示。这种系统的实现称为可控型(Ⅰ型)实现。

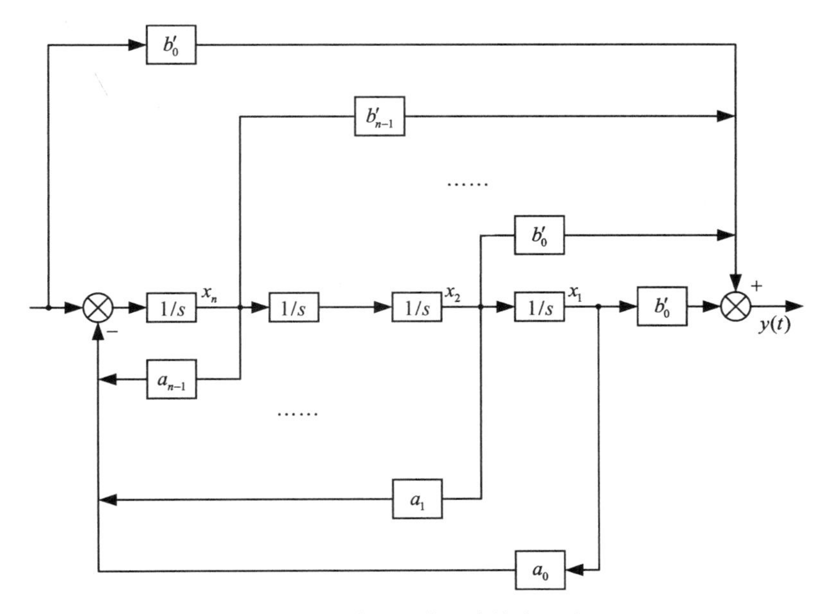

图 3-3　传递函数的直接实现法

注意:当式(3-2)中 $m<n$ 时，$b_n=0$，$b'_i=b_i(i=0,1,\cdots,m)$，这时式(3-14)可以直接从传递函数的分子、分母多项式系数中写出。当式(3-2)中 $m=0$，即系统没有零点时，上述实现方法中系统状态变量就是输出变量的各阶导数 $y(0),y(1),\cdots,y(n-1)$。

在通常的低阶物理系统中，上述各状态变量的物理意义非常明确，如位移、速度、加速度等。

(2)状态空间串联实现法。式(3-1)所示传递函数为多项式相除形式，分子多项式(num)为

$$\text{num}=b_m s^m+b_{m-1}s^{m-1}+b_1 s+b_0$$

分母多项式(den)为

$$\text{den}=s^n+a_{n-1}s^{n-1}+\cdots+a_1 s+a_0$$

如果 $z_1,z_2,\cdots,z_m$ 为 $G(s)$ 的 m 个零点，$p_1,p_2,\cdots,p_n$ 为 $G(s)$ 的 n 个极点，那么 $G(s)$ 可以表示为

$$G(s)=\frac{b_m(s-z_1)(s-z_2)\cdots(s-z_m)}{(s-p_1)(s-p_2)\cdots(s-p_n)}=$$

$$\frac{s-z_1}{s-p_1}\,\frac{s-z_2}{s-p_2}\cdots\frac{s-z_m}{s-p_m}\,\frac{b_m}{s-p_{m+1}}\cdots\frac{1}{s-p_n}$$

因此，系统的实现可以由 $\frac{s-z_1}{s-p_1}\,\frac{s-z_2}{s-p_2}\cdots\frac{1}{s-p_n}$ 共 n 个环节串联而成，如图 3-4 所示。

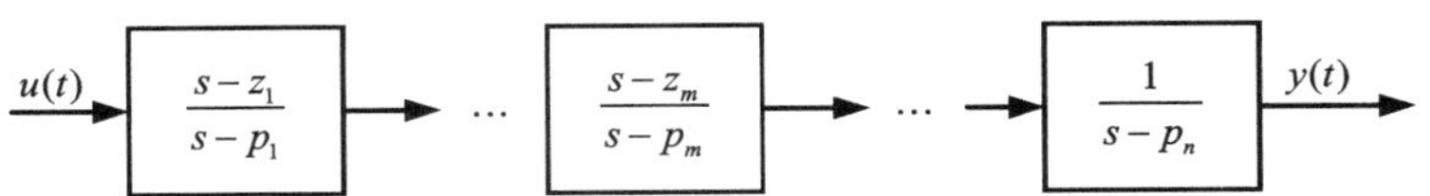

图 3-4　传递函数的串联实现结构图

图 3-4 所示的第一个环节可变形为

$$\frac{s-z_1}{s-p_1}=1+\frac{p_1-z_1}{s-p_1}=1+(p_1-z_1)\frac{\frac{1}{s}}{1-p_1\frac{1}{s}}$$

其结构图可用图 3-5 中虚框表示，其他环节可类似地等效变换，因此可以得到如图 3-5 所示的只有标准积分器、比例器、综合器组成的等效方框图。令各个积分器的输出为系统状态变量，则得系统状态方程为

$$\begin{cases}\dot{x}_1=p_1x_1+u\\ \dot{x}_2=(p_1-z_1)x_1+u+p_2x_2=(p_1-z_1)x_1+p_2x_2+u\\ \cdots\cdots\\ \dot{x}_n=(p_1-z_1)x_1+(p_2-z_2)x_2+\cdots+(p_{n-1}-z_{n-1})x_{n-1}+p_nx_n+u\end{cases}$$

系统输出方程为

$$y=b_mx_n=b_{n-1}x_n(m=n-1)$$

写成矢量形式为

$$\left.\begin{aligned}\dot{\boldsymbol{X}}&=\begin{bmatrix}p_1 & 0 & 0 & \cdots & 0\\ p_1-z_1 & p_1 & 1 & \cdots & 0\\ p_1-z_1 & p_2-z_2 & p_2 & & \vdots\\ \vdots & \vdots & 0 & \cdots & 1\\ p_1-z_1 & p_2-z_2 & p_3-z_3 & \cdots & p_n\end{bmatrix}\boldsymbol{X}+\begin{bmatrix}1\\1\\ \vdots\\1\\1\end{bmatrix}\boldsymbol{U}\\ \boldsymbol{Y}&=[0\quad 0\quad 0\quad \cdots\quad b_{n-1}]\boldsymbol{X}\end{aligned}\right\}\tag{3-15}$$

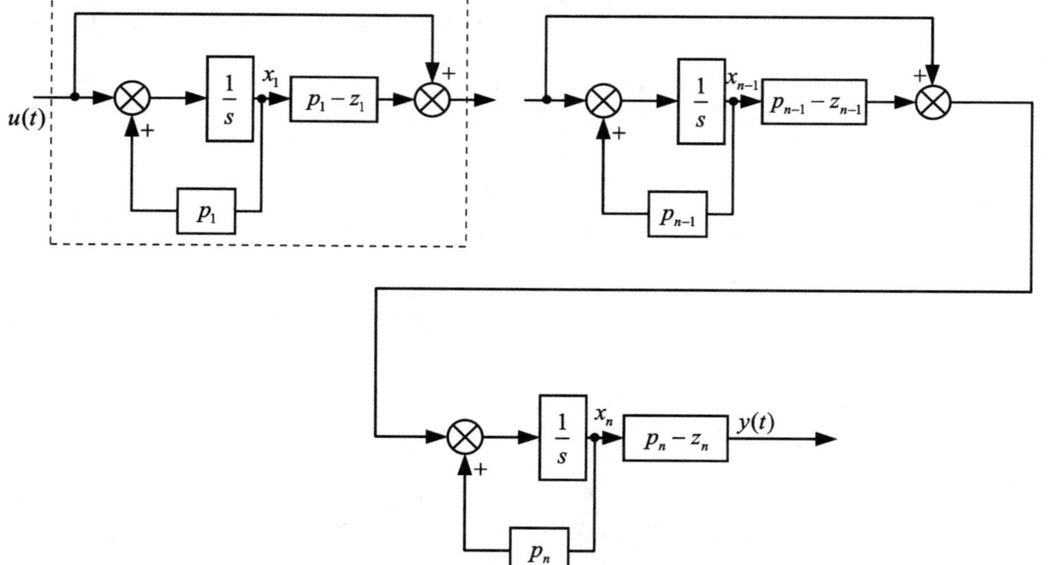

图 3-5　有重根的传递函数的串联实现结构图

3.2.3　状态空间的标准型

系统动态方程的建立，无论是从实际物理系统或系统方框图出发，还是从系统微分方程或传递函数出发，在状态变量的选取方面都有很大的、人为的随意性，因而求得的系统状态方程也带有很大的人为因素和随意性，因此会得出不同的系统状态方程。

虽然实际物理系统结构不可能变化，但状态变量取法不同就会产生不同的动态方程。系统框图在取状态变量之前需要进行等效变换，而等效变换过程就有很大程度的随意性，因此会产生一定程度上的结构差异，这也会导致动态方程差异的产生。从系统微分方程或传递函数出发的系统实现问题，更是会导致迥然不同的系统内部结构，因而也肯定会产生不同的动态方程。因此说，系统动态方程是非唯一的。

虽然同一实际物理系统、同一方框图、同一传递函数所产生的动态方程各种各样，但其独立的状态变量个数是相同的，而且各种不同动态方程间也有一定联系，这种联系就是变量间的线性变换关系。

图 3－3 所示的传递函数的直接法实现，按照图上所示各状态变量的取法，有式(3－14)所示的动态方程。若将各变量的次序颠倒，即令

$$
\begin{cases}
\bar{x}_1 = x_n \\
\bar{x}_2 = x_{n-1} \\
\bar{x}_3 = x_{n-2} \\
\cdots\cdots \\
\bar{x}_n = x_1
\end{cases}
$$

取

$$
\bar{\boldsymbol{X}} = \begin{bmatrix} 0 & 0 & \cdots & 1 \\ \vdots & \vdots & 1 & \vdots \\ \vdots & & \cdots & \vdots \\ 1 & \cdots & \cdots & 0 \end{bmatrix} \boldsymbol{X} = \boldsymbol{T}\boldsymbol{X}
$$

将 $\boldsymbol{X} = \boldsymbol{T}^{-1}\bar{\boldsymbol{X}}$ 代入动态方程，可得

$$
\begin{cases}
\boldsymbol{T}^{-1}\bar{\boldsymbol{X}} = \boldsymbol{A}\boldsymbol{T}^{-1}\bar{\boldsymbol{X}} = +\boldsymbol{B}\boldsymbol{U} \\
\boldsymbol{Y} = \boldsymbol{C}\boldsymbol{T}^{-1}\bar{\boldsymbol{X}}
\end{cases}
$$

故，系统的动态方程为

$$
\begin{cases}
\dot{\bar{\boldsymbol{X}}} = \boldsymbol{T}\boldsymbol{A}\boldsymbol{T}^{-1}\bar{\boldsymbol{X}} + \boldsymbol{T}\boldsymbol{B}\boldsymbol{U} = \begin{bmatrix} -a_{n-1} & -a_{n-2} & \cdots & -a_0 \\ 1 & \cdots & \cdots & \vdots \\ & \ddots & & \vdots \\ 0 & \cdots & 1 & 0 \end{bmatrix} \bar{\boldsymbol{X}} + \begin{bmatrix} 1 \\ 0 \\ \vdots \\ 0 \end{bmatrix} \boldsymbol{U} \\
\boldsymbol{Y} = \boldsymbol{C}\boldsymbol{T}^{-1}\bar{\boldsymbol{X}} + b_n\boldsymbol{U} = [b'_{n-1}, \quad b'_{n-2}, \quad \cdots \quad b'_1, \quad b'_0]
\end{cases}
$$

式(3－16)与式(3－14)是相同的，也就是说式(3－16)与式(3－14)代表的动态方程式是

同一种线性变换的关系。

由于上述非奇异的变换矩阵 $\boldsymbol{T}$ 可以有无数种，所以系统的动态方程也有无数种。虽然通过非奇异的线性变换可以求出无数种系统的动态方程，但是有几种标准型特别有用，如可控标准型、可观标准型、对角标准型和约当标准型。下面对最常见的对角标准型和约当标准型进行介绍。

(1)对角标准型。设某系统的动态方程为

$$\begin{cases}\dot{\boldsymbol{X}}=\boldsymbol{AX}+\boldsymbol{BU}\\ \boldsymbol{Y}=\boldsymbol{CX}+\boldsymbol{DU}\end{cases}$$

式中，系统矩阵 $\boldsymbol{A}$ 有 n 个不相等的特征根 $\lambda_i(i=1,2,3,\cdots,n)$，相应地有 n 个不相等的特征向量 $m_i(i=1,2,3,\cdots,n)$，因此矩阵 $\boldsymbol{A}$ 的特征矩阵(模态矩阵）为

$$\boldsymbol{M}=[m_1 \quad m_2 \quad \cdots \quad m_n]$$

利用矩阵论知识，可得

$$\boldsymbol{A}'=\boldsymbol{M}^{-1}\boldsymbol{AM}=\begin{bmatrix}\lambda_1 & & & 0\\ & \lambda_2 & & \\ & & \ddots & \\ 0 & & & \lambda_n\end{bmatrix}=\mathrm{diag}[\lambda_1,\lambda_2,\cdots,\lambda_n] \tag{3-17}$$

对代表原系统的动态方程进行线性变换：$\boldsymbol{X}=\boldsymbol{MZ}$，得到

$$\left.\begin{aligned}\boldsymbol{M}\dot{\boldsymbol{Z}}&=\boldsymbol{AMZ}+\boldsymbol{BU}\\ \boldsymbol{Y}&=\boldsymbol{CMZ}+\boldsymbol{DU}\end{aligned}\right\} \tag{3-18}$$

式(3-18)可写成

$$\left.\begin{aligned}\dot{\boldsymbol{Z}}&=\boldsymbol{M}^{-1}\boldsymbol{AMZ}+\boldsymbol{M}^{-1}\boldsymbol{BU}=\boldsymbol{A}'\boldsymbol{Z}+\boldsymbol{B}'\boldsymbol{U}\\ \boldsymbol{Y}&=\boldsymbol{C}'\boldsymbol{Z}+\boldsymbol{D}'\boldsymbol{U}\end{aligned}\right\} \tag{3-19}$$

式中

$$\boldsymbol{A}'=\boldsymbol{M}^{-1}\boldsymbol{AM}=\mathrm{diag}[\lambda_1,\lambda_2,\cdots,\lambda_n],\ \boldsymbol{B}'=\boldsymbol{M}^{-1}\boldsymbol{B},\boldsymbol{C}'=\boldsymbol{CM},\boldsymbol{D}'=\boldsymbol{D} \tag{3-20}$$

这样就将代表原系统的动态方程转化成了式(3-19)所示的对角型。从上面各式可以看出，只要求出系统矩阵 $\boldsymbol{A}$ 的 n 个不同特征根 $\lambda_i(i=1,2,3,\cdots,n)$，就可以直接写出 $\boldsymbol{A}'$ 和 $\boldsymbol{D}'$，但要求出 $\boldsymbol{B}'$ 和 $\boldsymbol{C}'$，还需根据矩阵论只是求出矩阵 $\boldsymbol{M}$ 及其逆矩阵 $\boldsymbol{M}^{-1}$，然后根据式(3-20)才能求得。

将系统矩阵 $\boldsymbol{A}$ 变换为标准对角型，其变换矩阵也是非唯一的，实际上有无数种。这无数种变换矩阵不会改变式(3-20)中 $\boldsymbol{A}'$ 的对角形式，只会改变 $\boldsymbol{B}'$ 和 $\boldsymbol{C}'$ 的结果。

还有一种不同形式的标准对角型状态空间表达式，它的系统矩阵 $\boldsymbol{A}'$ 与式(9-27)一样，并且此时 $\boldsymbol{B}'$ 也有标准的形式。

要得到上述标准型，只需进行线性变换：

$$\boldsymbol{X}=\boldsymbol{MTZ}$$

式中，$\boldsymbol{M}$ 为模态矩阵，$\boldsymbol{T}$ 为一个待定的对角矩阵，设 $\boldsymbol{T}=\mathrm{diag}(t_1,t_2,\cdots,t_n)$ 。此时，式(3-19)变为

$$\left.\begin{aligned}\dot{\boldsymbol{Z}}&=\boldsymbol{T}^{-1}\boldsymbol{MAMTZ}+\boldsymbol{T}^{-1}\boldsymbol{M}^{-1}\boldsymbol{BU}=\boldsymbol{A}'\boldsymbol{Z}+\boldsymbol{B}'\boldsymbol{U}\\ \boldsymbol{Y}&=\boldsymbol{CMTZ}+\boldsymbol{DU}\end{aligned}\right\} \tag{3-21}$$

式中

$$A' = T^{-1}MAMT = \mathrm{diag}[\lambda_1, \lambda_2, \cdots, \lambda_n], B' = T^{-1}M^{-1}B = [1 \quad 1 \quad \cdots \quad 1]^{\mathrm{T}}$$

$$C' = CMT,\ D' = D$$

矩阵 T 可以通过下式求得：

$$M^{-1}B = T\,[1\ 1\ \cdots\ 1]^{\mathrm{T}} = \mathrm{diag}(t_1, t_2, \cdots, t_n)\,[1\ 1\ \cdots\ 1]^{\mathrm{T}} \tag{3-22}$$

(2)约当标准型。设系统有 k 个 m_i 重特征值 $\lambda_i(i=1,2,3,\cdots,n)$，那么其约当标准型为

$$\left.\begin{aligned} \dot{Z} &= JZ + \tilde{B}U \\ Y &= \tilde{C}Z + \tilde{D}U \end{aligned}\right\} \tag{3-23}$$

式中，J 为约当矩阵，即 $J = \mathrm{diag}[J_1 \quad J_2 \quad \cdots \quad J_n]$。$J_i$ 为 m_i 重特征值 λ_i 所对应的约当块，即

$$J_i = \begin{bmatrix} \lambda_1 & 1 & & 0 \\ & \lambda_2 & \ddots & \\ & & & 1 \\ 0 & & & \lambda_n \end{bmatrix}_{(m_i \times m_i)}$$

设现有系统的动态方程为 $\begin{cases} \dot{X} = AX + BU \\ Y = CX + DU \end{cases}$，求线性变换矩阵 T_{J}，使得变换后得到式(3-23)的约当标准型。

要得到上述标准型，只需进行线性变换：$X = T_{\mathrm{J}}Z$，代入可得

$$\left.\begin{aligned} T_{\mathrm{J}}\dot{Z} &= AT_{\mathrm{J}}Z + BU \\ Y &= CT_{\mathrm{J}}Z + DU \end{aligned}\right\} \tag{3-24}$$

即

$$\left.\begin{aligned} \dot{Z} &= T_{\mathrm{J}}^{-1}AT_{\mathrm{J}}Z + T_{\mathrm{J}}^{-1}BU \\ Y &= CT_{\mathrm{J}}Z + DU \end{aligned}\right\} \tag{3-25}$$

对照式(3-23)约当标准型，有

$$T_{\mathrm{J}}^{-1}AT_{\mathrm{J}} = J \tag{3-26}$$

式(3-26)可写成

$$AT_{\mathrm{J}} = T_{\mathrm{J}}J \tag{3-27}$$

设 $T = [t_1\ t_2\ \cdots\ t_n]$，代入式(3-27)，可得

$$[t_1\ t_2\ \cdots\ t_n]J = A\,[t_1\ t_2\ \cdots\ t_n] \tag{3-28}$$

式(3-28)还可写成

$$[t_1\ t_2\ \cdots\ t_n]\begin{bmatrix} J_1 & & & \\ & J_2 & & \\ & & \ddots & \\ & & & J_k \end{bmatrix} = A\,[t_1\ t_2\ \cdots\ t_n] \tag{3-29}$$

对于 m_i 重特征值 λ_i，T_{J} 中有 m_i 个列向量 $[t_1, t_2, \cdots, t_{m_i}]$ 与 J_i 对应，即

$$[t_1\ t_2\ \cdots\ t_{m_i}]\begin{bmatrix}\lambda_1 & 1 & & 0\\ & \lambda_2 & \ddots & \\ & & \ddots & 1\\ 0 & & & \lambda_n\end{bmatrix}=\boldsymbol{A}\,[t_1\ t_2\ \cdots\ t_n] \tag{3-30}$$

展开式(3－30),可得

$$\left.\begin{aligned}&|\lambda_i\boldsymbol{I}-\boldsymbol{A}|t_1=0\\&|\lambda_i\boldsymbol{I}-\boldsymbol{A}|t_2=-t_1\\&\cdots\cdots\\&|\lambda_i\boldsymbol{I}-\boldsymbol{A}|t_{m_i}=-t_{m_i-1}\end{aligned}\right\} \tag{3-31}$$

由式(3－31)即可求得各特征根 λ_i 所对应的 m_i 个列向量 $[t_1\ t_2\ \cdots\ t_{m_i}]$,从而求得变换矩阵 $\boldsymbol{T}_J$,进一步根据式(3－25)即可求得系统的约当标准型。

3.2.4 MATLAB/Simulink 在线性系统状态空间描述中的应用

(1)MATLAB 中状态空间模型的实现。MATLAB 提供了将传递函数模型转化为状态空间模型的函数,常见的有将传递函数模型转换为状态空间模型的函数 tf2ss(),将零极点模型转换为状态空间模型的函数 zp2ss(),以及直接建立状态空间模型的函数 ss()。

【例 3－2】 已知系统 $G_1(s)$ 和 $G_2(s)$ 的模型分别为 $G_1(s)=\dfrac{2s^2+8s+6}{s^3+8s^2+16s+6}$ 和 $G_2(s)=\dfrac{2(s+1)(s+3)}{s(s+2)(s+8)}$,试求系统的状态空间模型。

解:MATLAB 程序代码如下:

```
num=[2, 8, 6];den=[1, 8, 16, 6];          %G1 的分子、分母多项式系数
[A1, B1, C1, D1]=tf2ss(num, den)          %将 G1 的传递函数模型转换成状态空间模型
z=[-1, -3]; p=[0, -2, -8]; k=2;           %G2 传递函数的零点、极点和增益
[A2, B2, C2, D2]=zp2ss(z, p, k)           %将 G2 的零极点增益模型转换成状态空间模型
```

运行结果如下:

```
A1 =  -8        -16        -6
       1          0         0
       0          1         0
B1 =   1
       0
       0
C1 =   2          8         6
D1 =   0
A2 =   0          0         0
       1        -10        -4
       0          4         0
B2 =   1
       0
       0
C2 =   2.0000   -12.0000   -6.5000
```

```
D2 =   0
```

由运算结果可知，系统 $G_1(s)$ 和 $G_2(s)$ 的状态空间表达式分别为

$$\begin{cases}\dot{\boldsymbol{X}}=\begin{bmatrix}-8 & -16 & -6\\ 1 & 0 & 0\\ 0 & 1 & 0\end{bmatrix}\boldsymbol{X}+\begin{bmatrix}1\\0\\0\end{bmatrix}\boldsymbol{U}\\ \boldsymbol{Y}=\begin{bmatrix}2 & 8 & 6\end{bmatrix}\boldsymbol{X}\end{cases} \text{和} \begin{cases}\dot{\boldsymbol{X}}=\begin{bmatrix}0 & 0 & 0\\ 1 & -10 & -4\\ 0 & 4 & 0\end{bmatrix}\boldsymbol{X}+\begin{bmatrix}1\\0\\0\end{bmatrix}\boldsymbol{U}\\ \boldsymbol{Y}=\begin{bmatrix}2 & -12 & -6.5\end{bmatrix}\boldsymbol{X}\end{cases}$$

【例 3-3】 已知系统的动力学微分方程为

$$y^{(3)}(t)+3y^{(2)}(t)+3y^{(1)}(t)+y(t)=u^{(2)}(t)+2u^{(1)}(t)+u(t)$$

求系统的状态空间模型。

解：MATLAB 程序代码如下：

```
num=[1, 2, 1];den=[1, 3, 3, 1];   %微分方程输入量、输出量的系数
sys1=tf(num, den)                 %建立传递函数模型
sys=ss(sys1)                      %求状态空间表达式
```

运行结果如下：

```
a =          x1      x2      x3
       x1    -3      -1.5    -1
       x2    2        0       0
       x3    0       0.5      0
b =       u1
x1    2
x2    0
x3    0
c =       x1    x2    x3
y1    0.5   0.5   0.5
d =       u1
y1    0
Continuous-time state-space model
```

由运算结果可知，系统的状态空间表达式为

$$\begin{cases}\dot{\boldsymbol{X}}=\begin{bmatrix}-3 & -0.75 & -0.25\\ 4 & 0 & 0\\ 0 & 1 & 0\end{bmatrix}\boldsymbol{X}+\begin{bmatrix}1\\0\\0\end{bmatrix}\boldsymbol{U}\\ \boldsymbol{Y}=\begin{bmatrix}1 & 0.5 & 0.25\end{bmatrix}\boldsymbol{X}\end{cases}。$$

(2)MATLAB 中状态空间标准型的实现。MATLAB 提供了以下两个函数，可用于状态空间标准型的实现，下面分别进行介绍。

1)将系统直接转化为对角型的函数 canon()。MATLAB 提供的函数 canon()可以将系统直接转化为对角型，其常用的调用格式为

[As, Bs, Cs, Ds, Ts]=canon(A, B, C, D, ‘mod’)

其中，A,B,C 和 D 是变换前系统的状态空间实现；参数‘’mod’’表示转化成对角型；As,Bs,Cs,Ds 是变换后的对角型；Ts 表示所做的线性变换。

2)进行状态空间表达式的线性变换的函数 ss2ss()。MATLAB 还提供了函数 ss2ss()，可

以进行状态空间表达式的线性变换，其常用的调用格式为

[A1,B1,C1,D1]=ss2ss(A,V,C,D,T)

其中，T是变换矩阵。注意变换方程 X1=TX，而不是常见的 X=TX1，因此要与用户习惯的变换方程一致，必须用 T 的逆代替上式，即

[A1,B1,C1,D1]=ss2ss(A,V,C,D,inv(T))

【例 3-4】 已知系统的传递函数模型 $G(s)=\dfrac{2s+1}{s^3+7s^2+14s+8}$，$G(s)=\dfrac{2s^2+5s+3}{(s-1)^3}$，试分别求系统的约当标准型。

解：MATLAB 程序代码如下：

```
num1=[2,1]; den1=[1, 7, 14, 8]                   %传递函数的分子和分母多项式系数
[r1, p1, k1]=residue(num1, den1)                 %求系统的分式表达式
A1=diag(p1); B1=ones(length(r1), 1); C1=rat(r1);  %对分式结果进行变换
D1=0                                             %得到约当标准型
num2=[2,5,3];den2=conv([1,-1],conv([1,-1],[1,-1]))  %传递函数的分子
                                                    %和分母多项式系数
[r2, p2, k2]=residue(num2, den2)                    %求系统的分式表达式
A1=diag(p2);B1=rot90(r2);C1=ones(1,length(r2));     %对分式结果进行变换，
D2=0                                                %得到约当标准型
```

运行结果如下：

```
A1=   -4.0000 0              0
0   -2.0000           0
0          0              -1.0000
B1=  1
     1
     1
C1=-1 + 1/(-6)
     2 + 1/(-2)
    -0 + 1/(-3)

A2= 1.0000       0          0
         0       1.0000      0
         0       0        1.0000
B2= 2.0000     9.0000    10.0000
C2= 1     1     1
D2= 0
```

由运算结果可知，系统的约当标准型分别为

$$\begin{cases}\dot{\boldsymbol{X}}=\begin{bmatrix}-4&0&0\\0&-2&0\\0&0&-1\end{bmatrix}\boldsymbol{X}+\begin{bmatrix}1\\1\\1\end{bmatrix}\boldsymbol{U}\\ \boldsymbol{Y}=\begin{bmatrix}-\dfrac{7}{6}&\dfrac{3}{2}&-\dfrac{1}{3}\end{bmatrix}\boldsymbol{X}\end{cases} \text{和} \begin{cases}\dot{X}=\begin{bmatrix}1&0&0\\0&1&0\\0&0&1\end{bmatrix}X+\begin{bmatrix}1\\1\\1\end{bmatrix}U\\ Y=[2\quad 9\quad 10]X\end{cases}$$

3.3　状态反馈与极点配置

与经典控制理论一样，现代控制系统中仍然主要采用反馈控制结构，但不同的是，经典控制理论中主要采用输出反馈，而现代控制系统中主要采用内部状态反馈。状态反馈可以为系统控制提供更多的信息反馈，从而实现更优的控制。

闭环系统极点的分布情况取决于系统的稳定性和动态品质，因此，可以根据对系统动态品质的要求，规定闭环系统的极点所应具备的分布情况，把极点的布置作为系统的动态品质指标。这种把极点布置在希望的位置的过程称为极点配置，在空间状态法中，一般采用反馈系统状态变量或输出变量的方法来实现系统的极点配置。

3.3.1　状态反馈

状态反馈是将系统的内部状态变量乘以一定的反馈系数（矢量），然后反馈到系统输入端与系统的参考输入综合，综合而成的信号作为系统的输入对系统实时控制。

控制系统结构如图 3－6 所示，实线部分表示原来系统 $\sum(\boldsymbol{A},\boldsymbol{B},\boldsymbol{C},\boldsymbol{D})$ 的结构图，其动态方程为

$$\left.\begin{aligned}\dot{\boldsymbol{X}}&=\boldsymbol{AX}+\boldsymbol{BU}\\ \boldsymbol{Y}&=\boldsymbol{CX}+\boldsymbol{DU}\end{aligned}\right\}\tag{3-32}$$

当加上图 3－6 中虚线所示的状态反馈环节后，其中的线性状态反馈控制律为

$$\boldsymbol{U}=\boldsymbol{R}+\boldsymbol{K}\cdot\boldsymbol{X}\tag{3-33}$$

式中，$\boldsymbol{R}$ 是参考输入；$\boldsymbol{K}$ 称为状态反馈增益矩阵，为 $p\times n$ 阶矩阵。

系统动态方程变为

$$\left.\begin{aligned}\dot{\boldsymbol{X}}&=\boldsymbol{AX}+\boldsymbol{B}(\boldsymbol{KX}+\boldsymbol{R})=(\boldsymbol{A}+\boldsymbol{BK})\boldsymbol{X}+\boldsymbol{BR}=\boldsymbol{A}_K\boldsymbol{X}+\boldsymbol{BR}\\ \boldsymbol{Y}&=\boldsymbol{CX}+\boldsymbol{D}(\boldsymbol{KX}+\boldsymbol{R})=(\boldsymbol{C}+\boldsymbol{DK})\boldsymbol{X}+\boldsymbol{DR}=\boldsymbol{C}_K\boldsymbol{X}+\boldsymbol{DR}\end{aligned}\right\}\tag{3-34}$$

式中，$\boldsymbol{A}_K=\boldsymbol{A}+\boldsymbol{BK}$，$\boldsymbol{C}_K=\boldsymbol{C}+\boldsymbol{DK}$，当 $\boldsymbol{D}=\boldsymbol{0}$ 时，状态反馈系统闭环传递函数

$$\boldsymbol{W}_K(s)=\boldsymbol{C}\left[s\boldsymbol{I}-(\boldsymbol{A}+\boldsymbol{BK})\right]^{-1}\boldsymbol{B}\tag{3-35}$$

式中，$\boldsymbol{A}+\boldsymbol{BK}$ 为闭环系统的系统矩阵。

从式(3－32)和方程组式(3－34)可以看出，状态反馈前后的系统矩阵分别为 $\boldsymbol{A}$ 和 $\boldsymbol{A}+\boldsymbol{BK}$，特征方程分别为 $\det[\lambda\boldsymbol{I}-\boldsymbol{A}]$ 和 $\det[\lambda\boldsymbol{I}-(\boldsymbol{A}+\boldsymbol{BK})]$，可看出状态反馈后的系统特征根（系统的极点）不仅与系统本身的结构参数有关，而且与状态反馈 $\boldsymbol{K}$ 有关。应该指出完全能控的系统经过状态反馈后，仍是完全能控的，但状态反馈可能改变系统的能观性，即原来可观的系统在某些状态反馈下，闭环可以是不可观的。同样，原来不可观的系统在某些状态反馈下，闭环可以是可观的。状态反馈是否改变系统的可观测性，要做具体分析。

状态反馈后的控制系统 $\sum_K(\boldsymbol{A}_K,\boldsymbol{B}_K,\boldsymbol{C}_K,\boldsymbol{D})$ 其系统维数不变，但系统矩阵 $\boldsymbol{A}_K$ 及系统输出矩阵 $\boldsymbol{C}_K$ 随反馈环节 $\boldsymbol{K}$ 而改变。通过调整 $\boldsymbol{K}$ 可以改善系统的稳定性、快速性、稳定误差，以及系统可观性与可控性，这也是后面利用状态反馈对极点进行配置的依据。

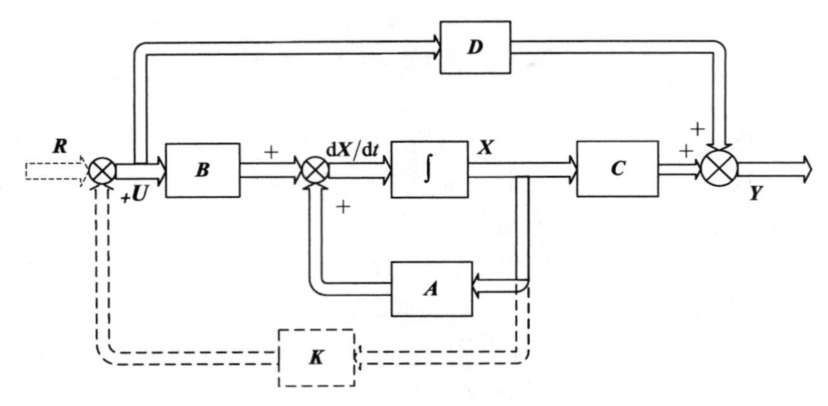

图 3-6 状态反馈控制结构图

3.3.2 输出反馈

把系统的输出变量按照一定的比例关系反馈到系统的输入端或 $\dot{X}$ 端称为输出反馈，如图 3-7 所示。由于状态变量不一定具有物理意义，所以状态反馈往往不易实现；而输出变量则具有明显的物理意义，因此输出反馈比较容易实现。

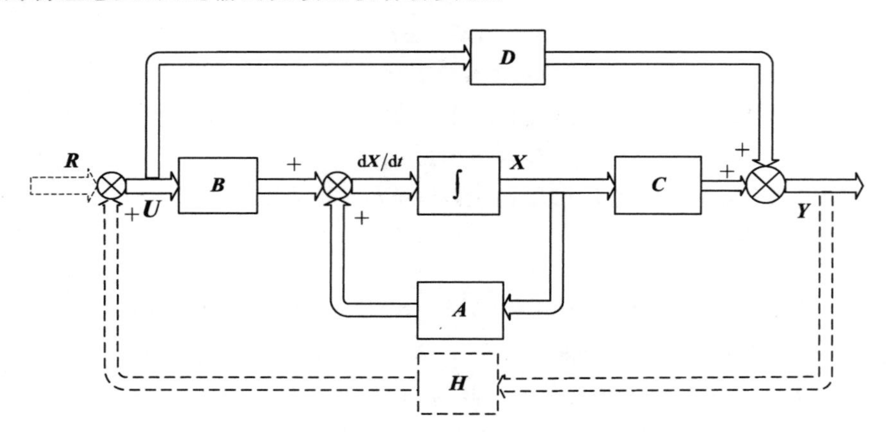

图 3-7 输出反馈控制结构图

输出反馈是采用输出矢量 $\boldsymbol{Y}$ 构成反馈信号综合到系统的控制输入端，以改善系统的各项性能。实线部分表示原来系统 $\sum(\boldsymbol{A},\boldsymbol{B},\boldsymbol{C},\boldsymbol{D})$，虚线部分表示加上输出反馈环节 $\boldsymbol{H}$ 后形成的输出反馈。输出反馈的控制信号为

$$\boldsymbol{U}=\boldsymbol{HY}+\boldsymbol{R}=\boldsymbol{H}(\boldsymbol{CX}+\boldsymbol{DU})+\boldsymbol{R}=\boldsymbol{HCX}+\boldsymbol{HDU}+\boldsymbol{R}$$

简化可得

$$\boldsymbol{U}=(\boldsymbol{I}-\boldsymbol{HD})^{-1}(\boldsymbol{HCX}+\boldsymbol{R}) \tag{3-36}$$

将式(3-36)代入式(3-32)所代表的原系统动态方程，可得

$$\left.\begin{aligned}\dot{\boldsymbol{X}}&=\boldsymbol{AX}+\boldsymbol{B}(\boldsymbol{I}-\boldsymbol{HD})^{-1}(\boldsymbol{HCD}+\boldsymbol{R})=\boldsymbol{A}_H\boldsymbol{X}+\boldsymbol{B}_H\boldsymbol{R}\\ \boldsymbol{Y}&=\boldsymbol{CX}+\boldsymbol{D}(\boldsymbol{I}-\boldsymbol{HD})^{-1}(\boldsymbol{HCX}+\boldsymbol{R})=\boldsymbol{C}_H\boldsymbol{X}+\boldsymbol{D}_H\boldsymbol{R}\end{aligned}\right\} \tag{3-37}$$

式中，$\boldsymbol{A}_H=\boldsymbol{A}+\boldsymbol{B}(\boldsymbol{I}-\boldsymbol{HD})^{-1}\boldsymbol{HC}$，$\boldsymbol{B}_H=\boldsymbol{B}(\boldsymbol{I}-\boldsymbol{HD})^{-1}$，$\boldsymbol{C}_H=\boldsymbol{C}+\boldsymbol{D}(\boldsymbol{I}-\boldsymbol{HD})^{-1}\boldsymbol{HC}$，$\boldsymbol{D}_H=\boldsymbol{D}(\boldsymbol{I}-\boldsymbol{HD})^{-1}$。

当 $D=0$ 时，有

$$\boldsymbol{A}_H=\boldsymbol{A}+\boldsymbol{BHC},\boldsymbol{B}_H=\boldsymbol{B},\boldsymbol{C}_H=\boldsymbol{C},\boldsymbol{D}_H=0$$

输出反馈系统闭环传递函数为

$$\boldsymbol{W}_H(s)=\boldsymbol{C}[s\boldsymbol{I}-(\boldsymbol{A}+\boldsymbol{BHC})]^{-1}\boldsymbol{B} \tag{3-38}$$

式中，$(\boldsymbol{A}+\boldsymbol{BHC})$ 为闭环系统的系统矩阵。

从式(3-32)和式(3-37)可以看出，输出反馈前后的系统矩阵分别为 $\boldsymbol{A}$ 和 $\boldsymbol{A}+\boldsymbol{BHC}$，特征方程分别为 $\det[\lambda\boldsymbol{I}-\boldsymbol{A}]$ 和 $\det[\lambda\boldsymbol{I}-(\boldsymbol{A}+\boldsymbol{BHC})]$，可看出状态反馈后的系统特征根(系统的极点)不仅与系统本身的结构参数有关，而且与输出反馈矩阵 $\boldsymbol{H}$ 有关。也就是说，输出反馈 $\boldsymbol{H}$ 改变了原系统的系统矩阵 $\boldsymbol{A}$，从而改变了系统稳定性(改变了系统的特征根)、系统可控性(改变了可控判别阵 $\boldsymbol{M}$)和系统可观性(改变了可观判别矩阵 $\boldsymbol{N}$)。

比较式(3-35)和式(3-38)可知，输出反馈系统中的 $\boldsymbol{HC}$ 相当于状态反馈中的 $\boldsymbol{K}$。但由于 $\boldsymbol{H}$ 是 $r\times m$ 阶矩阵(其中 r 是系统输入维数，m 是输出维数，n 是状态维数)，且通常情况下 $n>m$，因此状态反馈一般能提供更多的系统反馈信息，从而带来更好的控制效果。

由上述分析可以归纳出状态反馈与输出反馈具有以下基本特点。

(1)两种形式反馈的重要特点是反馈的引入并不增加新的状态变量，即闭环系统和开环系统具有相同的阶数。

(2)两种反馈闭环系统均能保持反馈引入前的能控性，而对于反馈闭环系统的能控性则不然。对状态反馈，闭环后不一定能保持系统的能控性；而对于输出反馈，闭环后必定能保持系统的能控性。

(3)在工程实现方面，两种反馈形式都会遇到一定的困难。

(4)输出反馈的一个突出优点是工程上构成方便，但事实证明，状态反馈比输出反馈具有更好的特性。对具体系统而言，要从实际出发进行具体分析与选择。

3.3.3　极点配置

动力学的各种特性或各种品质指标，在很大程度上是由系统的极点决定的，因此系统设计的一个重要目标是在 s 平面上设计一组系统所希望的极点。

所谓极点配置问题，就是通过反馈矩阵的选择，使闭环系统的极点，即闭环特征方程的特征值恰好处于所希望的一组极点位置上。由于希望的极点具有一定的任意性，所以极点的配置也具有一定的任意性。

状态反馈和输出反馈(主要指输出反馈至 $\dot{\boldsymbol{X}}$ 的情况)都能够对系统进行极点配置，且一般认为用简单的比例反馈就能使问题得到解决。

极点配置通过选择一个状态反馈矩阵，使闭环系统的极点处于期望的位置上。在状态控制中，极点任意配置的充分必要条件是系统必须是完全状态可控的。

极点配置方法为：如果系统是完全状态可控的，那么可选择期望设置的极点，然后以这些极点作为闭环极点来设计系统，利用状态观测器反馈全部或部分状态变量，使所有的闭环极点均落在各期望位置上，以满足系统的性能要求。这种设置期望闭环极点的方法就称为极点配置方法。

在极点配置中，为使全部的闭环极点位于期望位置上，需要反馈全部的状态变量。但在实际系统中，不可能测量到全部的状态变量，为了实现状态反馈，利用状态观测器对未知的状态变量进行估计是十分必要的。

设给定的线性定常系统为

$$\dot{\boldsymbol{X}} = \boldsymbol{AX} + \boldsymbol{BU}$$

式中，$\boldsymbol{X}$ 为 n 维状态向量；$\boldsymbol{U}$ 为 p 维状态向量；$\boldsymbol{A}$ 和 $\boldsymbol{B}$ 为相应阶数的常数阵。若给定 n 个反馈性能的期望闭环极点为 $\{p_1, p_2, \cdots, p_n\}$ ，即

$$\left.\begin{aligned} \dot{\boldsymbol{X}} &= (\boldsymbol{A} - \boldsymbol{BK})\boldsymbol{X} + \boldsymbol{B}v \\ \lambda_i(\boldsymbol{A} - \boldsymbol{BK}) &= \boldsymbol{p}_i (i = 1, 2, \cdots, n) \end{aligned}\right\} \tag{3-39}$$

式中，$\lambda_i(\cdot)$ 表示 $(\cdot)$ 的特征值。

对于单输入单输出系统的 n 阶系统，其反馈增益矩阵 $\boldsymbol{K}$ 是一行向量，仅包含 n 个元素，可有 n 个极点唯一确定。反馈增益矩阵 $\boldsymbol{K}$ 由期望的闭环极点确定，而期望的闭环极点根据闭环系统的设计要求决定，如对响应速度、阻尼比、带宽等的要求。

设已知系统为 $\sum(\boldsymbol{A}, \boldsymbol{b})$ ，期望的闭环极点为 $\{p_1, p_2, \cdots, p_n\}$ ，要确定 $1 \times n$ 阶的反馈增益矩阵 $\boldsymbol{K}$ ，使得 $\boldsymbol{K}$ 满足式(3-39)。

单输入单输出系统极点配置方法设计步骤如下。

(1)确定受控系统 $\sum(\boldsymbol{A}, \boldsymbol{b})$ 完全可控，如果系统不是完全可控，则不能进行极点配置，并确定系统开环特征多项式 $\det(s\boldsymbol{I} - \boldsymbol{A})$ ，则有

$$\det(s\boldsymbol{I} - \boldsymbol{A}) = s_n + a_{n-1}s^{n-1} + \cdots + a_1 s + a_0$$

(2)有希望的闭环极点 $\{p_1, p_2, \cdots, p_n\}$ 计算闭环期望的特征多项式，则有

$$\begin{aligned} \det[\lambda\boldsymbol{I} - (\boldsymbol{A} + \boldsymbol{BK})] &= (s - p_1)(s - p_2)\cdots(s - p_n) \\ &= s_n + a'_{n-1}s^{n-1} + \cdots + a'_1 s + a'_0 \end{aligned}$$

计算：

$$\bar{\boldsymbol{K}} = \boldsymbol{KP} = [a'_0 - a_0 \ a'_1 - a_1 \ \cdots \ a'_{n-1} - a_{n-1}]$$

(3)计算变换矩阵 $\boldsymbol{P}$ 及其逆 $\boldsymbol{P}^{-1}$ ，则有

$$\boldsymbol{P} = [\boldsymbol{A}^{n-1}\boldsymbol{b} \ \cdots \ \boldsymbol{Ab} \ \boldsymbol{b}] \begin{bmatrix} 1 & 0 & \cdots & 0 \\ a_{n-1} & \cdots & & \vdots \\ \vdots & & \ddots & 0 \\ a_1 & \cdots & a_{n-1} & 1 \end{bmatrix}$$

(4)将所求出的状态反馈增益矩阵转换成实际实施的 $\boldsymbol{K}$ 。

$$\boldsymbol{K} = \bar{\boldsymbol{K}}\boldsymbol{P}^{-1}$$

3.3.4 MATLAB/Simulink 在极点配置中的应用

利用 MATLAB 控制系统工具箱中的 place()或 acker()函数，容易求出全状态反馈闭环系统的反馈矩阵，使系统极点配置在所希望的位置上。下面分别对这两个函数进行介绍。

(1)place()函数。place()函数是给予鲁棒极点配置的算法编写的，用来求取状态反馈阵 K ，使得多输入系统具有指定的闭环极点 p ，即

$$p = \mathrm{eig}(\boldsymbol{A} - \boldsymbol{BK})。$$

place()函数常用的调用格式为

K = place(A, B, p)

[K, prec, message] = place(A, B, p)

式中，(A,B)为系统状态方程模型；p 为包含期望闭环极点位置的列向量，返回变量 K 为状态反馈行向量。prec 为闭环系统的实际极点与期望极点 p 的接近程度，prec 中的每个量的值为匹配的位数。如果闭环系统的实际极点偏离期望极点 10%以上，那么 message 将给出警告信息。

需要注意的是：函数 place()不适用于含有多重极点的配置问题。

(2)acker()函数。acker()函数是根据 Ackerman 公式如下叙述。

若单输入系统是可控的，那么反馈矩阵 $\boldsymbol{K}$ 可由式(3-40)求得。采用的状态反馈规律为

$$\boldsymbol{u} = \boldsymbol{r} + \boldsymbol{Kx}$$

则反馈矩阵为

$$\boldsymbol{K} = [0 \quad 0 \quad \cdots \quad 0 \quad 1][\boldsymbol{B} \mid \boldsymbol{AB} \mid \cdots \mid A^{n-1}B]^{-1}\varphi*(A) \tag{3-40}$$

式中，$\varphi*(s)$ 是状态观测器的期望特征多项式，即

$$\varphi*(s) = (s - \mu_1)(s - \mu_2)\cdots(s - \mu_n) \tag{3-41}$$

式中，$\mu_1, \mu_2, \cdots, \mu_n$ 是期望的特征值，$\varphi*(\boldsymbol{A})$ 为

$$\varphi*(\boldsymbol{A}) = (\boldsymbol{A} - \mu_1)(\boldsymbol{A} - \mu_2)\cdots(\boldsymbol{A} - \mu_n) \tag{3-42}$$

acker()函数常用的调用格式为

K=acker(A, B, p)

式中，(A,B)为系统状态方程模型；p 为包含期望闭环极点的列向量；返回变量 K 为状态反馈行向量。

需要注意的是：acker()只适用于单输入系统，希望的极点可以包括多重极点(位于同一位置的多个极点)。

下面通过实例讲述采用 MATLAB/Simulink 进行极点配置。

【例 3-5】 已知系统的方程为 $\boldsymbol{X} = \boldsymbol{AX} + \boldsymbol{BU}$，其中 $\boldsymbol{A} = \begin{bmatrix} 0 & 1 & 0 \\ 0 & 0 & 1 \\ -1 & -5 & -6 \end{bmatrix}$，$\boldsymbol{B} = \begin{bmatrix} 0 \\ 0 \\ 1 \end{bmatrix}$，试采用状态反馈 $\boldsymbol{U} = -\boldsymbol{KX}$，希望的闭环极点为 $p_{1,2} = -2 \pm \mathrm{j}4$，$p_3 = -10$，试用 MATLAB 确定状态反馈增益矩阵，并计算当系统初始条件为 $\boldsymbol{X}_0 = [1 \quad 0 \quad 0]$ 时的零输入响应。

解：MATLAB 程序代码如下：

```
A = [0, 1, 0; 0,  0,1; -1, -5,  -6];
B = [0; 0; 1]                            %状态矩阵 A 和输入矩阵 B
P = [-2 + j * 4, -2 - 4 * j, -10]        %希望配置的极点
K = acker(A, B, P)                       %采用 Ackerman 公式法进行极点配置
sys_new = ss(A - B * K, eye(3), eye(3), eye(3)) %极点配置后的新系统
t = 0:0.1:4                              %仿真时间
X = initial(sys_new, [1; 0; 0], t)       %初始条件为指定值的零输入响应
x1 = [1, 0, 0] * X'; x2=[0, 1, 0] * X'; x3=[0, 0, 1] * X'; %状态 x1,x2,x3
```

```
subplot(3, 1, 1)                       %将状态 x1,x2 和 x3 的零输入响应
%绘制在同一个图形窗口中
plot(t,x1);   grid                     %绘制状态 x1 的零输入响应并添加栅格
title('零输入响应')                    %添加图标题
ylabel('状态变量 x1')                  %标注纵坐标轴
subplot(3, 1, 2)                       %将状态 x1,x2 和 x3 的零输入响应
%绘制在同一个图形窗口中
plot(t,x2);  grid                      %绘制状态 x2 的零输入响应并添加栅格
ylabel('状态变量 x2')                  %标注纵坐标轴
subplot(3, 1, 3)                       %将状态 x1,x2 和 x3 的零输入响应
%绘制在同一个图形窗口中
plot(t, x3);   grid                    %绘制状态 x3 的零输入响应并添加栅格
xlabel('时间/秒'); ylabel('状态变量 x3')  %标注横坐标轴
```

运行结果如下：

```
K =    199    55    8                  %状态反馈增益矩阵
```

由输出结果可知，所求状态反馈增益矩阵 $\boldsymbol{K}=[199\ 55\ 8]$。

零输入响应曲线如图 3-8 所示。

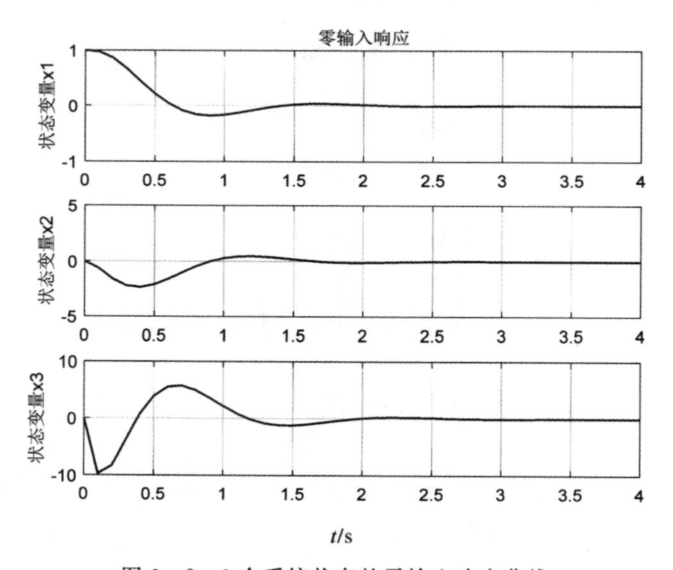

图 3-8　3 个系统状态的零输入响应曲线

【例 3-6】 已知数字控制系统的状态方程为

$$x(k+1)=\begin{bmatrix}0 & 1\\ -0.16 & -1\end{bmatrix}x(k)+\begin{bmatrix}0\\1\end{bmatrix}u(k)$$

设期望的闭环极点为 $z=0.5\pm \mathrm{j}0.5$，现用全状态反馈控制系统，求反馈增益矩阵 K 。

解：MATLAB 程序代码如下：

```
A = [0, 1; -0,.16, -1]; B = [0; 1]     %状态矩阵 A 和输入矩阵 B
P = [0.5+j*0.5, 0.5-0.5*j]             %希望配置的极点
```

```
K = acker(A, B, P)                    %采用 Ackerman 公式法进行极点配置
```

运行结果如下：

```
K = 0.3400    -2.0000                 %状态反馈增益矩阵
```

由输出结果可知，所求状态反馈增益矩阵 $\boldsymbol{K}=[0.34,\ -2]$。

【例 3-7】 已知如图 3-9 所示的受控系统，其中 $G_1(s)=\dfrac{1}{s}$，$G_2(s)=\dfrac{1}{s+6}$，$G_3(s)=\dfrac{1}{s+12}$，状态变量 x_1，x_2，x_3 如图 3-9 所示，试对系统进行极点配置，以达到系统期望的指标：输出超调量 $\sigma\leqslant 5\%$，超调时间 $t_p\leqslant 0.5$ s，系统频宽 $\omega_b\leqslant 10$，跟踪误差 $e_p=0$（对于阶跃输入），$e_v\leqslant 0.2$（对于速度输入），并求极点配置后系统的阶跃响应。

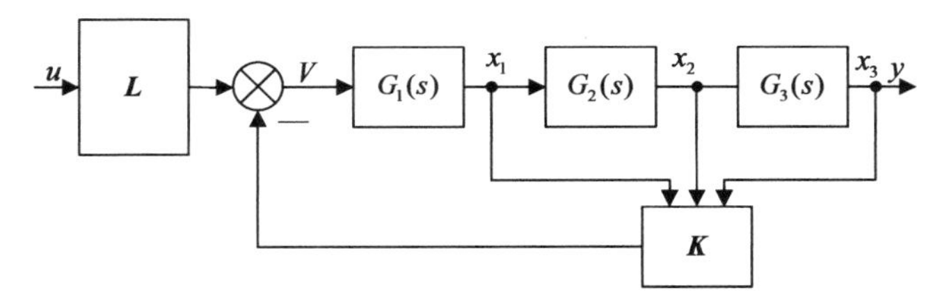

图 3-9 例 3-6 的系统结构图

解：本题通过以下几个步骤进行求解：

步骤 1：确定受控系统的状态空间模型。

由图可知：$x_1(s)=V(s)G_1(s)$，$x_2(s)=x_1(s)G_2(s)$，$x_3(s)G_3(s)$，$y=x_3$，把题中的条件代入，得系统的状态方程为

$$
\begin{cases}
\begin{bmatrix}\dot{x}_1\\ \dot{x}_2\\ \dot{x}_3\end{bmatrix}=\begin{bmatrix}0 & 0 & 0\\ 1 & -6 & 0\\ 0 & 1 & -12\end{bmatrix}\begin{bmatrix}x_1\\ x_2\\ x_3\end{bmatrix}+\begin{bmatrix}1\\ 0\\ 0\end{bmatrix}v\\
y=\begin{bmatrix}0 & 0 & 1\end{bmatrix}\begin{bmatrix}x_1\\ x_2\\ x_3\end{bmatrix}
\end{cases}
$$

步骤 2：确定希望的极点。

由于系统是三节系统，系统有 3 个极点，可选定其中一对为主导极点，另一个为远极点，系统的性能主要由主导极点决定，远极点对系统的影响不大。

根据二阶系统的关系，先求出主导极点，即

$$
\sigma_p=e^{-\frac{\pi\xi}{\sqrt{1-\xi^2}}},t_p=\frac{\pi}{\omega_n\sqrt{1-\xi^2}},\omega_b=\omega_n\left(\sqrt{1-2\xi^2+\sqrt{2-4\xi^2+4\xi^4}}\right)
$$

式中，ξ 和 ω_n 为此二阶系统的阻尼比和自然频率。

由 $\sigma_p=e^{-\frac{\pi\xi}{\sqrt{1-\xi^2}}}\leqslant 5\%$，可得 $-\dfrac{\pi\xi}{\sqrt{1-\xi^2}}\geqslant 3.14$，从而有 $\xi\geqslant\dfrac{\sqrt{2}}{2}$，选 $\xi=\dfrac{\sqrt{2}}{2}$。

由 $t_p\leqslant 0.5$ s 得

$$\frac{\pi}{\omega_n\sqrt{1-\xi^2}} \leqslant 0.5,\quad \omega_n \geqslant \frac{\pi}{0.5\times\frac{\sqrt{2}}{2}} \approx 9$$

由 $\omega_b \leqslant 10$ 和 $\xi=\frac{\sqrt{2}}{2}$，得 $\omega_n=10$，这样，主导极点为

$$p_{1,2}=-\xi\omega_n \pm j\omega_n\sqrt{1-\xi^2}$$

远极点选择使得它和原点距离大于 $5\,|p_1|$，现取 $p_3=10\,|p_1|$，因此确定的希望极点为

$$p_1=-5\sqrt{2}+j5\sqrt{2},\quad p_2=-5\sqrt{2}-j5\sqrt{2},\quad p3=-100$$

步骤 3:确定状态反馈矩阵 K 。

MATLAB 程序如下：

```
A = [0, 0, 0;1, -6, 0;0, 1, -12]; B=[1; 0; 0]  %状态矩阵 A 和输入矩阵 B
P = [-sqrt(2) * 5 + j5 * sqrt(2), -sqrt(2) * 5 - j5 * sqrt(2), -100]
%希望的极点
K = place(A, B, P)                        %采用鲁棒极点配置法进行极点配置
```

运行结果如下。

```
K = 96.14, -288.3, 6538.                   %状态反馈增益矩阵
```

由输出结果可知，所求状态反馈增益矩阵 $\boldsymbol{K}$ 为

$$\boldsymbol{K}=[96.14\ -288.3\quad 6\,538]$$

步骤 4：确定输入放大系数 L 。

对应的闭环传递函数为 $W_K(s)=\dfrac{L}{s^3+114.1s^2+1510+10\,000}$，由于系统要求的跟踪阶跃信号误差为 0，则

$$e_p=0=\lim_{t\to\infty}(1-y(t))=\lim_{s\to 0}s\left(\frac{1}{s}-\frac{W_K(s)}{s}\right)=\frac{10\,000-L}{10\,000}$$

得到放大系数 $L=10\,000$。

步骤 5:求极点配置后系统的阶跃响应。

MATLAB 的程序如下：

```
A = [0, 0, 0;1, -6, 0;0, 1, -12]; B = [1; 0; 0]; C = [0, 0, 1]; D = 0;
P = [-sqrt(2) * 5 + j * 5 * sqrt(2), -sqrt(2) * 5 - j * 5 * sqrt(2), -100]
                                                        %期望%配置的极点
K = place(A, B, P)                  %采用鲁棒极点配置法进行极点配置
L = 10000            %输入放大系数
sys_new = ss(A - B * K, B, C, D)  %极点配置后新系统模型
t = 0:0.01:5             %仿真时间
y_new = L * step(sys_new, t)        %求取阶跃响应
plot(t, y_new);   grid              %绘制阶跃响应曲线并添加栅格
title('极点配置后系统的阶跃响应曲线') %添加图标题
xlabel('时间/秒'); ylabel('y(t)')       %标注横纵坐标轴
```

程序运行后，输出结果如图 3 - 10 所示。

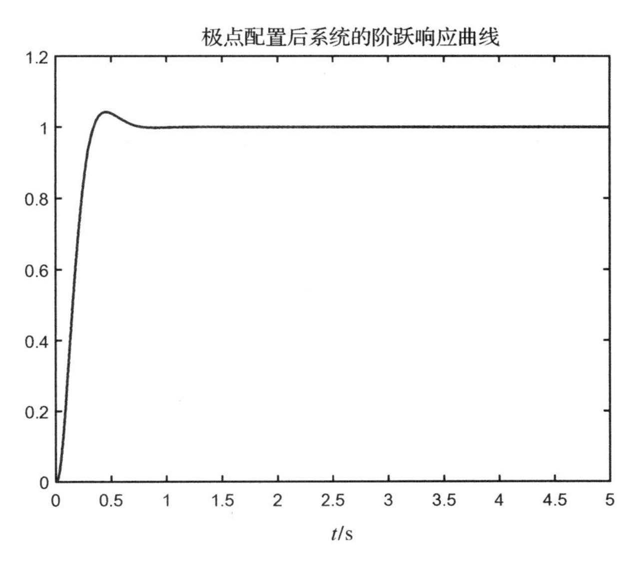

图 3-10　极点配置后系统的阶跃响应曲线

3.4 小　　结

本章介绍了线性系统状态空间的基本知识以及状态反馈与极点配置的基本原理，在理论讲解的基础上，通过 MATLAB/Simulink，基于典型案例对极点配置的基本过程进行了仿真分析。

第 4 章　直线一级倒立摆控制系统设计实验

4.1　直线一级倒立摆的数学模型建立

在控制系统的分析和设计中，首先要建立系统的数学模型。控制系统的数学模型是描述系统内部物理量(或变量)之间关系的数学表达式。

系统建模可以分为两种:机理建模和实验建模。实验建模就是通过在研究对象上加上一系列的研究者事先确定的输入信号，激励研究对象并通过传感器检测其可观测的输出，应用数学手段建立起系统的输入-输出关系。这里面包括输入信号的设计选取，输出信号的精确检测，数学算法的研究等内容。机理建模就是在了解研究对象的运动规律基础上，通过物理、化学的知识和数学手段建立起系统内部的输入-状态关系。对于倒立摆系统，由于其本身是自不稳定的系统，实验建模存在一定的困难。但是忽略掉一些次要的因素后，倒立摆系统就是一个典型的运动的刚体系统，可以在惯性坐标系内应用经典力学理论建立系统的动力学方程。下面采用其中的牛顿-欧拉方法和拉格朗日方法分别建立直线一级倒立摆系统的数学模型。

在忽略了空气阻力和各种摩擦力之后，可将直线一级倒立摆系统抽象成小车和匀质杆组成的系统，如图 4－1 所示。

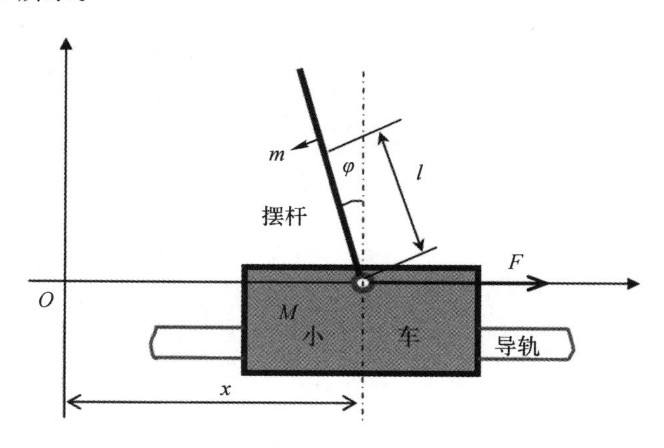

图 4－1　直线一级倒立摆模型

在图 4－1 中，M 为小车质量；m 为摆杆质量；l 为摆杆转动轴心到杆质心的长度；F 为加在小车上的力；x 为小车位置；φ 为摆杆与垂直向上方向的夹角；θ 为摆杆与垂直向下方向的夹角（考虑到摆杆初始位置为竖直向下）。

图 4-2 是系统中小车和摆杆的受力分析图（建模时忽略摩擦力）。其中，F 是作用在小车上的外作用力，N 和 P 为小车与摆杆相互作用力的水平和垂直方向的分量，$b\dot{x}$ 是阻尼力，b 为小车阻尼系数，I 为摆杆惯惯量 。注意：在实际倒立摆系统中检测和执行装置的正负方向已经完全确定，因而矢量方向定义如图 4-2 所示，图示方向为矢量正方向。

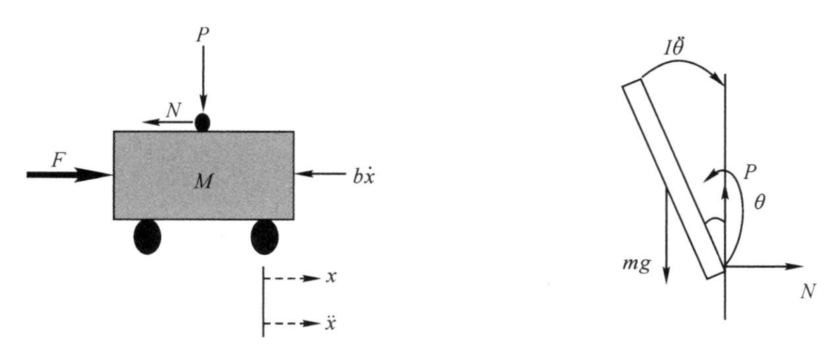

图 4-2　小车及摆杆受力分析图

分析小车水平方向所受的合力，可得

$$M\ddot{x} = F - b\dot{x} - N \tag{4-1}$$

由摆杆水平方向的受力进行分析，可得

$$N = m\frac{\mathrm{d}}{\mathrm{d}t^2}(x + l\sin\theta) \tag{4-2}$$

即

$$N = m\ddot{x} + ml\theta\cos\theta - ml\dot{\theta}^2\sin\theta \tag{4-3}$$

把这个等式代入式(4-1)中，就得到系统的第一个运动方程为

$$(M+m)\ddot{x} + b\dot{x} + ml\theta\cos\theta - ml\dot{\theta}^2\sin\theta = F \tag{4-4}$$

为了推出系统的第二个运动方程，对摆杆垂直方向上的合力进行分析，可得

$$P - mg = m\frac{\mathrm{d}}{\mathrm{d}t^2}(-l\cos\theta) \tag{4-5}$$

$$P - mg = ml\theta\sin\theta + ml\dot{\theta}^2\cos\theta \tag{4-6}$$

力矩平衡方程为

$$-Pl\sin\theta - Nl\cos\theta = I\theta \tag{4-7}$$

注意：此方程中力矩的方向，由于 $\theta = \pi + \varphi$，$\cos\varphi = -\cos\theta$，$\sin\varphi = -\sin\theta$，故等式前面有负号。合并这三个方程[式(4-4)、式(4-6)和式(4-7)]，约去 P 和 N，得到第二个运动方程：

$$(I + ml^2)\theta + mgl\sin\theta = -ml\ddot{x}\cos\theta \tag{4-8}$$

设 $\theta = \pi + \varphi$，（φ 是摆杆与垂直向上方向之间的夹角），假设 φ 与 1(单位是弧度)相比很小，即 $\varphi \ll 1$，可以进行近似处理，则有

$$\cos\theta = -1, \sin\theta = -\varphi, \left(\frac{\mathrm{d}\theta}{\mathrm{d}t}\right)^2 = 0$$

用 u 来代表被控对象的输入力 F，线性化后两个运动方程如下(线性化时忽略2阶小量)：

$$\left.\begin{aligned}(I+ml^2)\ddot{\varphi}-mgl\varphi=ml\ddot{x}\\(M+m)\ddot{x}+b\dot{x}-ml\ddot{\varphi}=u\end{aligned}\right\}\tag{4-9}$$

对方程组式(4-9)进行拉普拉斯变换，可得

$$\left.\begin{aligned}(I+ml^2)\Phi(s)s^2-mgl\Phi(s)=mlX(s)s^2\\(M+m)X(s)s^2+bX(s)s-ml\Phi(s)s^2=U(s)\end{aligned}\right\}\tag{4-10}$$

注意：推导传递函数时假设初始条件为0。由于输出为角度 φ，求解方程组的第一个方程，可得

$$X(s)=\left[\frac{(I+ml^2)}{ml}-\frac{g}{s^2}\right]\Phi(s)\tag{4-11}$$

如果令 $v=\ddot{x}$，根据方程组式(4-10)的第一式，可得

$$\Phi(s)=\frac{ml}{(I+ml^2)s^2-mgl}V(s)\tag{4-12}$$

把式(4-11)代入方程组式(4-10)的第二式，可得

$$(M+m)\left[\frac{(I+ml^2)}{ml}-\frac{g}{s^2}\right]\Phi(s)s^2+b\left[\frac{(I+ml^2)}{ml}-\frac{g}{s^2}\right]\Phi(s)s-ml\Phi(s)s^2=U(s)\tag{4-13}$$

整理后可得以外部作用力 F 为输入、摆杆与垂直方向的夹角 φ 为输出的传递函数为

$$\frac{\Phi(s)}{U(s)}=\frac{\frac{ml}{q}s^2}{s^4+\frac{b(I+ml^2)}{q}s^3-\frac{(M+m)mgl}{q}s^2-\frac{bmgl}{q}s}\tag{4-14}$$

式中，$q=[(M+m)(I+ml^2)-(ml)^2]$。

为了方便基于现代控制理论进行控制器设计，需建立倒立摆系统的状态空间模型。设系统状态空间方程为

$$\left.\begin{aligned}\dot{\boldsymbol{X}}=\boldsymbol{AX}+\boldsymbol{Bu}\\\boldsymbol{y}=\boldsymbol{CX}+\boldsymbol{Du}\end{aligned}\right\}\tag{4-15}$$

方程组对 $\ddot{\boldsymbol{x}}$，$\ddot{\boldsymbol{\varphi}}$ 解代数方程，可得

$$\left.\begin{aligned}\dot{\boldsymbol{x}}&=\dot{\boldsymbol{x}}\\\ddot{\boldsymbol{x}}&=\frac{-(I+ml^2)b\dot{x}}{I(M+m)+Mml^2}+\frac{m^2gl^2\varphi}{I(M+m)+Mml^2}+\frac{(I+ml^2)u}{I(M+m)+Mml^2}\\\dot{\boldsymbol{\varphi}}&=\dot{\boldsymbol{\varphi}}\\\ddot{\boldsymbol{\varphi}}&=\frac{-mlb\dot{x}}{I(M+m)+Mml^2}+\frac{mgl(M+m)\varphi}{I(M+m)+Mml^2}+\frac{mlu}{I(M+m)+Mml^2}\end{aligned}\right\}\tag{4-16}$$

整理后得到以外部作用力 F(u 来代表被控对象的输入力 F) 作为输入的系统状态方程为

$$\begin{bmatrix}\dot{\boldsymbol{x}}\\ \ddot{\boldsymbol{x}}\\ \dot{\boldsymbol{\varphi}}\\ \ddot{\boldsymbol{\varphi}}\end{bmatrix}=\begin{bmatrix}0 & 1 & 0 & 0\\ 0 & \dfrac{-(I+ml^2)b}{I(M+m)+Mml^2} & \dfrac{m^2gl^2}{I(M+m)+Mml^2} & 0\\ 0 & 0 & 0 & 1\\ 0 & \dfrac{-mlb}{I(M+m)+Mml^2} & \dfrac{mgl(M+m)}{I(M+m)+Mml^2} & 0\end{bmatrix}\begin{bmatrix}\boldsymbol{x}\\ \dot{\boldsymbol{x}}\\ \boldsymbol{\varphi}\\ \dot{\boldsymbol{\varphi}}\end{bmatrix}+\begin{bmatrix}0\\ \dfrac{I+ml^2}{I(M+m)+Mml^2}\\ 0\\ \dfrac{ml}{I(M+m)+Mml^2}\end{bmatrix}\boldsymbol{u} \tag{4-17}$$

$$\boldsymbol{y}=\begin{bmatrix}\boldsymbol{x}\\ \boldsymbol{\varphi}\end{bmatrix}=\begin{bmatrix}1 & 0 & 0 & 0\\ 0 & 0 & 1 & 0\end{bmatrix}\begin{bmatrix}\boldsymbol{x}\\ \dot{\boldsymbol{x}}\\ \boldsymbol{\varphi}\\ \dot{\boldsymbol{\varphi}}\end{bmatrix}+\begin{bmatrix}0\\ 0\end{bmatrix}\boldsymbol{u} \tag{4-18}$$

以上建立了以外部作用力 F 为输入的状态空间模型，但是，本倒立摆实验系统电机控制模式为电机转动加速度，因此，还需要建立以电机加速度为输入的传递函数与状态空间模型。根据方程组式(4-9)第一式，重写如下：

$$(I+ml^2)\ddot{\varphi}-mgl\varphi=ml\ddot{x} \tag{4-19}$$

对于质量均匀分布的摆杆有

$$I=\frac{1}{3}ml^2 \tag{4-20}$$

将式(4-20)代入式(4-19)，可得

$$\left(\frac{1}{3}ml^2+ml^2\right)\ddot{\varphi}-mgl\varphi=ml\ddot{x} \tag{4-21}$$

化简可得

$$\ddot{\boldsymbol{\varphi}}=\frac{3g}{4l}\boldsymbol{\varphi}+\frac{3}{4l}\ddot{\boldsymbol{x}} \tag{4-22}$$

设 $\boldsymbol{X}=\{\boldsymbol{x},\dot{\boldsymbol{x}},\boldsymbol{\varphi},\dot{\boldsymbol{\varphi}}\}$，$\boldsymbol{u}'=\ddot{\boldsymbol{x}}$，则可以得到以小车加速度作为输入的系统状态方程为

$$\begin{bmatrix}\dot{\boldsymbol{x}}\\ \ddot{\boldsymbol{x}}\\ \dot{\boldsymbol{\varphi}}\\ \ddot{\boldsymbol{\varphi}}\end{bmatrix}=\begin{bmatrix}0 & 1 & 0 & 0\\ 0 & 0 & 0 & 0\\ 0 & 0 & 0 & 1\\ 0 & 0 & \dfrac{3g}{4l} & 0\end{bmatrix}\begin{bmatrix}\boldsymbol{x}\\ \dot{\boldsymbol{x}}\\ \boldsymbol{\varphi}\\ \dot{\boldsymbol{\varphi}}\end{bmatrix}+\begin{bmatrix}0\\ 1\\ 0\\ \dfrac{3}{4l}\end{bmatrix}\boldsymbol{u}' \tag{4-23}$$

$$\boldsymbol{y}=\begin{bmatrix}\boldsymbol{x}\\ \boldsymbol{\varphi}\end{bmatrix}=\begin{bmatrix}1 & 0 & 0 & 0\\ 0 & 0 & 1 & 0\end{bmatrix}\begin{bmatrix}\boldsymbol{x}\\ \dot{\boldsymbol{x}}\\ \boldsymbol{\varphi}\\ \dot{\boldsymbol{\varphi}}\end{bmatrix}+\begin{bmatrix}0\\ 0\end{bmatrix}\boldsymbol{u}' \tag{4-24}$$

以小车加速度为控制量，摆杆角度为被控对象，此时系统的传递函数为

$$G(s)=\frac{\dfrac{3}{4l}}{s^2-\dfrac{3g}{4l}} \tag{4-25}$$

针对本倒立摆实验系统，系统参数见表 4-1。

表 4-1 便携式直线一级倒立摆实际系统的物理参数

摆杆质量 m	摆杆长度 L	摆杆转轴到质心长度 l	重力加速度 g
0.042 6 kg	0.305 m	0.152 5 m	9.81 m/s^2

将表 4-1 中的物理参数代入式(4-23)所示的系统状态方程和式(4-25)所示传递函数中可得如下精确模型。

系统状态空间方程为

$$\begin{bmatrix}\dot{\boldsymbol{x}}\\ \ddot{\boldsymbol{x}}\\ \dot{\boldsymbol{\varphi}}\\ \ddot{\boldsymbol{\varphi}}\end{bmatrix}=\begin{bmatrix}0&1&0&0\\0&0&0&0\\0&0&0&1\\0&0&48.3&0\end{bmatrix}\begin{bmatrix}\boldsymbol{x}\\ \dot{\boldsymbol{x}}\\ \boldsymbol{\varphi}\\ \dot{\boldsymbol{\varphi}}\end{bmatrix}+\begin{bmatrix}0\\1\\0\\4.9\end{bmatrix}\boldsymbol{u}' \tag{4-26}$$

$$\boldsymbol{y}=\begin{bmatrix}\boldsymbol{x}\\ \boldsymbol{\varphi}\end{bmatrix}=\begin{bmatrix}1&0&0&0\\0&0&1&0\end{bmatrix}\begin{bmatrix}\boldsymbol{x}\\ \dot{\boldsymbol{x}}\\ \boldsymbol{\varphi}\\ \dot{\boldsymbol{\varphi}}\end{bmatrix}+\begin{bmatrix}0\\0\end{bmatrix}\boldsymbol{u}' \tag{4-27}$$

系统传递函数为

$$G(s)=\frac{4.9}{s^2-48.3} \tag{4-28}$$

以上通过牛顿-欧拉法建立了一级直线倒立摆系统的数据模型，基于该控制模型，进行控制器设计与分析。

4.2 基于 PID 控制的控制器设计

经典控制理论的研究对象主要是单输入单输出的系统，控制器设计时一般需要有关被控对象的较精确模型。PID 控制器因其结构简单，容易调节，且不需要对系统建立精确的模型，在实际控制中应用较广。在控制理论和技术高速发展的今天，工业过程控制中 95%以上的控制回路都具有 PID 结构，并且许多高级控制都是以 PID 控制为基础的。本系统采用的伺服驱动器中也有 PID 结构。

4.2.1 倒立摆 PID 控制器设计

由前面的讨论已知实际系统的物理模型为

$$G(s)=\frac{4.9}{s^2-48.3} \tag{4-29}$$

对于倒立摆系统输出量为摆杆的角度，它的平衡位置为垂直向上的情况。系统控制结构框图如图 4-3 所示，图中 $KD(s)$ 是控制器传递函数，$G(s)$ 是被控对象传递函数。则有 $KD(s)=K_{\mathrm{p}}+\dfrac{K_{\mathrm{i}}}{s}+K_{\mathrm{d}}s$ 。

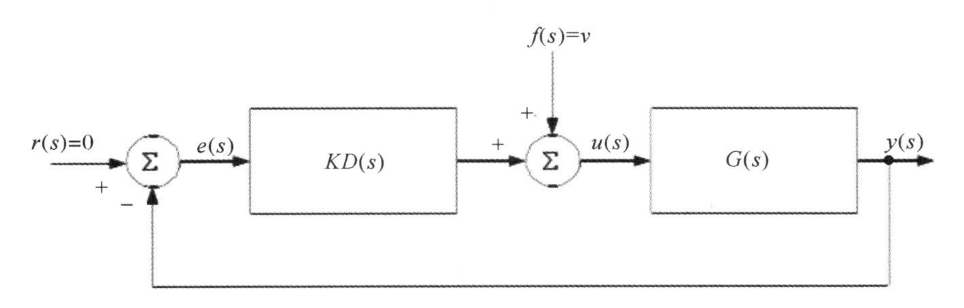

图 4-3　PID 控制结构框图

4.2.2　单环 PID 控制参数整定及 Simulink 仿真实验

首先只考虑控制摆杆的角度，小车的位置是不受控的，即摆杆角度的单闭环控制，立起摆杆后，会发现小车向一个方向运动直到碰到限位信号。那么要使倒立摆稳定在固定位置，还需要增加对电机位置的闭环控制，这就形成了摆杆角度和电机位置的双闭环控制。立摆后表现为电机在固定位置左右移动控制摆杆不倒。

由系统的实际模型：

$$G(s)=\frac{4.9}{s^2-48.3} \tag{4-30}$$

在 MATLAB Simulink 下对系统进行仿真，如图 4-4 所示。

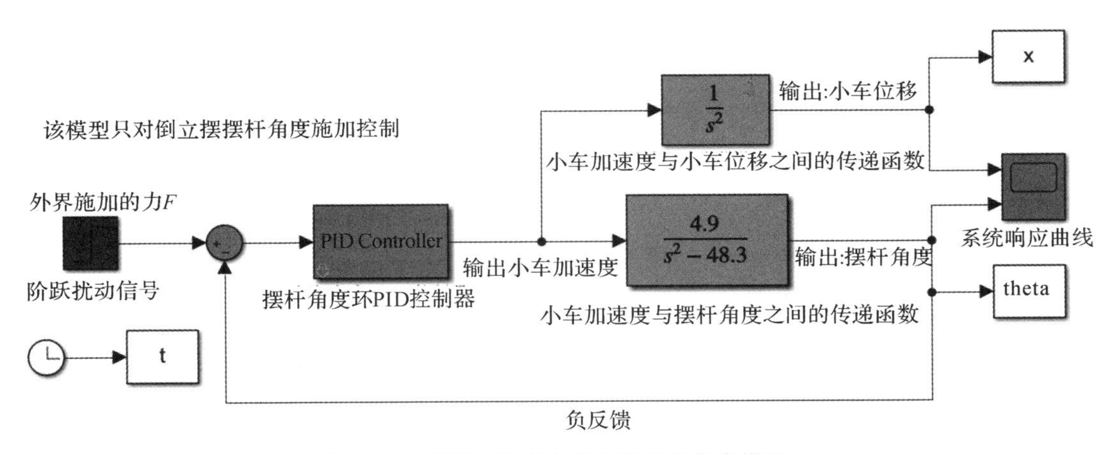

图 4-4　直线一级倒立摆 PID 控制仿真模型

其中“PID Controller”为封装(Mask)后的 PID 控制器，如图 4-5 所示。

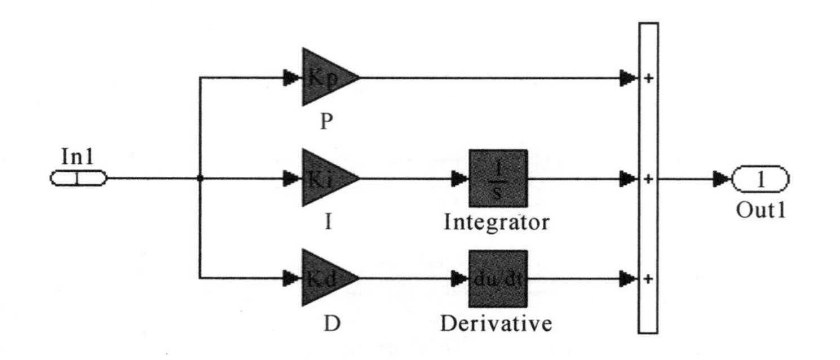

图 4-5　PID 控制器

双击可打开参数设置窗口(见图 4-6)。

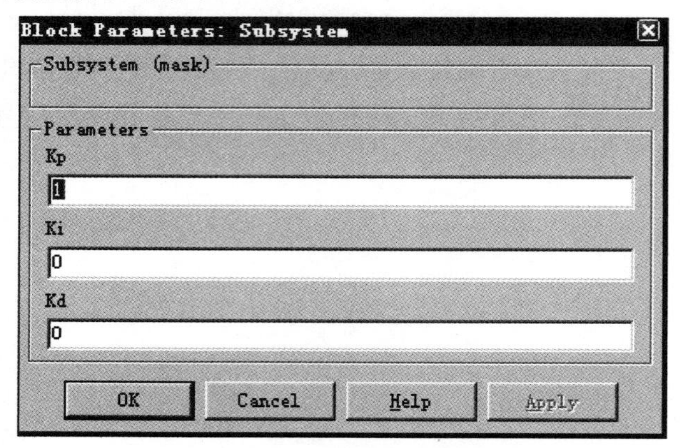

图 4-6　PID 控制器参数设置窗口

先设置 PID 控制器为 P 控制器,令 $K_p=5$,$K_i=0$,$K_d=0$,得到如图 4-7 所示仿真结果:

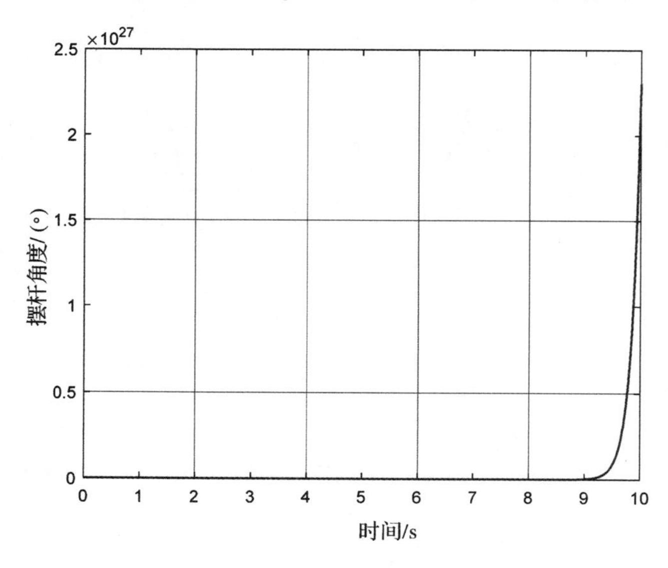

图 4-7　摆杆角度响应曲线

从图 4-8 中可以看出，控制曲线不收敛，因此增大控制量，$K_p=30$，$K_i=0$，$K_d=0$，得到如图 4-8 所示仿真结果。

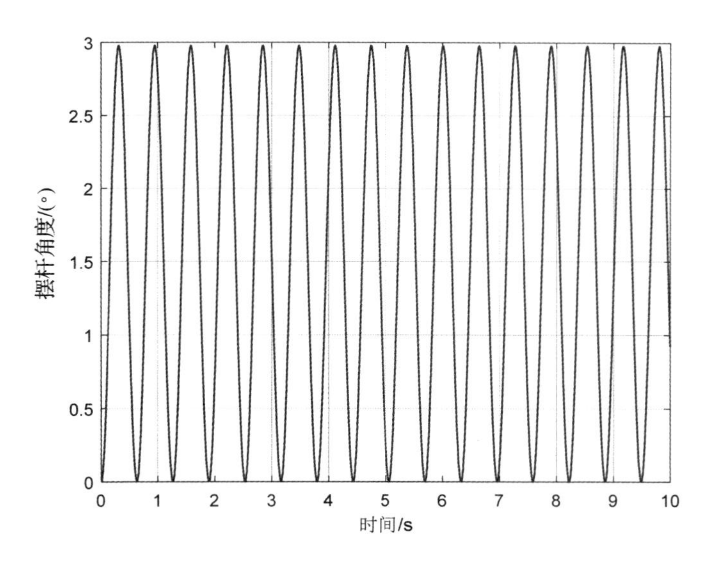

图 4-8　改变控制量后摆杆角度响应曲线

从图 4-8 中可以看出，闭环控制系统持续振荡，周期约为 0.8 s。为消除系统的振荡，增加微分控制参数 K_d，令 $K_p=30$，$K_i=0$，$K_d=2.5$。

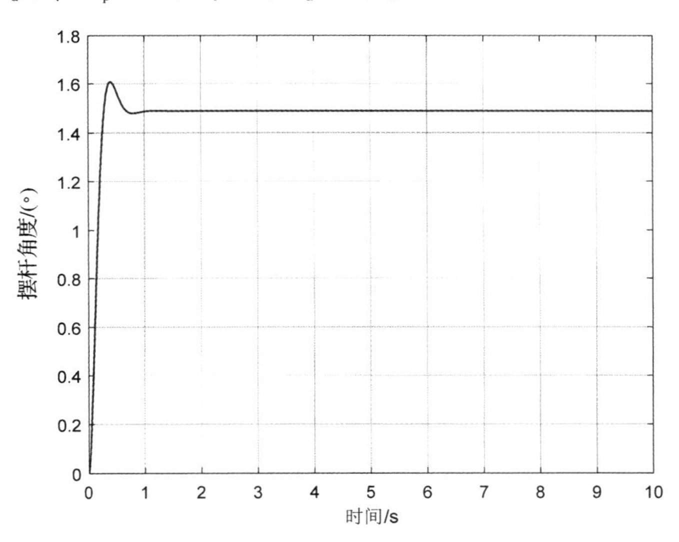

图 4-9　增加微分控制参数后摆杆角度响应曲线

从图 4-9 中仿真结果可以看出，系统在 1 s 内达到平衡，系统稳态误差也比较小，此时的控制参数仅供实验者参考，实验者可以在此基础上继续优化 PID 控制器的参数。

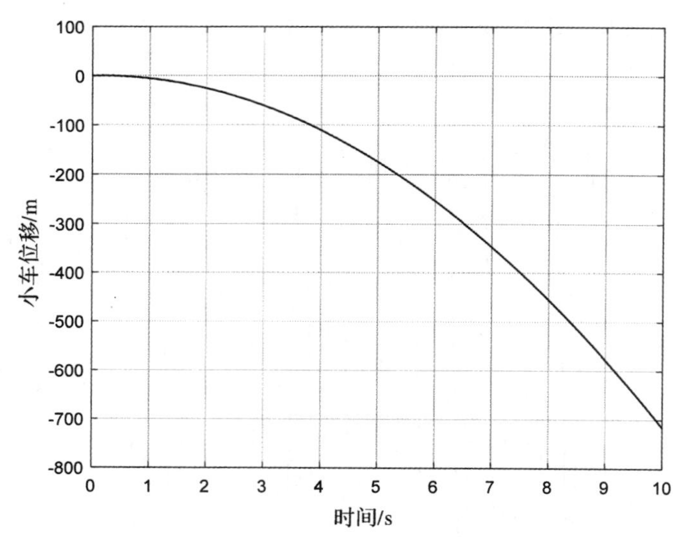

图 4－10 施加 PID 控制后小车位置响应曲线

从图 4－10 中可以看出，由于 PID 控制器为单输入单输出系统，所以只能控制摆杆的角度，并不能控制小车的位置，所以小车会往一个方向运动，PID 控制分析中的最后一段，若是想控制电机的位置，使得倒立摆系统稳定在固定位置附近，那么还需要设计位置 PID 闭环。

下述介绍基于 Simulink 进行实时控制实验。鼠标双击主界面上的 Select Experiment 模块，在弹出的对话框中选择编号实验 4，然后单击右侧对应的 Enabled Subsystem 模块后出现如图 4－11 所示界面。

实验4　PID控制实验

1.实验开始前请尽量把小车移动至导轨中间位置，保证小车两侧均有足够长的运动空间。
2.保证倒立摆摆杆竖直向下静止，然后打开倒立摆控制箱前面板上的电源开关，正常情况下只有绿色指示灯亮起。
3.若控制箱前面板上的红色指示灯亮起，说明电机驱动器已经处于报警状态，关闭电源开关然后再打开可以清除报警状态。
4.插上网线，点击Simulink 黑色三角形按钮（Run）启动运行实验。
5.人工拎摆：抓住摆杆末端部位，慢慢向上"拎"起，进入控制临界角度0.25弧度（大约14度）后稳摆算法开始接管控制，此时松开摆杆。

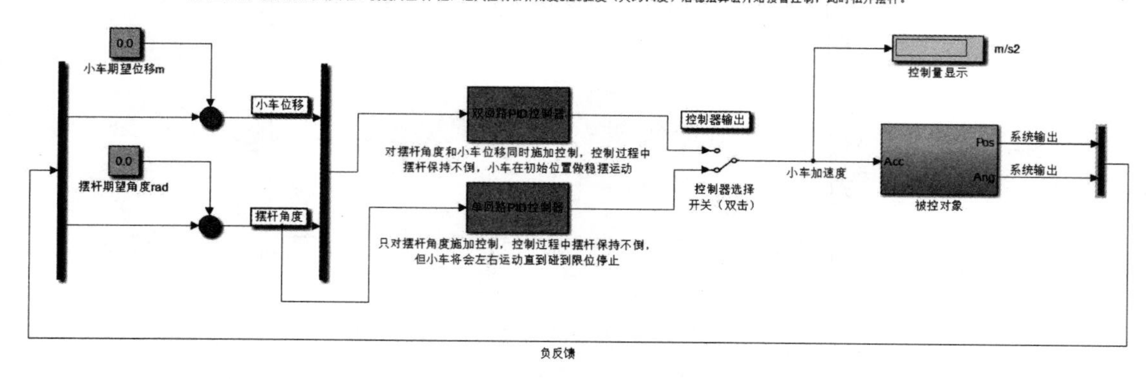

图 4－11 PID 单环校正实验

打开实验箱，将 USB 数据线和电源线取出，确定实验箱上的电源开关是关闭的，然后把数据线与电脑 USB 接口连接，电源插头插入插座。把小车推到导轨中间位置，打开实验箱上的电源开关，此时，小车就推不动了，因为电机已经上伺服了。采用单环 PID 控制小车位移曲线如图 4－12 所示。

运行前查看是否为自己设计好的 PID 校正器，并确定保证摆杆此时竖直向下。不用编译链接，直接单击运行按钮，用手捏住摆杆顶端（不要抓住中部或下部），慢慢地提起，到接近竖直方向时放手，当摆杆与竖直向上的方向夹角小于 0.25 rad 时，进入稳摆范围，可以观察到，摆杆直立不倒，小车会向着一个方向运动直到撞到限位开关停下来，然后单击停止按钮停止实验。采用单环控制摆杆角度曲线如图 4－13 所示。

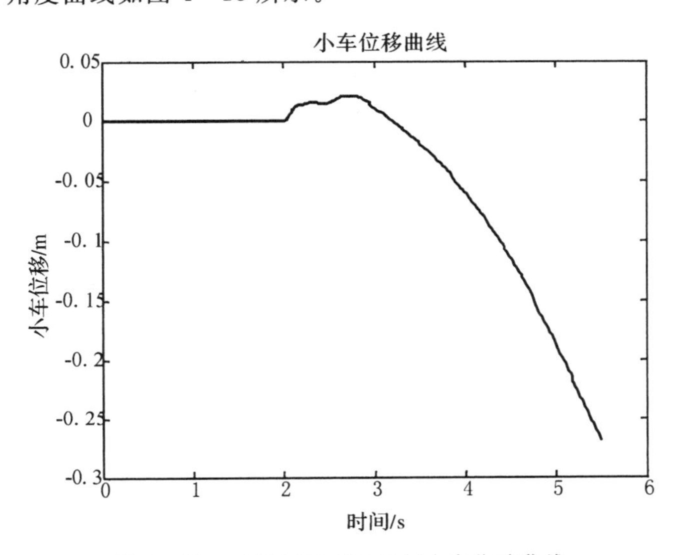

图 4－12　采用单环 PID 控制小车位移曲线

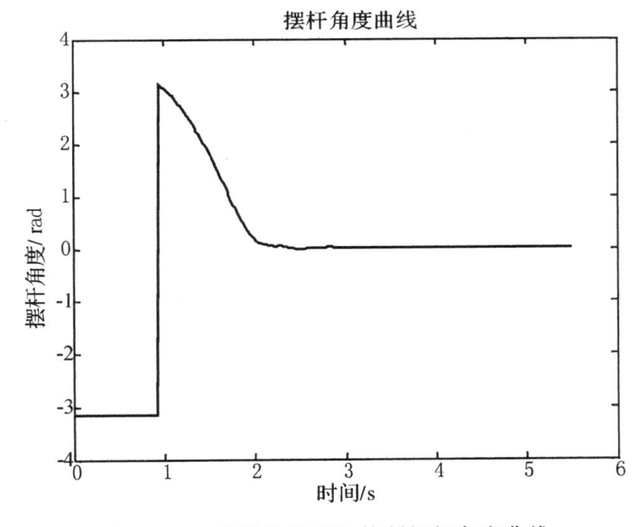

图 4－13　采用单环 PID 控制摆杆角度曲线

4.2.3　双环 PID 控制参数整定及 Simulink 仿真实验

根据 4.2.2 节仿真结果可以看出，采用单环 PID 进行控制，只能对摆杆角度实现控制，无法实现对小车的位置进行控制。因此，针对该问题，本节设计双环 PID 控制器实现摆杆角度与小车位置的同时控制。

在 Simulink 中搭建如图 4－14 所示的控制器。

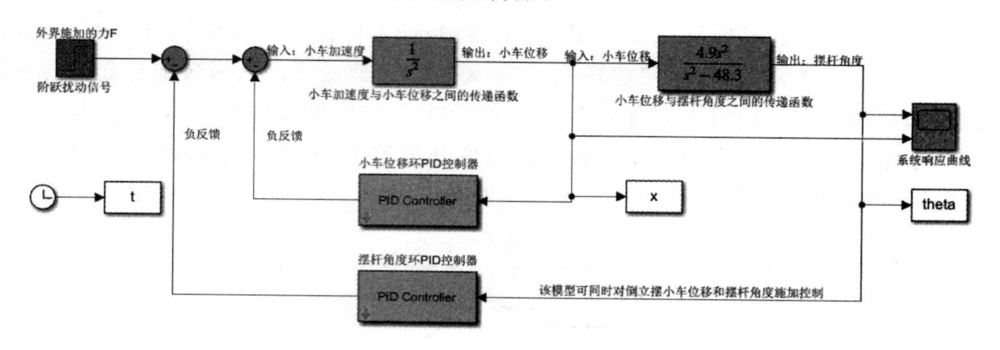

图 4－14　PID 校正实验

双击小车位置环 PID 控制器，设计 PID 控制器参数如图 4－15 所示。

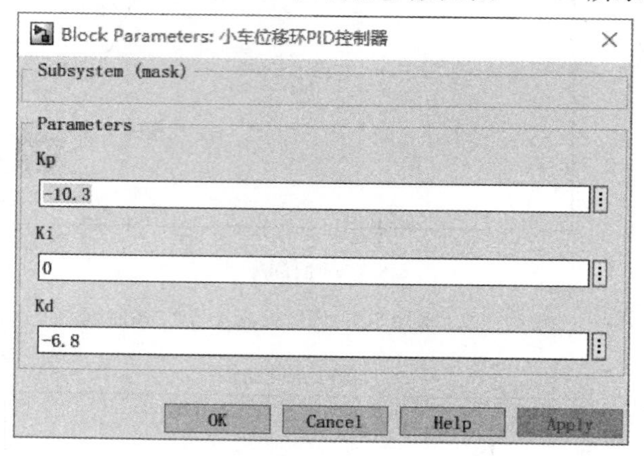

图 4－15　小车位置环 PID 参数设计

双击摆杆角度环 PID 控制器，设计 PID 控制器参数如图 4－16 所示。

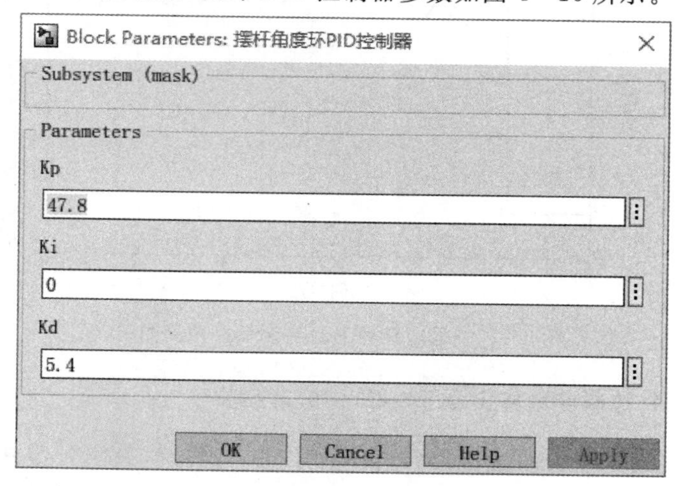

图 4－16　摆杆角度环 PID 控制器参数设计

根据上述参数，仿真结果如图 4－17 和图 4－18 所示。可以看出，采用双环 PID 控制后，摆杆角度和小车位置均能够实现控制，且系统控制精度较高。

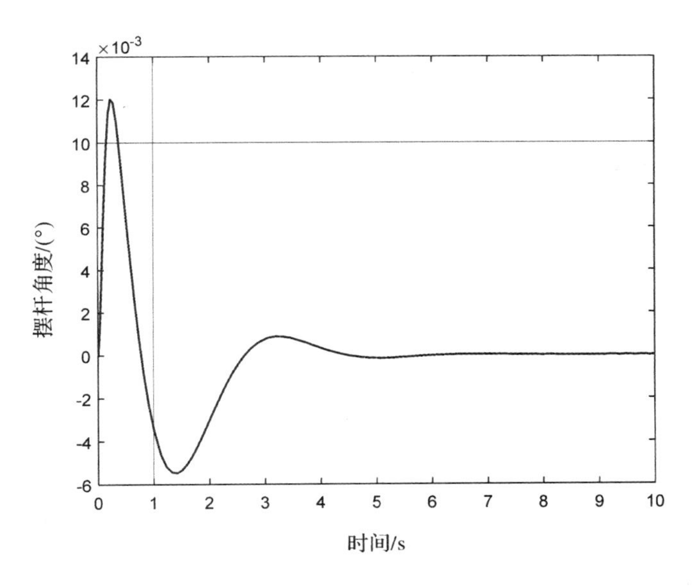

图 4－17　采用双环 PID 控制摆杆角度响应曲线

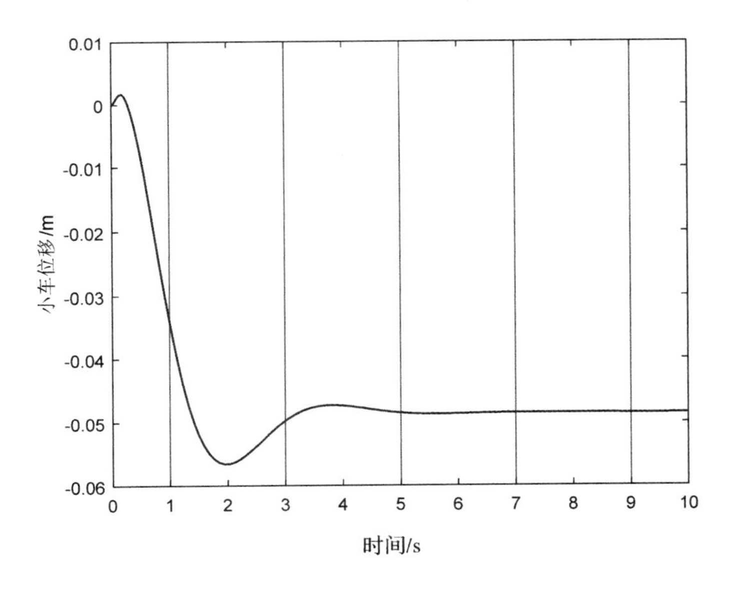

图 4－18　采用双环 PID 控制小车位置响应曲线

下述基于 Simulink 进行实时控制实验。鼠标双击主界面上的 Select Experiment 模块，在弹出的对话框中选择编号实验 4，然后单击右侧对应的 Enabled Subsystem 模块后出现如图 4－19 所示的界面，在“控制器选择开关”中选择双回路 PID 控制。

实验4　PID控制实验

1.实验开始前请尽量把小车移动至导轨中间位置，保证小车两侧均有足够长的运动空间。
2.保证倒立摆摆杆竖直向下静止，然后打开倒立摆控制箱前面板上的电源开关，正常情况下只有绿色指示灯亮起。
3.若控制箱前面板上的红色指示灯亮起，说明电机驱动器已经处于报警状态，关闭电源开关然后再打开可以清除报警状态。
4.插上网线，点击Simulink 黑色三角形按钮（Run）启动运行实验。
5.人工拎摆，抓住摆杆末端部位，慢慢向上"拎"起，进入控制临界角度0.25弧度（大约14度）后稳摆算法开始接管控制，此时松开摆杆。

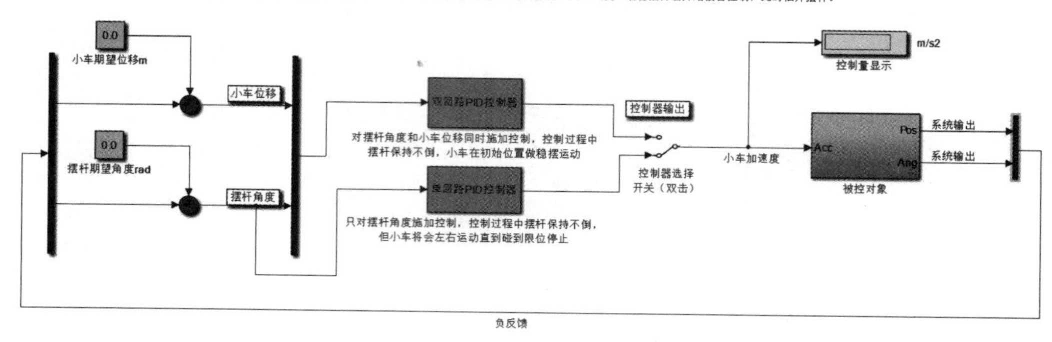

图 4-19　PID 单环校正实验

打开实验箱，将 USB 数据线和电源线取出，确定实验箱上的电源开关是关闭的，然后把数据线与电脑 USB 接口连接，电源插头插入插座。把小车推到导轨中间位置，打开实验箱上的电源开关，此时，小车就推不动了，因为电机已经上伺服了。双环 PID 实际控制效果如图 4-20所示。

运行前查看是否为自己设计好的 PID 校正器，并确定保证摆杆此时竖直向下。不用编译链接，直接单击运行按钮，用手捏住摆杆顶端（不要抓住中部或下部），慢慢地提起，到接近竖直方向时放手，当摆杆与竖直向上的方向夹角小于 0.25 rad 时，进入稳摆范围，可以观察到，摆杆直立不倒，小车也会在给定位置稳定下来，然后单击停止按钮停止实验。

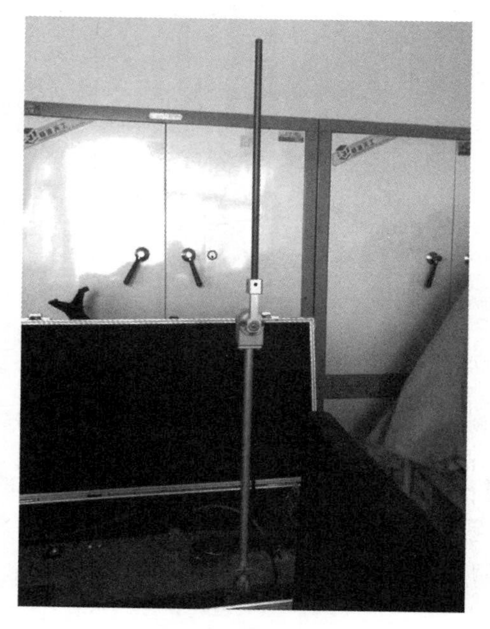

图 4-20　双环 PID 实际控制效果

4.3　状态空间极点配置控制实验

经典控制理论的研究对象主要是单输入单输出的系统，控制器设计时一般需要有关被控对象的较精确模型，现代控制理论主要是依据现代数学工具，将经典控制理论的概念扩展到多输入多输出系统。极点配置法通过设计状态反馈控制器将多变量系统的闭环系统极点配置在期望的位置上，从而使系统满足瞬态和稳态性能指标。前面已经得到倒立摆系统比较精确的动力学模型，下面针对直线型一级倒立摆系统应用极点配置法设计控制器。

4.3.1　状态空间分析

对于控制系统

$$\dot{\boldsymbol{x}}(t)=\boldsymbol{A}\boldsymbol{x}(t)+\boldsymbol{B}\boldsymbol{u}$$

式中，$\boldsymbol{x}(t)$ 为状态向量（n 维）；$\boldsymbol{u}$ 为控制向量；$\boldsymbol{A}$ 为 $n\times n$ 阶状态矩阵；$\boldsymbol{B}$ 为 $n\times 1$ 阶为状态矩阵；选择控制信号为：$\boldsymbol{u}=-\boldsymbol{K}\boldsymbol{x}(t)$ 。

求解上式，得到：$\dot{\boldsymbol{x}}(t)=(\boldsymbol{A}-\boldsymbol{B}\boldsymbol{K})\boldsymbol{x}(t)$ 。方程的解为：$\boldsymbol{x}(t)=\mathrm{e}^{(\boldsymbol{A}-\boldsymbol{B}\boldsymbol{K})t}\boldsymbol{x}(0)$ 。

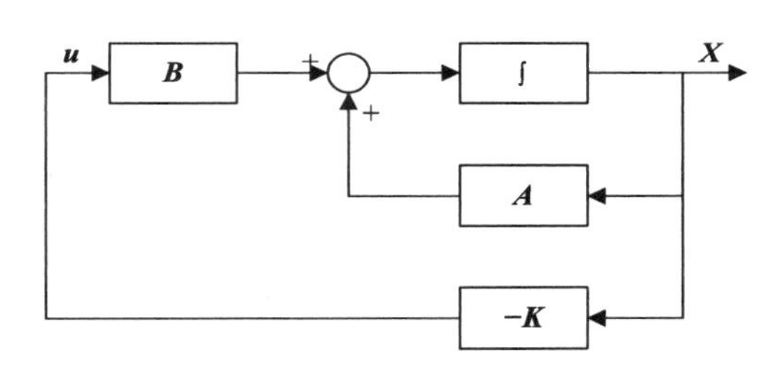

图 4-21　状态反馈闭环控制原理图

图 4-21 为状态反馈闭环控制原理图，可以看出，如果系统状态完全可控，$\boldsymbol{K}$ 选择适当，对于任意的初始状态，当 t 趋于无穷时，都可以使状态趋于 0。

极点配置设计步骤：

(1)检验系统的可控性条件；

(2)从矩阵 $\boldsymbol{A}$ 的特征多项式 $|s\boldsymbol{I}-\boldsymbol{A}|=s^n+a_1s^{n-1}+\cdots a_{n-1}s+a_n$ 来确定 $a_1,a_2,\cdots,a_n$ 的值；

(3)确定使状态方程变为可控标准型的变换矩阵 $\boldsymbol{T}$：$\boldsymbol{T}=\boldsymbol{M}\boldsymbol{W}$；式中 $\boldsymbol{M}$ 为可控性矩阵，则有

$$\boldsymbol{M}=[B\ AB\ A^2B\ \cdots\ A^{n-1}B]$$

$$\boldsymbol{W}=\begin{bmatrix} a_{n-1} & a_{n-2} & \cdots & a_1 & 1 \\ a_{n-2} & a_{n-2} & \cdots & 1 & 0 \\ \vdots & \vdots & & \vdots & \vdots \\ a_1 & 1 & \cdots & 0 & 0 \\ 1 & 0 & \cdots & 0 & 0 \end{bmatrix}$$

(4)利用所期望的特征值，写出期望的多项式为

$$(s-\mu_1)(s-\mu_2)\cdots(s-\mu_n)=s^n+\alpha_1s^{n-1}+\cdots\alpha_{n-1}s+\alpha_n$$

并确定 $\alpha_1,\alpha_2,\cdots,\alpha_n$ 的值。

(5)需要的状态反馈增益矩阵由以下方程确定：

$$\boldsymbol{K}=[\alpha_n-a_n \quad \alpha_{n-1}-a_{n-1} \quad \cdots \quad \alpha_2-a_2 \quad \alpha_1-a_1]\boldsymbol{T}^{-1} \tag{4-31}$$

4.3.2 状态空间极点配置

上述已经得到了直线一级倒立摆的状态空间模型，以小车加速度作为输入的系统状态方程为

$$\begin{bmatrix}\dot{x}\\ \ddot{x}\\ \dot{\varphi}\\ \ddot{\varphi}\end{bmatrix}=\begin{bmatrix}0&1&0&0\\0&0&0&0\\0&0&0&1\\0&0&48.3&0\end{bmatrix}\begin{bmatrix}x\\ \dot{x}\\ \varphi\\ \dot{\varphi}\end{bmatrix}+\begin{bmatrix}0\\1\\0\\4.9\end{bmatrix}u' \tag{4-32}$$

$$y=\begin{bmatrix}x\\ \varphi\end{bmatrix}=\begin{bmatrix}1&0&0&0\\0&0&1&0\end{bmatrix}\begin{bmatrix}x\\ \dot{x}\\ \varphi\\ \dot{\varphi}\end{bmatrix}+\begin{bmatrix}0\\0\end{bmatrix}u' \tag{4-33}$$

即：$\boldsymbol{A}=\begin{bmatrix}0&1&0&0\\0&0&0&0\\0&0&0&1\\0&0&48.3&0\end{bmatrix}$，$\boldsymbol{B}=\begin{bmatrix}0\\1\\0\\4.9\end{bmatrix}$，$\boldsymbol{C}=\begin{bmatrix}1&0&0&0\\0&0&1&0\end{bmatrix}$，$\boldsymbol{D}=\begin{bmatrix}0\\0\end{bmatrix}$。

下述采用极点配置的方法计算反馈矩阵，原理如图 4-22 所示。

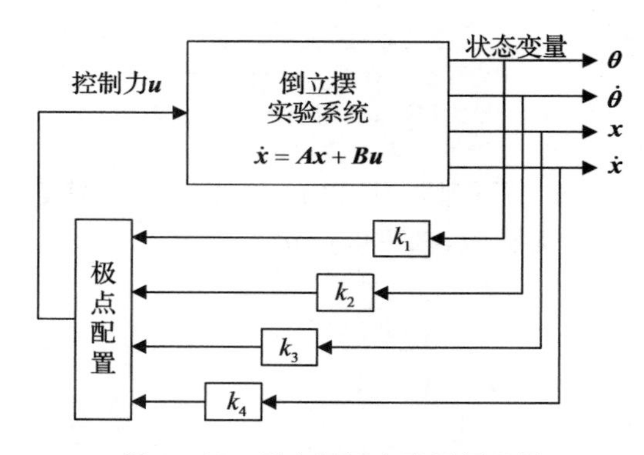

图 4-22 倒立摆极点配置原理图

(1)检验系统可控性。由系统可控性分析可以得到，系统的状态完全可控性矩阵的秩等于系统的状态维数 4，系统的输出完全可控性矩阵的秩等于系统输出向量的维数 2，所以系统可控。

(2)计算特征值。根据要求，并留有一定的裕量(设调整时间为 2 s)，这里选取期望的闭环极点 $s=\mu_i$，$i=1,2,3,4$。其中：$\mu_1=-10$，$\mu_2=-10$，$\mu_3=-2+\mathrm{j}2\sqrt{3}$，$\mu_4=-2-\mathrm{j}2\sqrt{3}$。$\mu_3$，$\mu_4$ 是一对具有 $\zeta=0.5$，ω_n 的主导闭环极点，μ_1，μ_2 位于主导闭环极点的左边，其影响较小，因此期望的特征方程为

$$(s-\mu_1)(s-\mu_2)\cdots(s-\mu_n)=(s+10)(s-10)(s+2-\mathrm{j}2\sqrt{3})(s+2+\mathrm{j}2\sqrt{3})$$

$$s^4+24s^3+196s^2+720s+1\ 600$$

可得：　$\alpha_1=24,\alpha_2=196,\alpha_3=720,\alpha_4=1\ 600$

又由系统的特征方程：

$$|s\boldsymbol{I}-\boldsymbol{A}|=\begin{bmatrix} s & -1 & 0 & 0 \\ 0 & s & 0 & 0 \\ 0 & 0 & s & -1 \\ 0 & 0 & -48.3 & s \end{bmatrix}=s^4-48.3s^2 \tag{4-34}$$

可得：　$a_1=0,a_2=-48.3,a_3=0,a_4=0$。

系统的反馈增益矩阵根据式(4-31)进行计算。

(3)确定使状态方程变为可控标准型的变换矩阵。

根据极点配置设计步骤，可得

$$\boldsymbol{M}=[\boldsymbol{B}\ \vdots\ \boldsymbol{AB}\ \vdots\ \boldsymbol{A}^2\boldsymbol{B}\ \vdots\ \boldsymbol{A}^3\boldsymbol{B}]=\begin{bmatrix} 0 & 1 & 0 & 0 \\ 1 & 0 & 0 & 0 \\ 0 & 4.9 & 0 & 236.67 \\ 4.9 & 0 & 236.67 & 0 \end{bmatrix} \tag{4-35}$$

$$\boldsymbol{W}=\begin{bmatrix} a_3 & a_2 & a_1 & 1 \\ a_2 & a_1 & 1 & 0 \\ a_1 & 1 & 0 & 0 \\ 1 & 0 & 0 & 0 \end{bmatrix}=\begin{bmatrix} 0 & -48.3 & 0 & 1 \\ -48.3 & 0 & 1 & 0 \\ 0 & 1 & 0 & 0 \\ 1 & 0 & 0 & 0 \end{bmatrix} \tag{4-36}$$

故得

$$\boldsymbol{T}=\boldsymbol{MW}=\begin{bmatrix} -48.3 & 0 & 1 & 0 \\ 0 & -48.3 & 0 & 1 \\ 0 & 0 & 4.9 & 0 \\ 0 & 0 & 0 & 4.9 \end{bmatrix}$$

$$\boldsymbol{T}^{-1}=\begin{bmatrix} -0.020\ 7 & 0 & 0.004\ 2 & 0 \\ 0 & -0.020\ 7 & 0 & 0.004\ 2 \\ 0 & 0 & 0.204\ 1 & 0 \\ 0 & 0 & 0 & 0.204\ 1 \end{bmatrix}。$$

求状态反馈增益矩阵 $\boldsymbol{K}$，则有

$$\boldsymbol{K}=[\alpha_4-a_4\ \vdots\ \alpha_3-a_3\ \vdots\ \alpha_2-a_2\ \vdots\ \alpha_1-a_1]\boldsymbol{T}^{-1}=$$

$$[1\ 600\quad 720\quad 196+48.3\quad 24]\begin{bmatrix} -0.020\ 7 & 0 & 0.004\ 2 & 0 \\ 0 & -0.020\ 7 & 0 & 0.004\ 2 \\ 0 & 0 & 0.204\ 1 & 0 \\ 0 & 0 & 0 & 0.204\ 1 \end{bmatrix}=$$

$$[-33.126\ 3\quad -14.906\ 8\quad 56.617\ 6\quad 7.940\ 2] \tag{4-37}$$

可得控制量为　$\boldsymbol{u}=\boldsymbol{KX}=-33.126\ 3x-14.906\ 8\dot{x}+56.617\ 6\theta+7.940\ 2\dot{\theta}$

以上计算可以采用 MATLAB 编程计算，计算程序如下：

```
clc; clear; close all;
%系统模型
A = [0 1 0 0;
     0 0 0 0;
     0 0 0 1;
     0 0 48.3 0];
B = [0 1 0 4.9]';
C = [1 0 0 0;
     0 0 1 0];
D = [0 0]';
%期望闭环极点
J = [-10   0        0 0;
      0   -10      0           0;
      0     0   -2-2*sqrt(3)*i 0;
      0     0       0    -2+2*sqrt(3)*i];
%求矩阵 A 和 J 的特征多项式
pa = poly(A);
pj = poly(J);
%计算变化矩阵 T
M = [B A*B A*A*B A*A*A*B];
W = [pa(4) pa(3) pa(2) 1;
     pa(3) pa(2)  1  0;
     pa(2)  1    0  0;
     1      0    0  0];
T = M*W
K = [pj(5) - pa(5) pj(4) - pa(4) pj(3) - pa(3) pj(2) - pa(2)]*inv(T)
```

4.3.3 Simulink 仿真实验

在 MATLAB Simulink 下对系统进行仿真,仿真模型如图 4-23 所示。

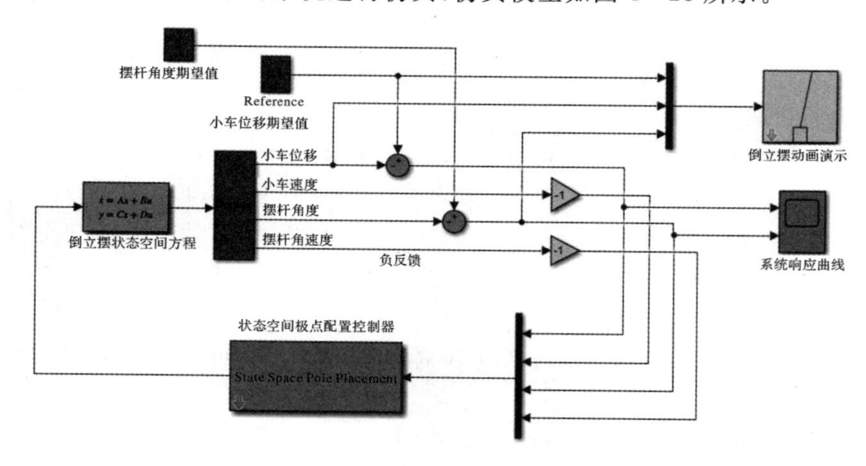

图 4-23　直线一级倒立摆极点配置控制仿真模型

双击“State - Space”模块打开直线一级倒立摆的模型设置窗口如图 4 - 24 所示。

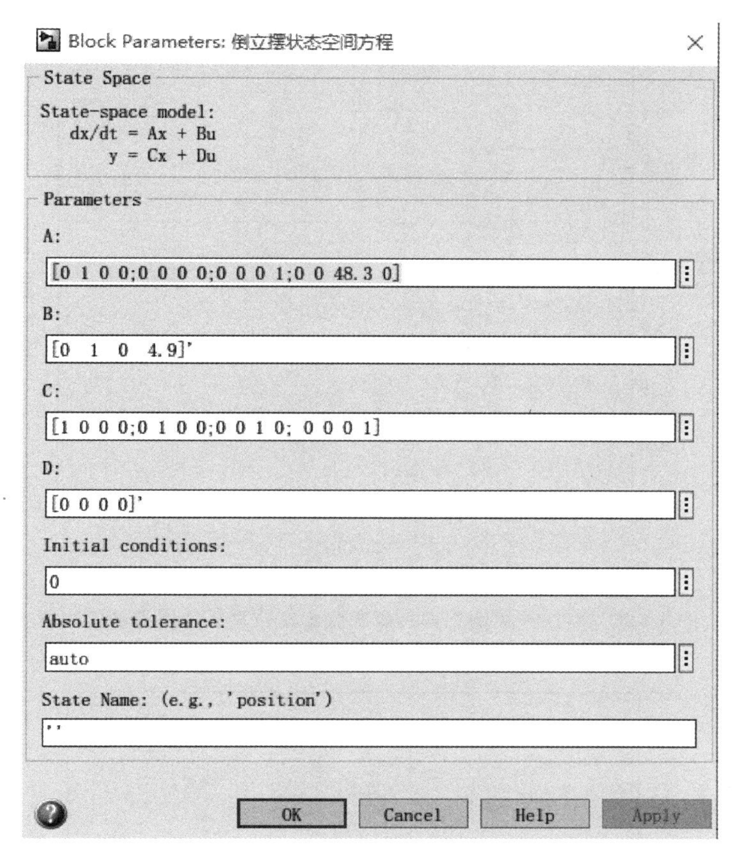

图 4 - 24　系统状态空间模型设置窗口

把参数 $\boldsymbol{A}$,$\boldsymbol{B}$,$\boldsymbol{C}$,$\boldsymbol{D}$ 的值设置为实际系统模型的值。

双击“Pole Controller”模块打开极点配置控制器参数的设置窗口如图 4 - 25 所示。

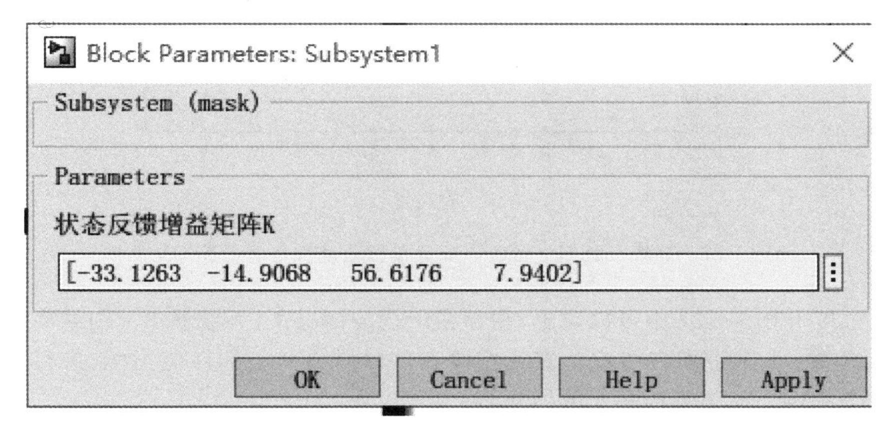

图 4 - 25　反馈增益矩阵输入窗口

把上面计算得到的反馈增益矩阵 $\boldsymbol{K}$ 输入。

设置好各项参数后，点击运行按钮进行仿真，得到如图 4-26 和图 4-27 的仿真结果。

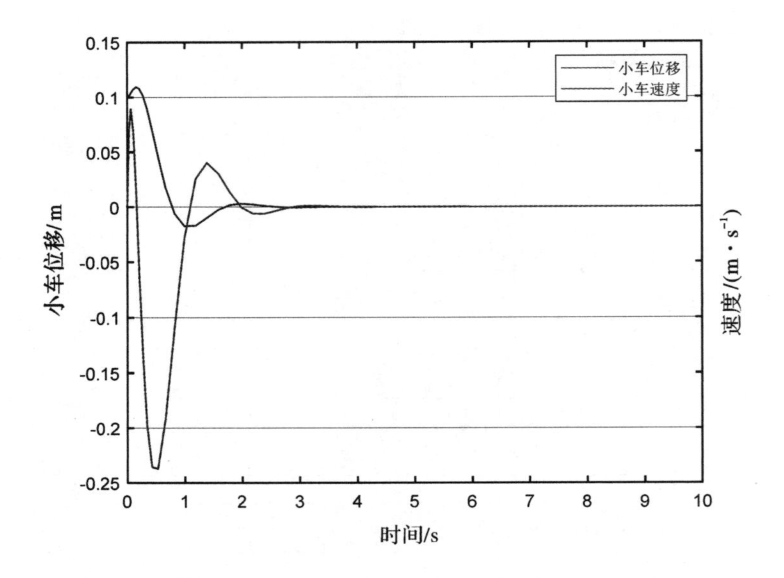

图 4-26　直线一级倒立摆极点配置小车位移和速度控制仿真图

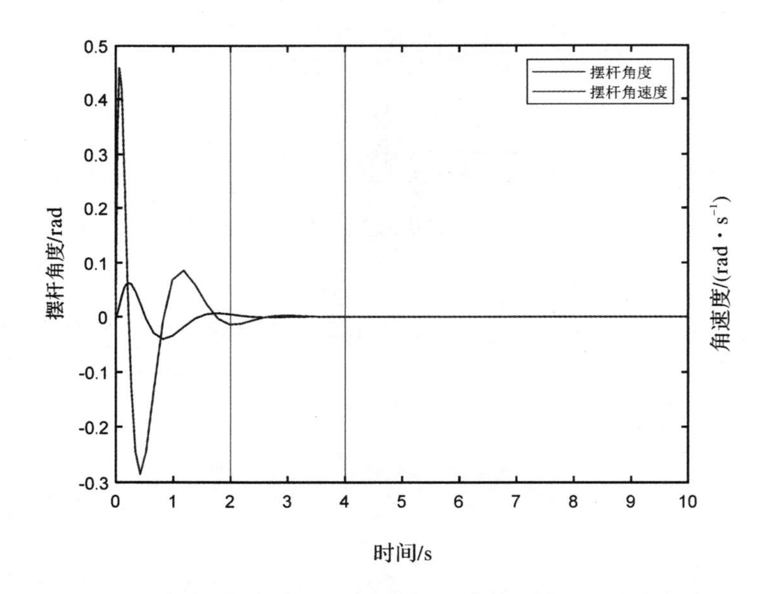

图 4-27　直线一级倒立摆极点配置摆杆角度和角速度控制仿真图

从图 4-26 和图 4-27 中可以看出，在存在干扰的情况下，系统在 3 s 内基本上可以恢复到新的平衡位置，小车平衡在指定位置。实验者可以修改期望的性能指标，进行新的极点配置。图 4-28 为倒立摆仿真动画实验结果。

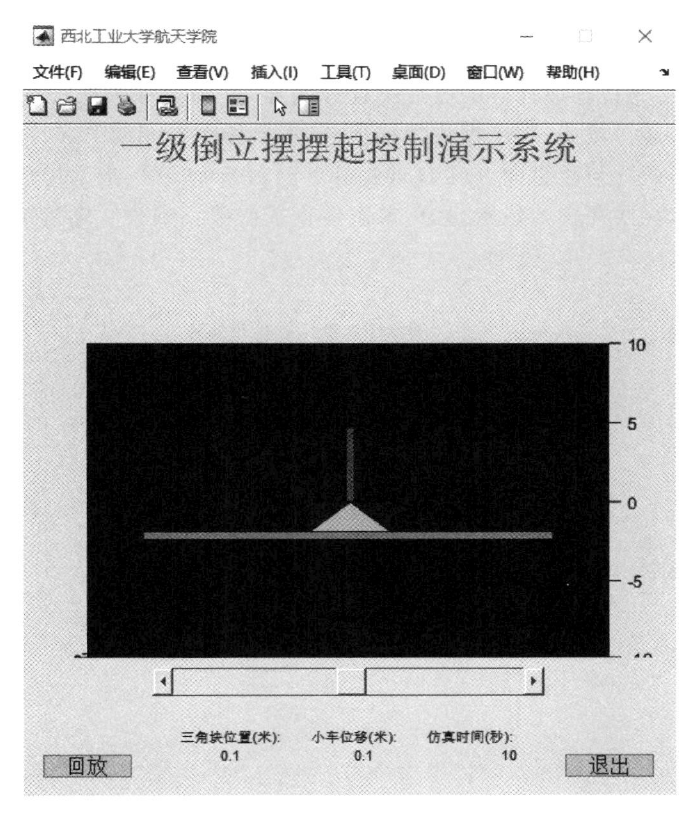

图 4 - 28　直线一级倒立摆极点配置控制仿真图

4.3.4　Simulink 实时控制实验

状态空间极点配置控制实验系统结构如图 4 - 29 所示。

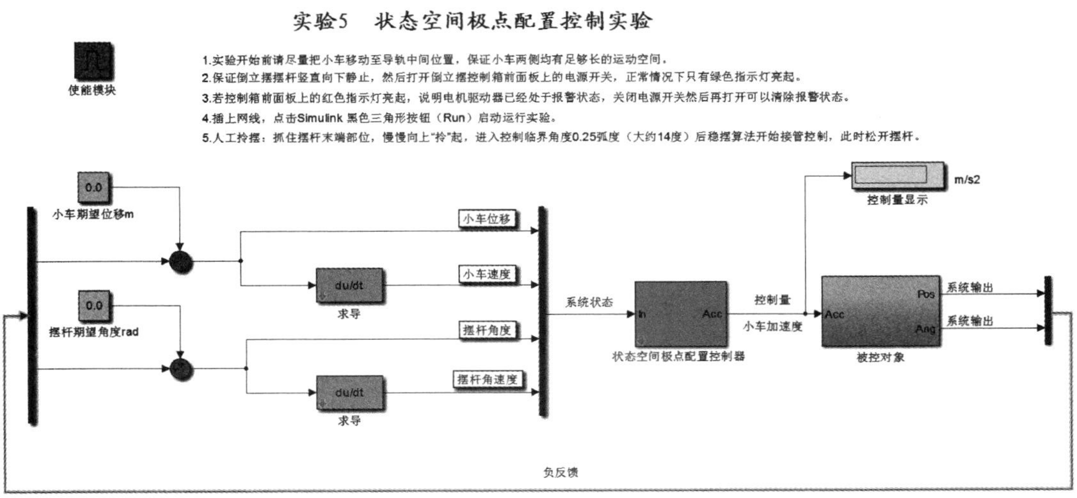

图 4 - 29　状态空间极点配置控制实验系统结构图

鼠标双击主界面上的 Select Experiment 模块，在弹出的对话框中选择编号实验 5，然后单击右侧对应的 Enabled Subsystem 模块后出现图 4－29 所示界面。

运行前查看是否为自己设计好的极点配置控制器，并确定保证摆杆此时竖直向下。不用编译链接，直接单击运行按钮，用手捏住摆杆顶端(不要抓住中部或下部)，慢慢地提起，到接近竖直方向时放手，当摆杆与竖直向上的方向夹角小于 0.25 rad 时，进入稳摆范围，可以观察到，摆杆直立不倒，小车稳摆在初始位置，然后单击停止按钮停止实验。实验结果如图 4－30 和图 4－31 所示。

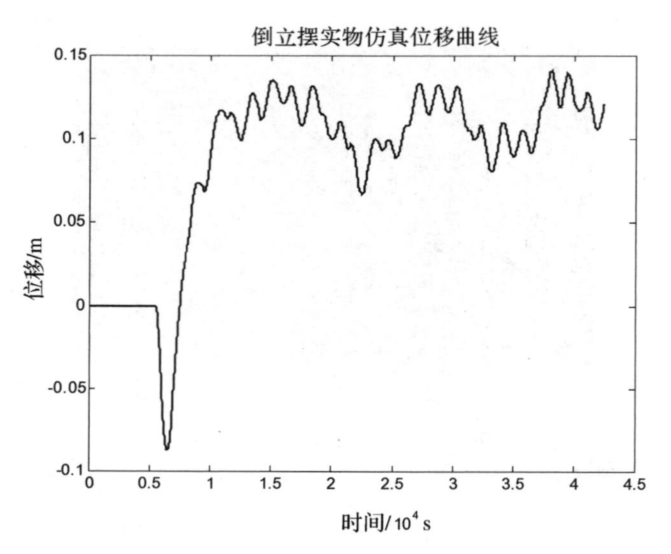

图 4－30　采用极点配置方法小车位移曲线

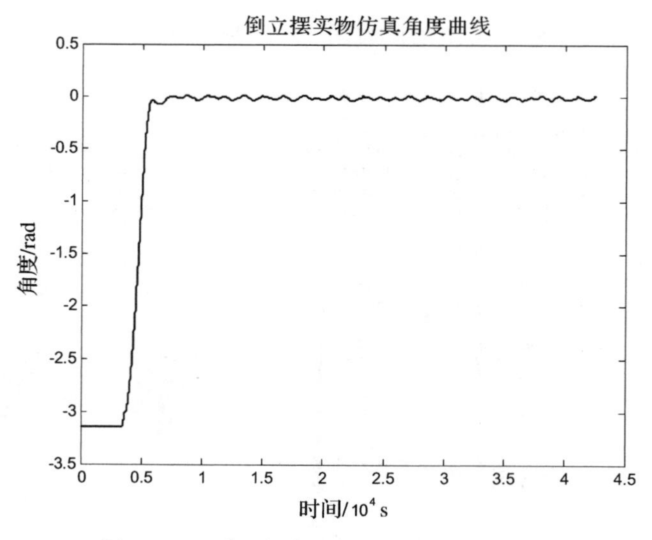

图 4－31　采用极点配置方法摆杆角度曲线

由于系统采用近似线性模型，忽略了一些非线性及外界干扰的作用，所以实物控制与仿真有一定差别。

4.4　LQR 控制实验

前面已经得到了直线一级倒立摆系统的比较精确的动力学模型，并对系统的稳定性与可控性进行了分析，下面针对直线一级倒立摆系统应用 LQR 法设计与调节控制器，控制摆杆保持竖直向上平衡的同时，跟踪小车的位置。

4.4.1　LQR 控制器设计

系统状态方程组为

$$\left.\begin{aligned}\dot{\boldsymbol{X}} &= \boldsymbol{AX} + \boldsymbol{Bu} \\ \boldsymbol{y} &= \boldsymbol{CX} + \boldsymbol{Du}\end{aligned}\right\} \tag{4-38}$$

二次型性能指标函数为

$$J = \frac{1}{2}\int_0^\infty [\boldsymbol{X}^{\mathrm{T}}\boldsymbol{QX} + \boldsymbol{U}^{\mathrm{T}}\boldsymbol{RU}]\mathrm{d}t \tag{4-39}$$

式中，加权矩阵 $\boldsymbol{Q}$ 和 $\boldsymbol{R}$ 是用来平衡状态变量和输入向量的权重；$\boldsymbol{Q}$ 是半正定矩阵；$\boldsymbol{R}$ 是正定矩阵。$\boldsymbol{X}$ 是 n 维状态变量，$\boldsymbol{U}$ 是 r 维输入变量，$\boldsymbol{Y}$ 为 m 维输出向量，$\boldsymbol{A}$，$\boldsymbol{B}$，$\boldsymbol{C}$，$\boldsymbol{D}$ 分别是 $n\times n$，$n\times r$，$m\times n$，$m\times r$ 阶常数矩阵。如果该系统受到外界干扰而偏离零状态，应施加怎样的控制 $\boldsymbol{U}^*$ 才能使得系统回到零状态附近并同时满足 J 达到最小，那么这时的 $\boldsymbol{U}^*$ 就称之为最优控制。由最优控制理论可知，使式(4－39)取得最小值的最优控制律为

$$\boldsymbol{U}^* = \boldsymbol{R}^{-1}\boldsymbol{B}^{\mathrm{T}}\boldsymbol{PX} = -\boldsymbol{KX} \tag{4-40}$$

式中，$\boldsymbol{P}$ 就是 Riccati 方程的解；$\boldsymbol{K}$ 是线性最优反馈增益矩阵。这时求解 Riccati 代数方程：

$$\boldsymbol{PA} + \boldsymbol{A}^{\mathrm{T}}\boldsymbol{P} - \boldsymbol{PBR}^{-1}\boldsymbol{B}^{\mathrm{T}}\boldsymbol{P} + \boldsymbol{Q} = \boldsymbol{0} \tag{4-41}$$

就可获得 P 值以及最优反馈增益矩阵 $\boldsymbol{K}$ 值。

$$\boldsymbol{K} = \boldsymbol{R}^{-1}\boldsymbol{B}^{\mathrm{T}}\boldsymbol{P} \tag{4-42}$$

上述已经得到了直线一级倒立摆系统的系统状态方程，$\boldsymbol{x}$，$\dot{\boldsymbol{x}}$，$\boldsymbol{\varphi}$，$\dot{\boldsymbol{\varphi}}$ 4 个状态量分别代表小车位移、小车速度、摆杆角度、摆杆角速度，输出 $\boldsymbol{y} = [\boldsymbol{x}, \boldsymbol{\varphi}]'$ 包括小车位置和摆杆角度。

一般情况下：$\boldsymbol{R}$ 增加时，控制力减小，角度变化减小，跟随速度变慢。矩阵 $\boldsymbol{Q}$ 中某元素相对增加，其对应的状态变量的响应速度增加，其他变量的响应速度相对减慢，如：若矩阵 $\boldsymbol{Q}$ 对应于角度的元素增加，使得角度变化速度减小，而位移的响应速度减慢；若矩阵 $\boldsymbol{Q}$ 对应于位移的元素增加，使得位移的跟踪速度变快，而角度的变化幅度增大。

首先选取小车位置权重 $Q_{11} = 300$，摆杆角度权重 $Q_{33} = 300$，一般选取 $\boldsymbol{R} = 1$。

下述通过 Matlab 中的 lqr 函数求解反馈矩阵 $\boldsymbol{K}$ 并对系统进行仿真。

Matlab 求反馈矩阵 $\boldsymbol{K}$ 的程序如下：

```
clc; clear; close all;
%系统模型
```

```
A = [0 1 0 0;
    0 0 0 0;
    0 0 0 1;
    0 0 48.3 0];
B = [0 1 0 4.9]';
C = [1 0 0 0;
    0 0 1 0];
D = [0 0]';
%LQR 控制参数设置
Q1 = [300, 0, 300, 0];
Q  = diag(Q1);
R = 1;
%参数求解
K = lqr(A, B, Q, R);
%新的控制方程
Ac = [(A - B * K)];
Bc = [B];
Cc = [C];
Dc = [D];
T = 0:0.005:5;
U = 0.2 * ones(size(T));
[Y, X] = lsim(Ac, Bc, Cc, Dc, U, T);
figure;
plot(T, X(:, 1), 'r');
hold on;
plot(T, X(:, 2), 'b');
xlabel('时间/s');
ylabel('小车位移/速度');
legend('小车位置','小车速度');
grid on;
figure;
plot(T, X(:, 3), 'r');
hold on;
plot(T, X(:, 4), 'b');
xlabel('时间/s');
ylabel('摆杆角度/角速度');
legend('摆杆角度','摆杆角速度');
grid on;
```

根据上述仿真程序，仿真结果如图 4－32 所示。

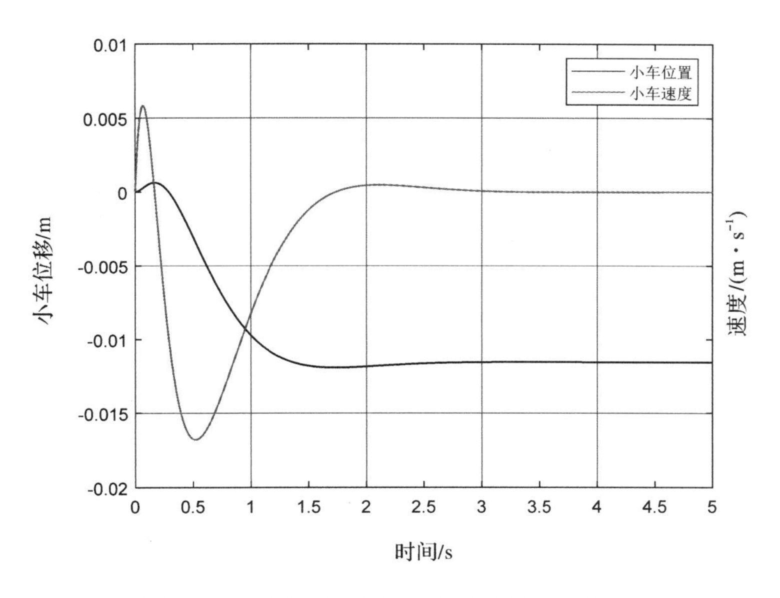

图 4－32　系统阶跃响应曲线(小车位置和速度)

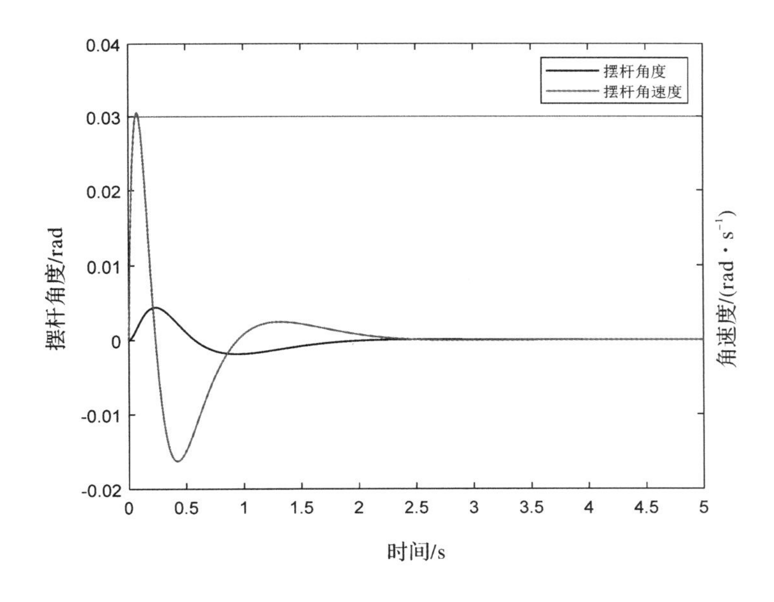

图 4－33　系统阶跃响应曲线(摆杆角度和角速度)

从图 4－33 中可以看出,响应的超调量很小,但稳定时间和上升时间偏大,实验者可以通过修改权重矩阵 $\boldsymbol{Q}$(Q_{11} 和 Q_{33})的值($\boldsymbol{Q}$ 值越大,系统的抗干扰能力越强,调整时间越短,但是 $\boldsymbol{Q}$ 的值不能过大,因为对于实际离散控制系统,过大的控制量会引起系统振荡),将修改 $\boldsymbol{Q}$ 值后的程序运行可以得到不同的反馈控制参数 $\boldsymbol{K}$,并分析此时的系统阶跃响应曲线以得到最优的控制参数。

4.4.2 Simulink 仿真实验

系统结构(直线一级倒立摆 LQR 控制仿真模型)如图 4－34 所示。

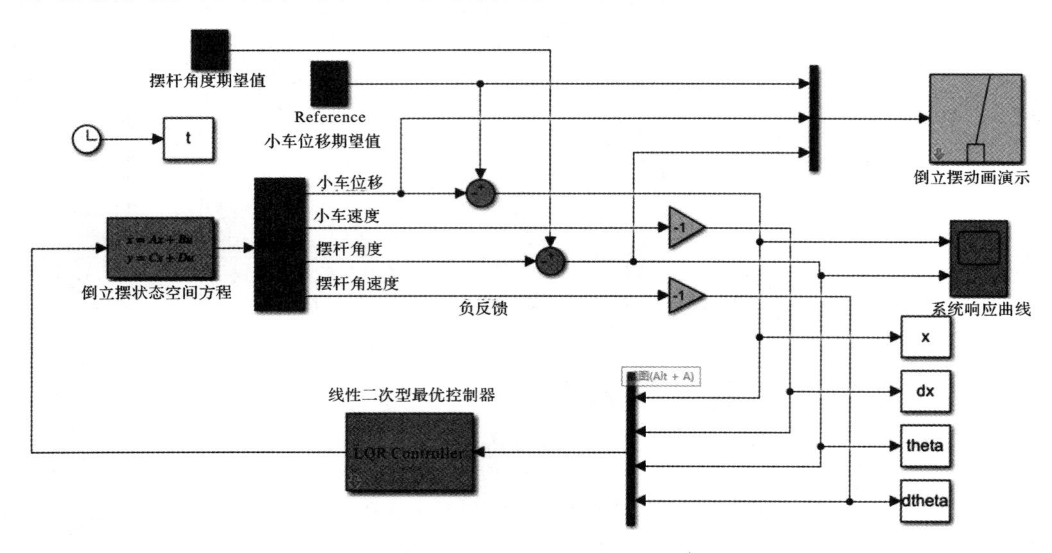

图 4－34 直线一级倒立摆 LQR 控制仿真模型

双击“State－Space”模块打开直线一级倒立摆的模型设置窗口如图 4－35 所示。

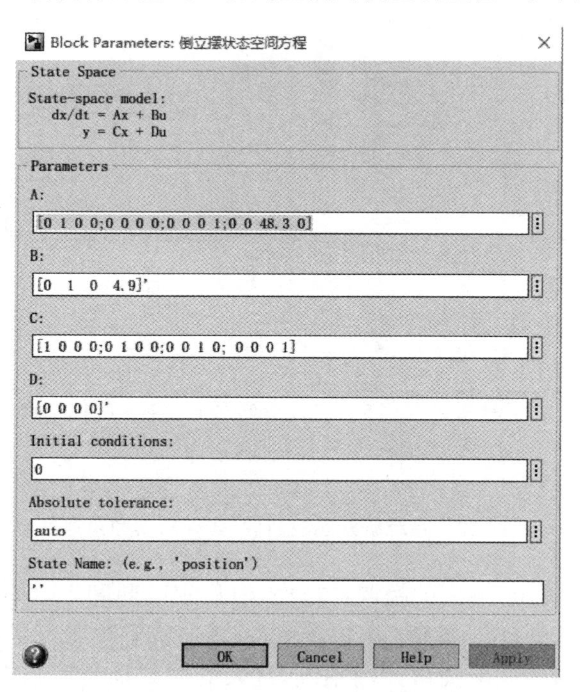

图 4－35 系统状态空间模型设置窗口

把参数 $\boldsymbol{A}$,$\boldsymbol{B}$,$\boldsymbol{C}$,$\boldsymbol{D}$ 的值设置为实际系统模型的值。双击“LQR Controller”模块打开

LQR 控制器参数的设置窗口(见图 4－36)。

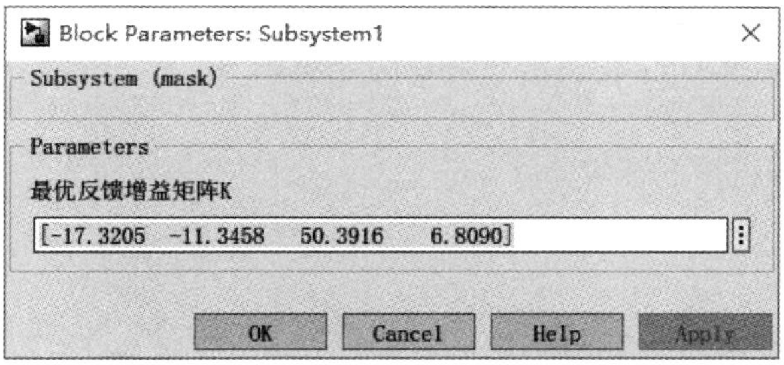

Block Parameters: Subsystem1
Subsystem (mask)
Parameters
最优反馈增益矩阵K
[-17.3205 -11.3458 50.3916 6.8090]
OK
Cancel
Help
Apply

图 4－36　反馈增益矩阵输入窗口

把上面计算得到的反馈增益矩阵 ***K*** 输入。设置好各项参数后，点击运行按钮进行仿真，得到如图 4－37 所示的仿真结果。

小车位移
小车速度
小车位移/m
速度/(m·s⁻¹)
时间/s

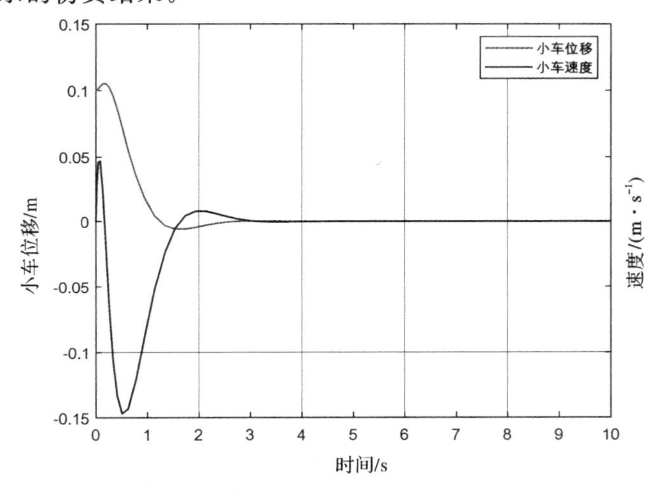

图 4－37　直线一级倒立摆 LQR 控制小车位移和速度控制仿真图

摆杆角度
摆杆角速度
摆杆角度/rad
角速度/(rad·s⁻¹)
时间/s

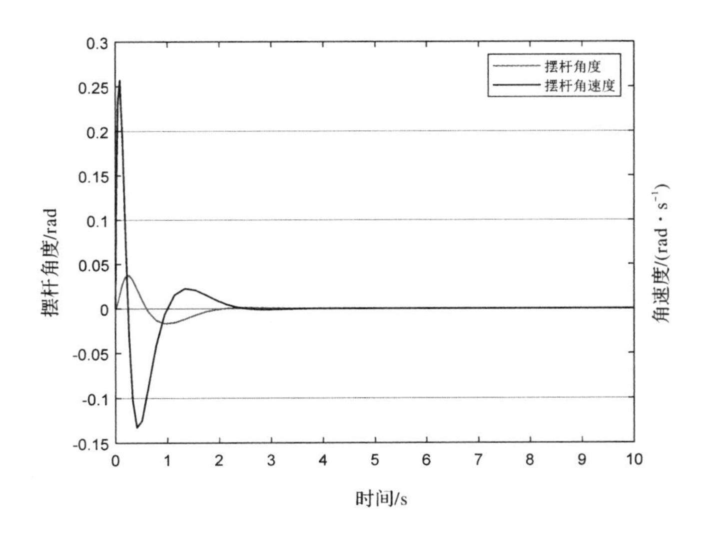

图 4－38　直线一级倒立摆 LQR 控制摆杆角度和角速度控制仿真图

从图 4 - 37 和图 4 - 38 中可以看出，在给定小车位置干扰后，系统在 3 s 内可以达到新的平衡，小车平衡到指定的位置，摆杆保持静止下垂的状态。实验者可以将得到的不同的反馈控制参数 $\boldsymbol{K}$ 输入到仿真模型中进行仿真，并观察仿真结果。

4.4.3 Simulink 实时控制实验

系统结构（LQR 控制实验）如图 4 - 39 所示。

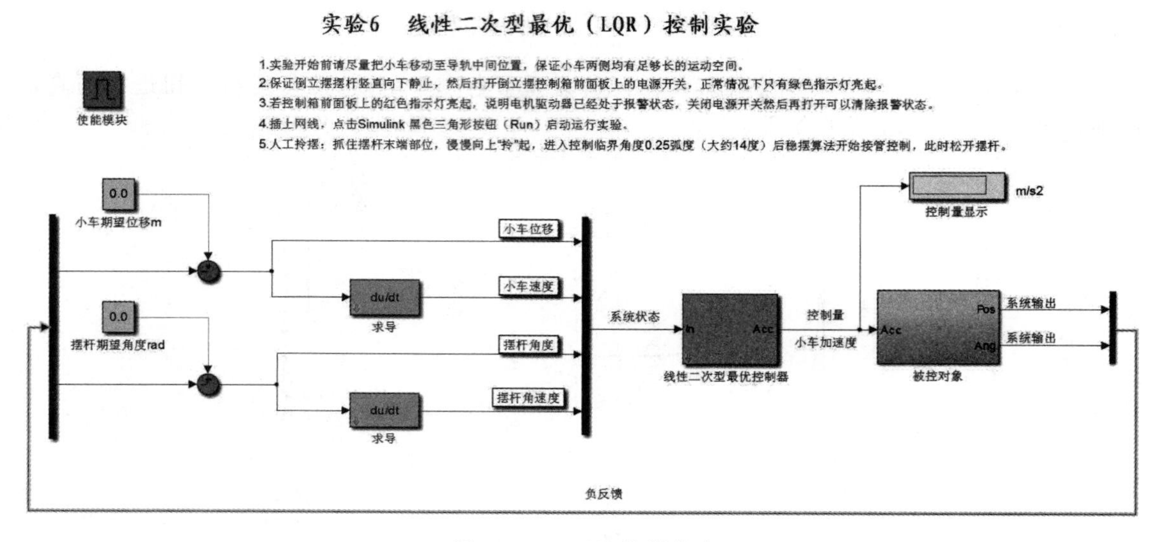

图 4 - 39　LQR 控制实验

鼠标双击主界面上的 Select Experiment 模块，在弹出的对话框中选择编号实验 6，然后单击右侧对应的 Enabled Subsystem 模块后出现图 4 - 39 所示界面。

打开实验箱，将 USB 数据线和电源线取出，确定实验箱上的电源开关是关闭的，然后把数据线与电脑 USB 接口连接，电源插头插入插座。把小车推到导轨中间位置，打开实验箱上的电源开关，此时，小车就推不动了，因为电机已经上伺服了。

运行前查看是否为自己设计好的 LQR 控制器，并确定保证摆杆此时竖直向下。不用编译链接，直接单击运行按钮，用手捏住摆杆顶端（不要抓住中部或下部），慢慢地提起，到接近竖直方向时放手，当摆杆与竖直向上的方向夹角小于 0.25 rad 时，进入稳摆范围，可以观察到，摆杆直立不倒，小车稳摆在初始位置，然后单击停止按钮停止实验。实验结果（采用 LQR 控制小车位移曲线和摆杆角度曲线）如图 4 - 40 和图 4 - 41 所示。

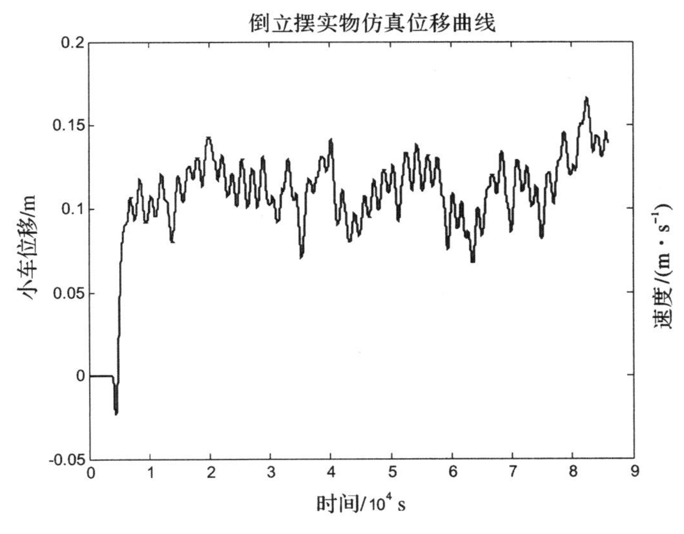

图 4-40　采用 LQR 控制小车位移曲线

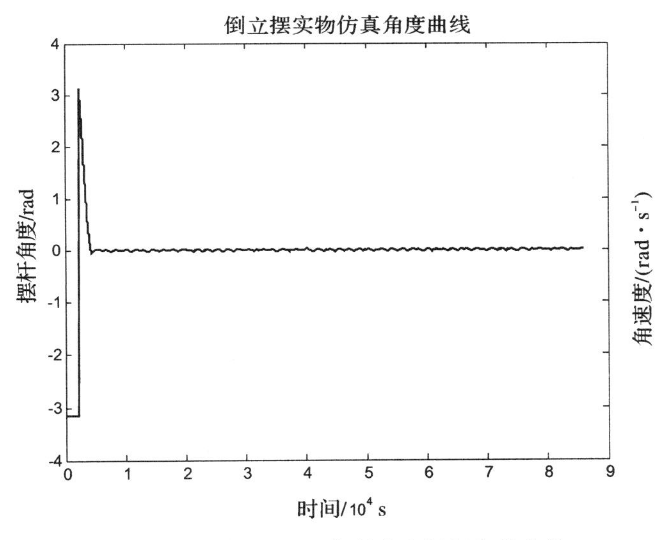

图 4-41　采用 LQR 控制小车摆杆角度曲线

4.5 小　　结

本章通过倒立摆实验系统，基于经典的 PID 控制、状态空间极点配置以及 LQR 控制，设计了不同的控制器，通过理论仿真以及实物测试，验证了所设计方法的有效性，实现了对倒立摆的稳定控制。

第5章 飞行器控制系统半物理仿真实验

5.1 概　　述

飞行控制技术是现代飞行器技术中的关键技术之一。它伴随着飞行器技术的发展而发展，经历了一个从人工控制，到辅助稳定控制、遥控飞行、辅助导航控制、自动飞行控制、最终到主动飞行控制的发展历程。

飞行控制的目的有两种：①指令飞行，即导航与制导。按照给定弹道生成预定导航命令，或根据目标实时解算出制导命令，或通过无线通道实时接收导航或制导命令，或采用其他方式产生飞行器飞行所需的导航或制导命令，这些命令一般规定了飞行器飞行的质心位置参数或姿态角参数，由此可形成系统的控制指令。②稳定飞行，即稳定控制。飞行器在飞行过程中，在受到扰动作用失去平衡后，能够自行纠正、回复到新的平衡点。

要实现飞行控制以上两个目的，一般均采用内、外环两重反馈控制回路的控制方法来实现，即在外环回路重点进行导航/制导控制方法的研究，从而达到指令飞行的目的；在内环回路重点进行稳定控制方法的研究，从而实现稳定飞行的目的。因此，飞行控制系统的结构原理图如图5-1所示。

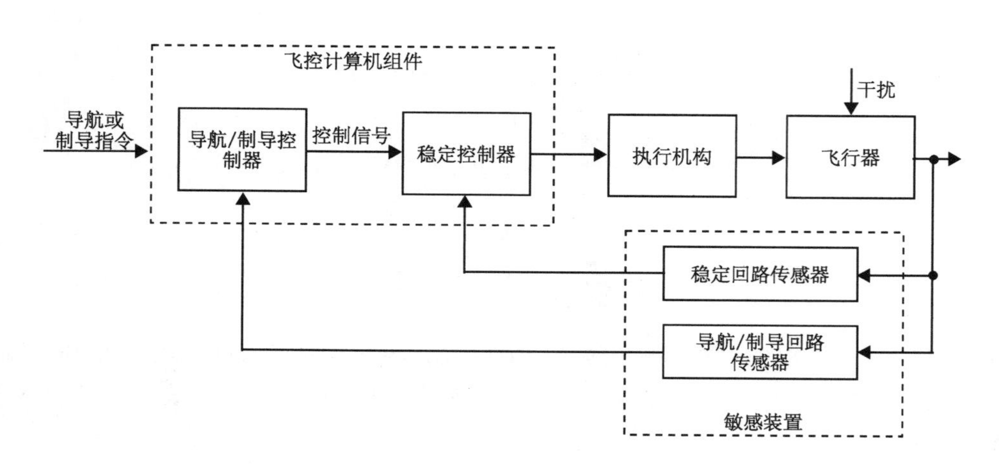

图5-1　飞行控制系统的结构原理图

图5-1所示结构中，飞行控制系统包括内、外环两重反馈控制回路，外环将产生飞行器运

动所需的控制指令,内环确保飞行器控制指令切换过程中以及飞行过程中的稳定飞行。从飞行控制系统结构的原理图来看,好像和一般的过程控制系统没有什么区别,不过是反馈控制理论在飞行器控制领域的一个具体应用而已,但实际上飞行控制系统设计不同于绝大部分过程控制系统,有其自身的一些显著特点。为了确保系统设计、研制和生产过程质量,切实提高系统可靠性,需要开展飞行控制系统实验。为此本章将以 ACE－1 型导航制导控制实验装置为平台,开设飞行器控制系统半物理仿真实验。

5.2　ACE-1 型导航制导控制实验装置

ACE-1 型导航制导控制实验装置是一套专门用于配合飞行器设计、制导控制原理、姿态动力学和飞行控制技术等方面课程教学的实验系统,重点针对飞行器制导、控制等方面的实验内容而设计。该实验装置包括弹体结构、弹载控制器、综合控制箱、电动转台和用户接口子系统以及相应配套软件等。它不仅具备一套包含惯组、舵机、控制器等主要功能模块在内的简易弹载控制系统,还有配套的测试实验设备、仿真设备和各种实验软件,从而能在组件级、系统级和实验评估级 3 个层次上组织实验,很好地完成敏感装置测量实验、舵系统控制实验、制导律与控制律实验以及半实物仿真实验等关键教学内容。ACE-1 型导航制导控制实验装置还拥有功能相对全面、外形设计仿真度高、操作界面友好、使用方法简单、实验效果直观明了等特点,能极大地提高学生学习该课程的兴趣,有效增强教学效果。

5.2.1　系统组成

ACE-1 型导航制导控制实验装置主要由弹体结构、弹载控制器、综合控制箱、电动转台、用户接口子系统五部分组成,如图 5－2 所示。

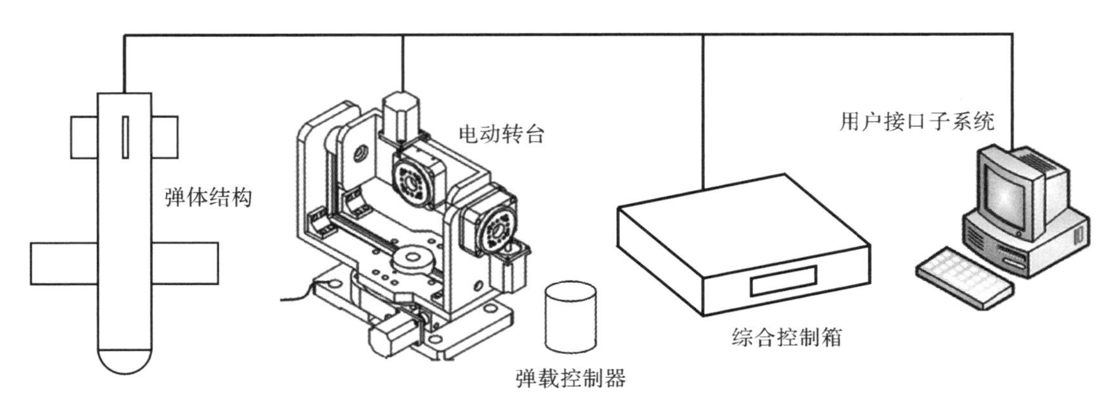

图 5－2　ACE-1 型导航制导控制实验装置系统构成

弹体结构是实验装置中弹载系统集成的展示部件,它仿照某导弹的真实外形设计,舵机、舵面等执行元件均已固定安装在弹体结构上,弹载控制器可以根据实验需要方便地安装在弹体结构中。通过对弹体结构的了解,学生可以对导弹制导控制系统有一个直观而又全面地认识。由于弹体内部安装了制导控制系统主要的组成结构模装件,便于对学生进行导弹弹载系统组成结构的讲解。同时,弹体结构表面安装了常规的时序信号灯及标识,学生可直观了解掌握常规飞行器的飞行时序。

弹载控制器是弹载控制系统的核心部件，主要由一套固连了 MEMS 惯组、具备舵机控制驱动功能的实时采集控制模块组成。它能够接收综合控制箱发送的各种指令，以各种指定方式完成对 MEMS 惯组数据的读取、舵面的控制、制导律和控制律的算法实现等功能。它具备了真实导弹弹载控制系统关键组件的底层硬件接口和软件接口功能，以及部分算法处理功能。

综合控制箱是将实验件（如惯组、舵机和弹载控制器）、测试设备和仿真设备连接在一起的装置，它将系统供配电设备、各种接口控制电路、单机组件等效器、无人飞行器运动模拟器、转台驱动器和资源配置管理电路等集成在一起，并封装在一个控制箱中。由于它的主要任务是对实验资源进行配置、调度和管理，故又称其为实时任务管理子系统。它负责全系统能源保障和配电控制，电动转台的本地和远程控制，与弹载控制器之间、转台之间、测试/仿真计算机之间等的接口配置和信息交换。测试/仿真计算机通过模式选择设置，使综合控制箱能够工作于多种不同模式，既可以通过它发送指令给转台、弹载控制器，又可以采集转台运行状态、舵面偏转状态、MEMS 加速度计和 MEMS 陀螺等的信息，还可以实现某些仿真等效器（如惯组等效器、GPS 等效器）的作用，确保系统能够完成弹载控制系统单个功能组件基本性能测试实验、多组件组合的闭环控制实验和半实物仿真实验。

电动转台是无人飞行器姿态运动模拟器，是进行加速度计、陀螺、姿态控制和半实物仿真实验中必不可少的实验装置。它能够在地面模拟飞行器飞行过程中的姿态运动，复现飞行器空中飞行时的姿态角变化或姿态角速率变化，为惯组提供一个“真实”的运行环境。本实验装置中，转台可工作于测试和仿真两种模式。工作前将包含惯组的弹载控制器按照一定方向固定在专用夹具上，然后将夹具安装在转台内框中。在测试模式下，由用户控制转台的位置运动或角速率运动，当达到稳定状态后，进行惯组数据的采集；在仿真模式下，由弹体动力学仿真模型产生飞行器空中飞行的姿态信息，由它驱动转台按照指定规律运动，模拟导弹飞行姿态。

用户接口子系统可以通过单用户实验接口与单台学生实验用 PC 机连接；也可以选择多用户实验接口与至多 2～4 台学生实验 PC 机连接，使 4 个学生能够方便地分时调度使用实验装置进行实验，从而最大化地利用实验装置。每台 PC 机是 ACE－1 导航制导控制实验装置的最终用户操作平台，在该平台上可以完成飞行控制系统的各种测试实验或仿真实验。因此，常称这台 PC 机为测试/仿真计算机。当实验中仅用于测试用途时，简称其为测试计算机；当仅用于仿真用途时，简称其为仿真计算机。学生就是在这台计算机上通过一套专用实验软件进行各个模块实验的组织与实施。测试/仿真计算机的运行环境为 Windows XP，运行过程中需要有 MATLAB/Simulink 软件的支持，专用实验软件包括测试实验软件包和 Simulink 支持工具包。

ACE－1 型导航制导控制实验装置可以选择敏感装置实验模块、执行机构实验模块、弹载控制器实验模块、控制系统综合实验模块和用户自主设计实验模块共五大实验模块。本章节重点使用的是用户自主设计实验模块。通过系统硬件、软件的合理设计，借助实时代码自动生成技术、学生可直接利用图形化编程工具 Simulink 进行实验研究，从根本上解决了导航、制导与控制技术实验中编程工作量大、相关技术要求高等难题，使学生能够专注于专业理论知识的运用。

5.2.2　Simulink 工具包

飞行控制实验装置软件 Simulink 工具包中配备了一套导航制导控制实验 Simulink 模块库，主要包括飞行控制实验中常用的模型，供用户选择。该模型库包括典型实验模型库、用户自主设计模型库、标准模型库和辅助分析库，为学生提供一系列实验管理、数据采集、分析处理等方面的工具包。其中，典型实验模型库包括敏感装置实验模块、执行机构实验模块、弹载控制器实验模块及控制系统综合实验模块中的各实验 Simulink 模型；辅助分析模型库提供了滤波模型、统计模型、信号处理模型、系统辨识模型等，便于用户对实验数据处理分析；标准模型库涵盖了本实验系统中所采用的大气模型、动力学模型、地球模型、气动模型、设备模型等与导弹制导控制系统设计和评估相关的标准模型，便于用户自主设计开发，如图 5－3 所示。

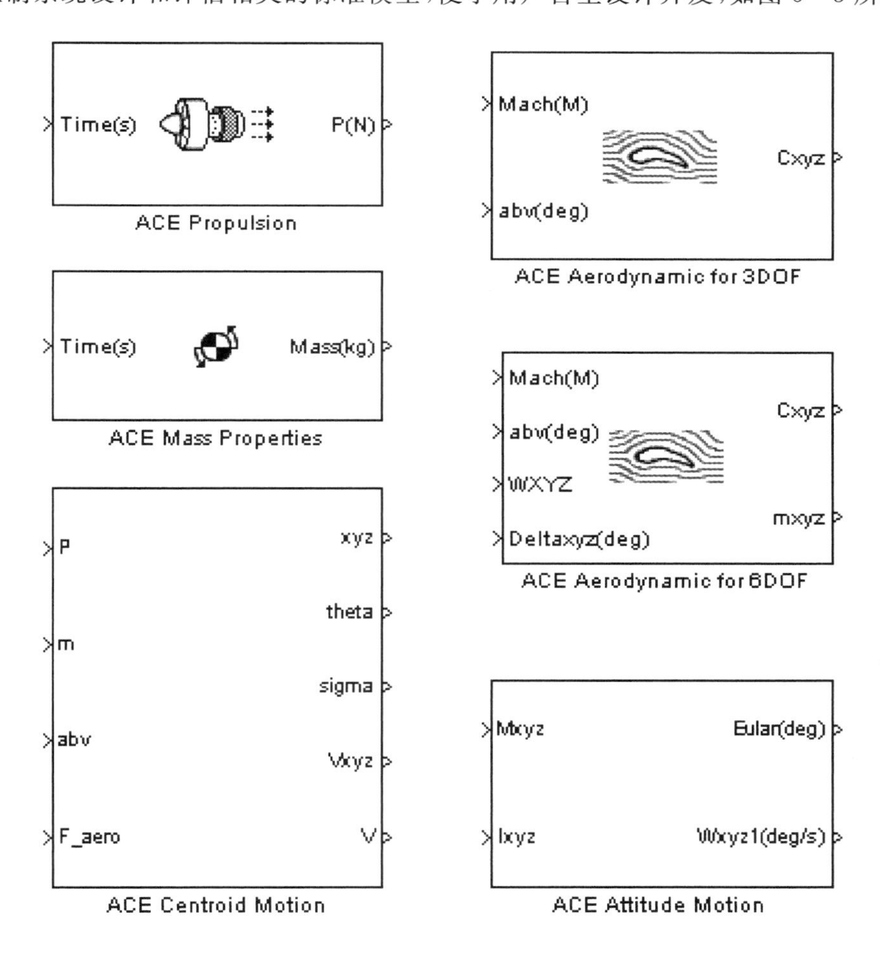

图 5－3　导航制导控制实验装置标准模型库

学生进行各种自主实验时，如制导律设计、控制律设计和模飞程序设计等，可通过对飞行控制实验装置的标准模型库的学习、改造和功能扩充，达到自主设计和实验验证的目的。标准模型库主要包括以下几种模型。

(1)推力模型。该模型主要包括发动机推力随时间变化的模型、推力偏心偏斜模型等，供用户改造使用。

(2)质量模型。该模型包括导弹质量参数随时间变化的质量模型,供用户改造使用。

(3)3DOF 气动力模型。该模型主要包括大气阻力、升力、侧向力因数计算模型。

(4)6DOF 气动力模型。该模型主要包括大气阻力、升力、侧向力、滚转力矩、偏航力矩、俯仰力矩因数计算模型。

(5)质心运动模型。该模型主要包括导弹三自由度运动模型、六自由度运动模型、弹目相对运动模型等。用户可以此为基础,搭建实验中所需要的弹体运动模型。

(6)姿态运动模型。模型主要包括导弹描述姿态角(滚转角、偏航角、俯仰角及其角速度)的姿态运动模型。用户可以此为基础,搭建实验中所需要的弹体运动模型。

5.2.3 电动转台

惯导测试及运动仿真设备是实现惯导系统及惯性仪表——陀螺、加速度计的测试、标定和飞行、武器系统测试的关键实验设备之一,并且也是在国防科技发展中受到普遍重视的重要基础技术之一。电动转台采用三自由度 U-U-O 转台台体方案,它主要由机械台体、固定底座和控制箱三部分组成,是专门针对本实验装置而研制的。

电动转台的主体材料为硬铝合金,表面阳极氧化发黑处理,高度为 320 mm,旋转最大直径 500 mm。转台具有内、中、外 3 个运动框,采用 U-U-O 的结构形式,内框的产品安装平面有放射状分布的安装螺纹孔。运动轴均由伺服电机及相应的驱动器直接驱动,电机驱动器及控制器安装在控制箱内,箱体的前侧面安装显示触摸屏,实现手动控制。控制器后侧面安装有一个以太网接口,两个 RS232 串口,一个 220 V 交流电源开关,电源插座,x,y,z 轴的供电及控制接口、散热风扇。外形如图 5-2 所示。

转台具有速率、位置两种工作方式,运动轴由控制器控制以给定运动轨迹(速率、位置)运动,达到符合精度要求的转速或位置,并可通过显示触摸屏实时显示转速、角位置以及手动控制设置。

(1)机械台体结构。

1)电动转台机械台体采用高强度铝合金铸件结构,台体内部通过精密加工和装配手段保证轴系精度,并提供了电控单元的安装空间。滑环通过柔性拨叉与转合运动轴连接,运动轴由伺服电机直接驱动。结构底部安装有用于固定的钢质水平底座,底座上安装有搬运把手。

2)台面结构。台面采用铝合金锻件结构,直径 $D=100$ mm,台面上有为用户提供被试件安装固定用的放射状固定螺孔。

3)导电滑环。本电动转台所使用的导电滑环为各轴供电通路、控制信号通路,没有提供用户产品(被测件)的接口。

(2)转台控制器。

转台控制器采用一级微处理器的基本控制结构,完成速率运动指令生成、位置运动指令生成、有关状态信号、指令输入输出的管理。

控制器是基于 10/100 MB 以太网和 RS-232 串口兼容的通用型独立式运动控制器。控制器可控制 4 个伺服电机,具有最高 5 MHz 脉冲频率、四轴直线插补、两轴圆弧插补、连续曲线插补、S 形曲线速度控制等高级功能。

控制器采用嵌入式处理器和 FPGA 的硬件结构,插补算法、脉冲方向信号的输出、自动升降速的处理、原点及限位等信号的检测处理，均由硬件实现，确保了高性能运动控制的高速、高精度及系统的稳定。通过简单的编程设定即可开发出稳定可靠的高性能高速连续轨迹运动控制系统。

通过网络或RS232直接与PC通信，具有在线PC函数库的调用功能，实现上位机通过控制器对伺服电机的控制。

1)触摸屏手动控制。本电动转台采用触摸显示屏实现手动控制功能。通过在主界面中点击“手动操作"按钮，使控制器进人手动操作界面。界面中当前状态就会显示为手动，在位置输入方框中输入要移动的目标位置，单击"定位”按钮，电机将移动至指定的目标位置，同时将显示 x ，y ，z 三轴的当前机械坐标和工件坐标。

另外，手动状态下还有回零和停止操作，单击“退出”按钮返回到主界面。在控制箱上设计有“急停”按钮，具有紧急安全控制的作用。

2)远程控制。控制器的RS232串口或网口，可与用户上位机通信，实现远程控制功能。

5.3　飞行控制律设计

飞行器控制律的设计与实现是飞行器控制系统中的一项核心工作，它将贯穿飞行器控制系统设计、研制、实验工作的全过程。本章实验以一个典型导弹为例，从飞行器总体技术条件出发、重点介绍控制律典型设计方法、工程实现技术和初步实验评估方法，为控制律设计实验的开设奠定基础。

5.3.1　总体技术条件

(1)总体参数描述。假设一个典型导弹气动外形如图5-4所示，包括弹体、弹翼、X形尾翼等部分。它采用一级推力的固体火箭发动机推进。

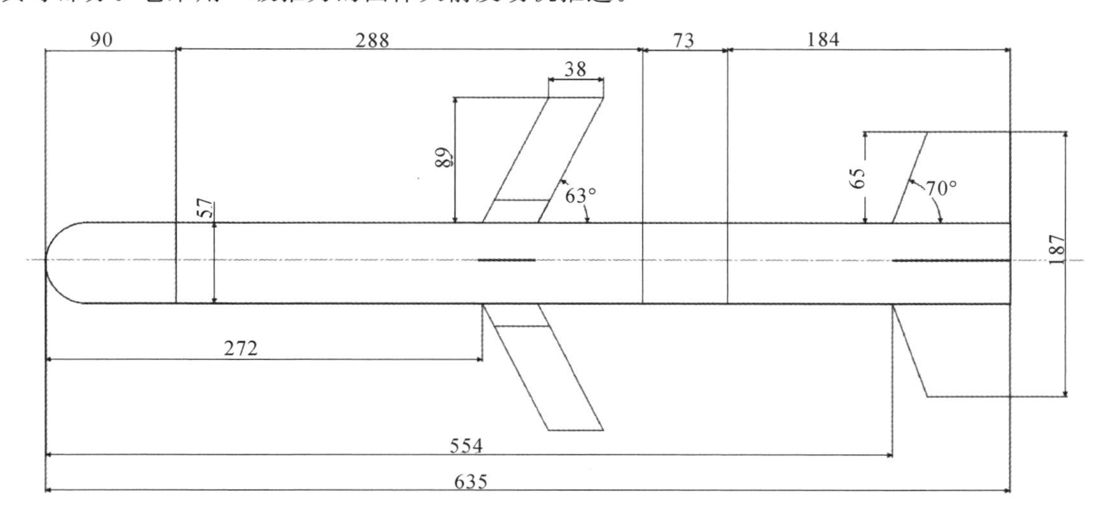

图5-4　导弹气动外形

相关总体参数见表5-1。

表 5-1　总体参数

编　号	参数名	参数值
1	初始质量/kg	3
2	燃料质量/kg	0.455
3	参考面积/m^2	0.002 550 465
4	特征长度/m	0.635
5	弹径/m	0.057
6	初始段导弹相对 x_1 轴的转动惯量/(kg・m^2)	0.001 912 73
7	被动段导弹相对 x_1 轴的转动惯量/(kg・m^2)	0.001 734 996
8	初始段导弹相对 y_1 轴的转动惯量/(kg・m^2)	0.434 716 369
9	被动段导弹相对 y_1 轴的转动惯量/(kg・m^2)	0.304 940 952
10	初始段导弹相对 z_1 轴的转动惯量/(kg・m^2)	0.434 716 369
11	被动段导弹相对 z_1 轴的转动惯量/(kg・m^2)	0.304 940 952
12	发动机工作时间/s	1.5
13	推力大小/N	500

5.3.2　六自由度弹道仿真模型

本章节所构建的导弹六自由度运动模型所使用的坐标系包括：地面坐标系、弹体坐标系、弹道坐标系、速度坐标系，相关坐标系的定义及模型推导见相关文献。此处仅给出最终结果。

(1)大气密度方程为

$$\rho=\begin{cases}1.225\left(\dfrac{288.15-0.006\,5H}{288.15}\right)^{4.255\,88}, & 0<H\leqslant 11\,000\\ 0.363\,92\mathrm{e}^{-\frac{H-11\,000}{6\,341.62}}, & H>11\,000\end{cases}\tag{5-1}$$

式中，ρ 为大气密度；H 为导弹当前飞行高度。

相关 Simulink 模块程序如图 5-5 所示。

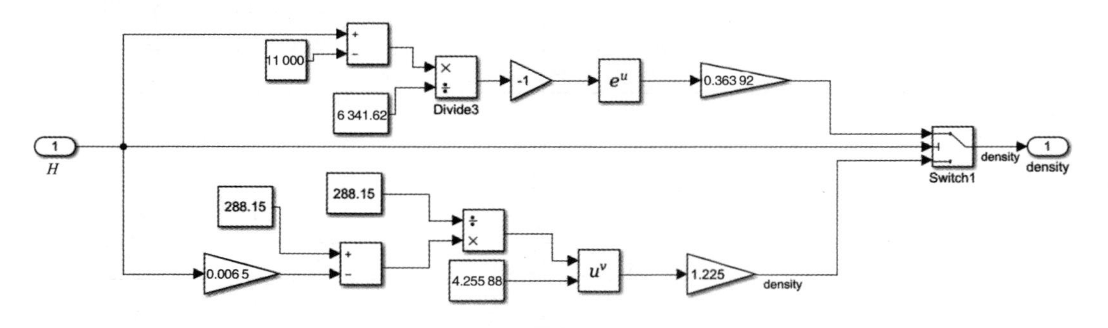

图 5-5　大气密度计算程序模块

(2)动压头计算方程为

$$q=\frac{1}{2}\rho V^2 \tag{5-2}$$

式中，q 为动压头；V 为导弹当前飞行速度。

相关 Simulink 模块程序如图 5-6 所示。

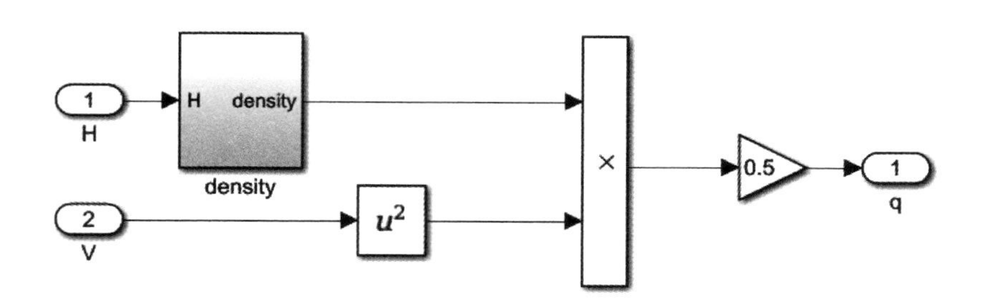

图 5-6　动压头计算程序模块

(3)大气温度计算方程为

$$T=\begin{cases}288.15-0.006\,5H & 0<H\leqslant 11\,000\\ 216.55 & 11\,000<H\leqslant 20\,000\\ 216.55+0.001(H-20\,000) & 20\,000<H\leqslant 32\,000\end{cases} \tag{5-3}$$

式中，T 为大气温度。

相关 Simulink 模块程序如图 5-7 所示。

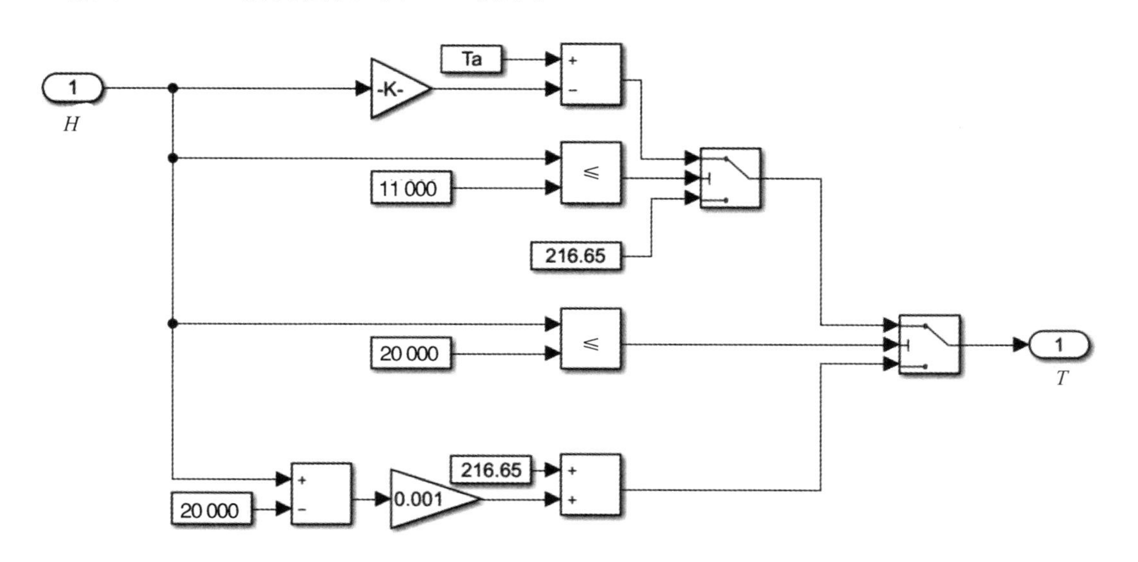

图 5-7　大气温度计算程序模块

(4)当地声速计算方程为

$$a=20.05\sqrt{T} \tag{5-4}$$

式中，a 为当地声速。

相关 Simulink 模块程序如图 5－8 所示。

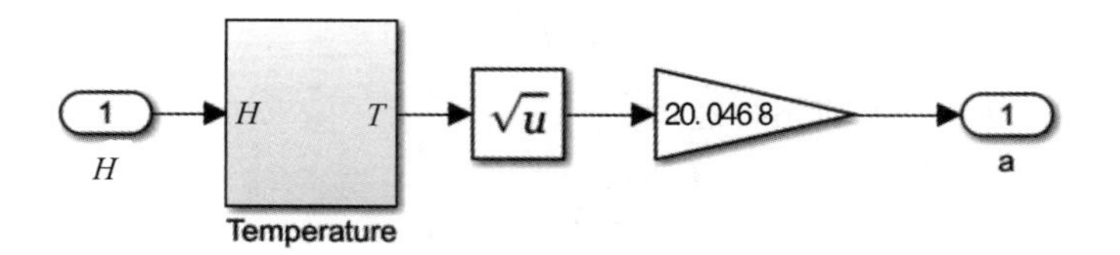

图 5－8　当地声速程序模块

(5)马赫数计算方程为

$$Ma = \frac{V}{a} \tag{5-5}$$

式中，Ma 为马赫数。

相关 Simulink 模块程序如图 5－9 所示。

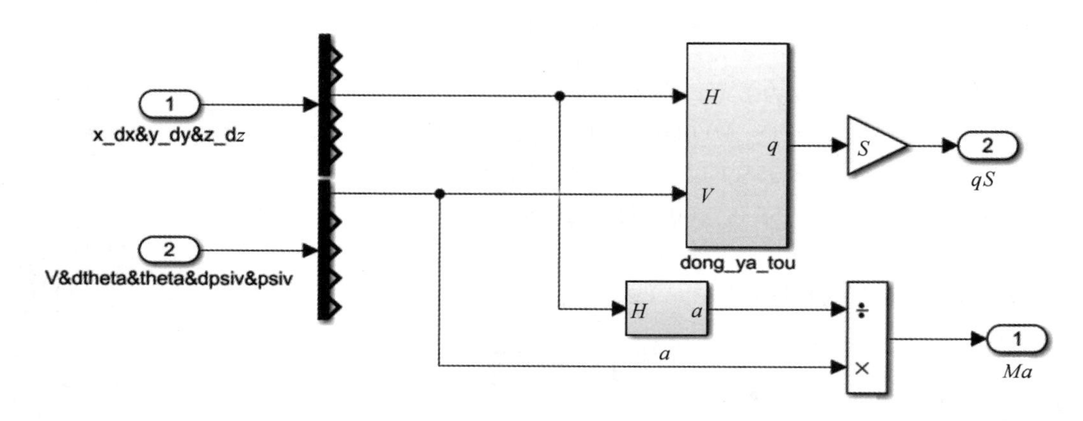

图 5－9　马赫数程序模块

(6)气动力计算方程为

$$\left.\begin{aligned} X &= C_x qS \\ Y &= C_y qS \\ Z &= C_z qS \end{aligned}\right\} \tag{5-6}$$

式中，X 为阻力；Y 为升力；Z 为侧向力；C_x 为阻力因数；C_y 为升力因数；C_z 为侧向力因数；S 为参考面积。其中 C_x，C_y，C_z 可根据图 5－4 所示导弹外形尺寸采用 DATCOM 软件解算，本书限于篇幅不再赘述。

相关 Simulink 模块程序如图 5－10 所示。

(7)气动力矩计算方程为

$$\left.\begin{aligned} M_{x1} &= m_{x1} qSD \\ M_{y1} &= m_{y1} qSL \\ M_{z1} &= m_{z1} qSL \end{aligned}\right\} \tag{5-7}$$

式中，M_{x1} 为滚转力矩；M_{y1} 为偏航力矩；M_{z1} 为俯仰力矩；m_{x1} 为滚转力矩系数；m_{y1} 为偏航力矩系数；m_{z1} 为俯仰力矩系数；L 为参考长度。其中 m_{x1}，m_{y1}，m_{z1} 可根据图 5－4 所示导弹外形尺寸采用 DATCOM 软件解算，本书限于篇幅不再赘述。

相关 Simulink 模块程序如图 5－11 所示。

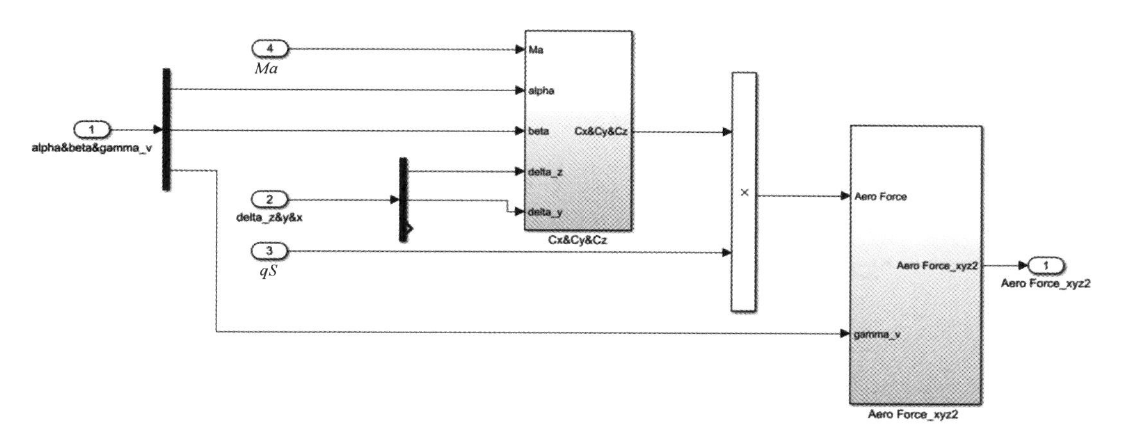

图 5－10　气动力程序模块

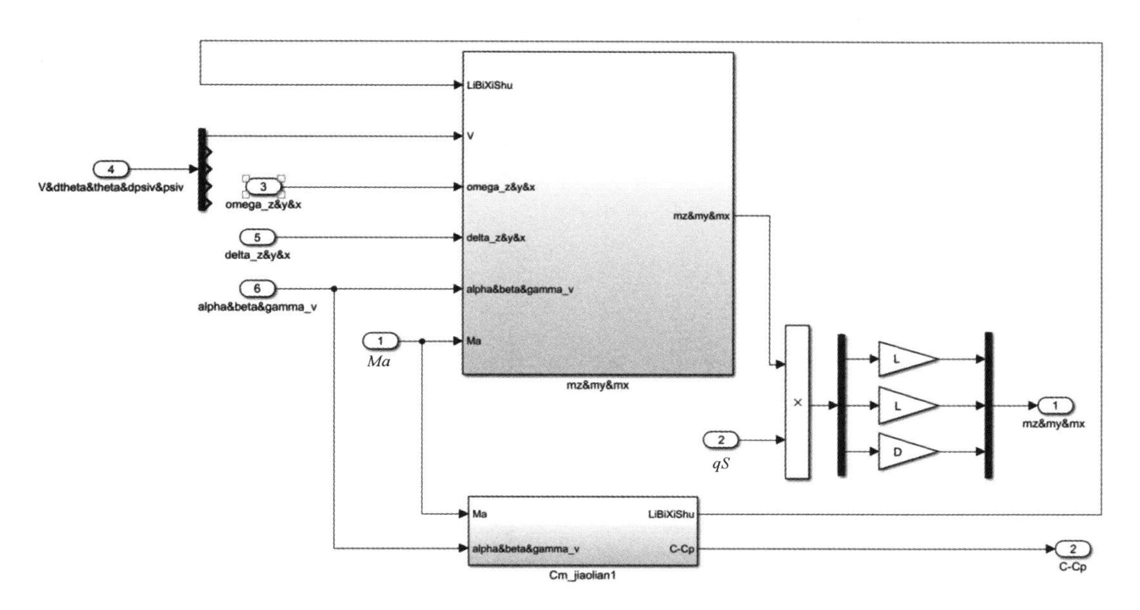

图 5－11　气动力矩程序模块

(8)导弹质心运动的动力学方程。

$$\left.\begin{aligned}
&m\frac{\mathrm{d}V}{\mathrm{d}t}=P\cos\alpha\cos\beta-X-G\sin\theta\\
&mV\frac{\mathrm{d}\theta}{\mathrm{d}t}=P(\cos\gamma_{\mathrm{V}}\sin\alpha+\sin\gamma_{\mathrm{V}}\cos\alpha\sin\beta)+Y\cos\gamma_{\mathrm{V}}-Z\sin\gamma_{\mathrm{V}}-G\cos\theta\\
&-mV\cos\theta\frac{\mathrm{d}\psi_{\mathrm{V}}}{\mathrm{d}t}=P(\sin\gamma_{\mathrm{V}}\sin\alpha-\cos\gamma_{\mathrm{V}}\cos\alpha\sin\beta)+Y\sin\gamma_{\mathrm{V}}+Z\cos\gamma_{\mathrm{V}}
\end{aligned}\right\}\tag{5-8}$$

式中，m 为滚转力矩；P 为推力；G 为重力；θ 为弹道倾角；ψ_v 为弹道偏角；α 为攻角；β 为侧滑角；γ_v 为速度倾斜角。

相关 Simulink 模块程序如图 5－12 所示。

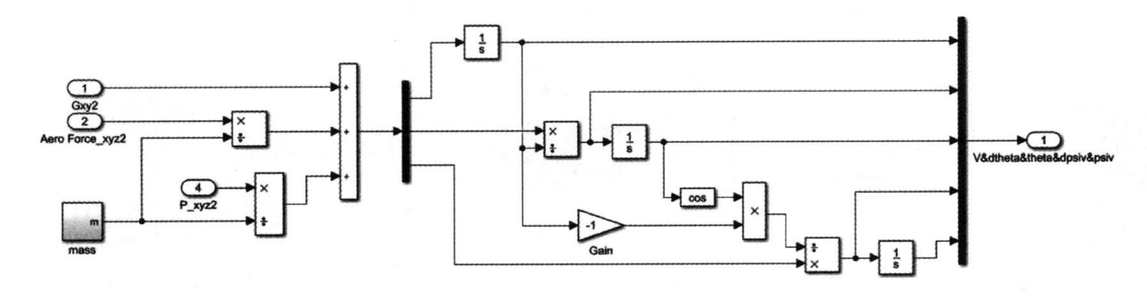

图 5－12　质心运动动力学程序模块

（9）导弹绕质心转动的动力学方程为

$$\left.\begin{aligned}&J_x\frac{\mathrm{d}\omega_x}{\mathrm{d}t}=M_x\\&J_y\frac{\mathrm{d}\omega_y}{\mathrm{d}t}+(J_x-J_z)\omega_x\omega_z=M_y\\&J_z\frac{\mathrm{d}\omega_z}{\mathrm{d}t}+(J_y-J_x)\omega_y\omega_x=M_z\end{aligned}\right\}\tag{5-9}$$

式中，J_x,J_y,J_z 为转动惯量；$\omega_x,\omega_y,\omega_z$ 为弹体姿态角速度。

相关 Simulink 模块程序如图 5－13 所示。

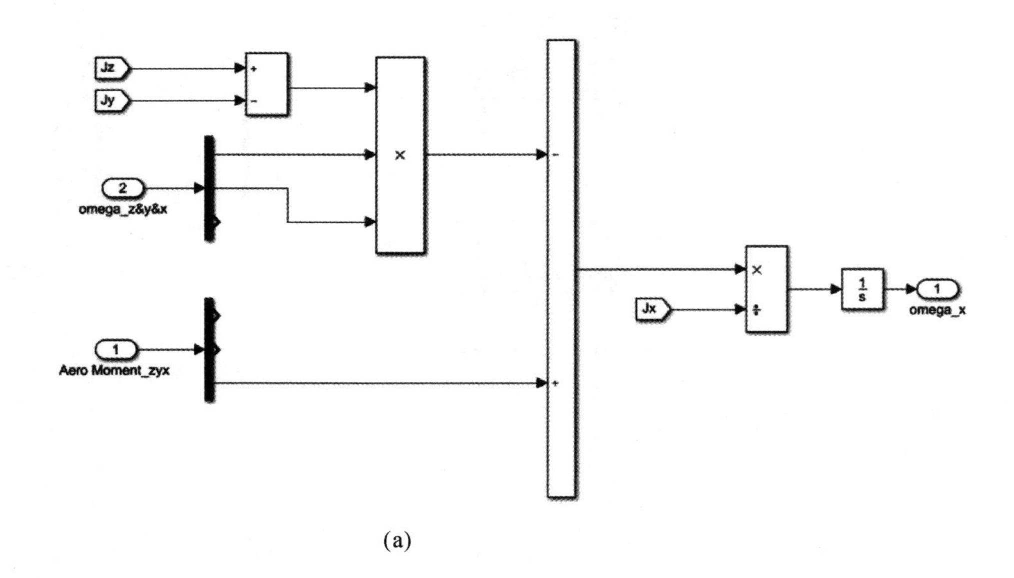

(a)

图 5－13　绕质心转动的动力学程序模块

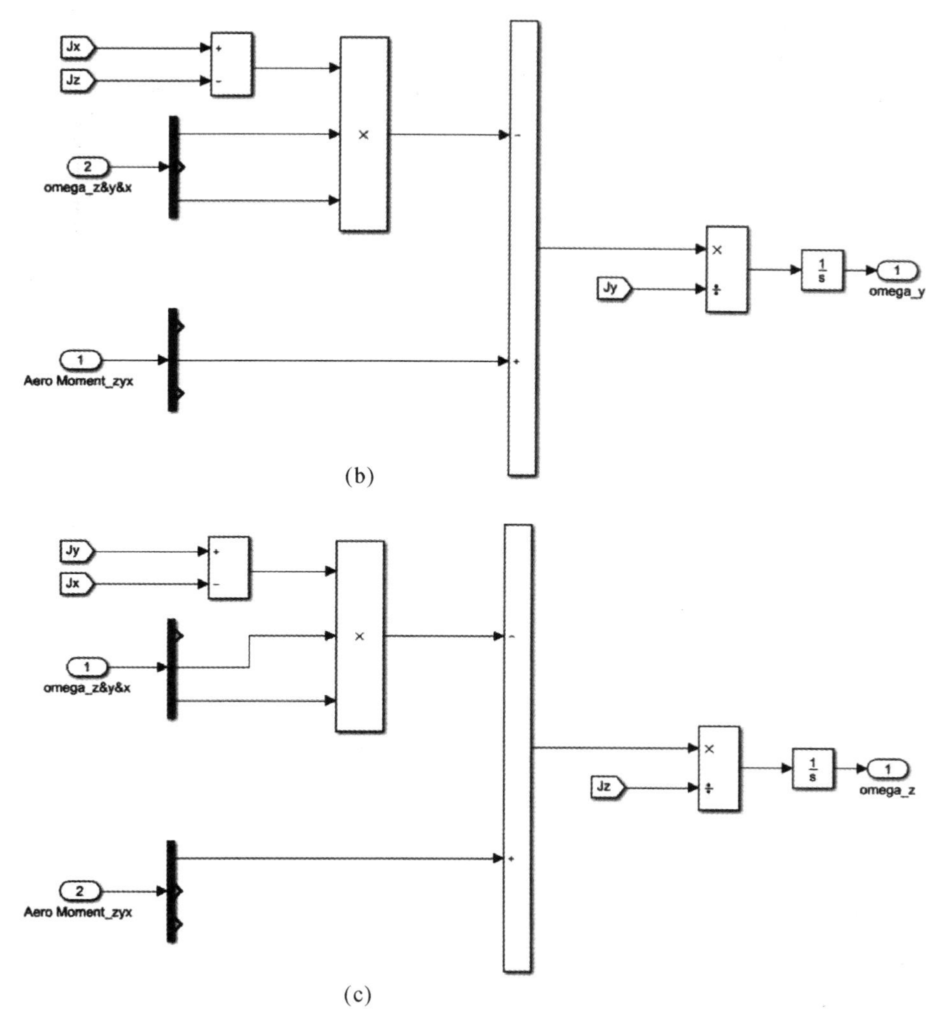

续图 5-13　绕质心转动的动力学程序模块

(a)弹体 x 轴向姿态角速度计算模块；(b)弹体 y 轴向姿态角速度计算模块；

(c)弹体 z 轴向姿态角速度计算模块

(10)导弹质心运动的运动学方程为

$$\left.\begin{aligned}\frac{\mathrm{d}x}{\mathrm{d}t}&=V\cos\theta\cos\psi_V\\\frac{\mathrm{d}y}{\mathrm{d}t}&=V\sin\theta\\\frac{\mathrm{d}z}{\mathrm{d}t}&=-V\cos\theta\sin\psi_V\end{aligned}\right\}\tag{5-10}$$

式中，x，y，z 为导弹在惯性系下的位置。

相关 Simulink 模块程序如图 5-14 所示。

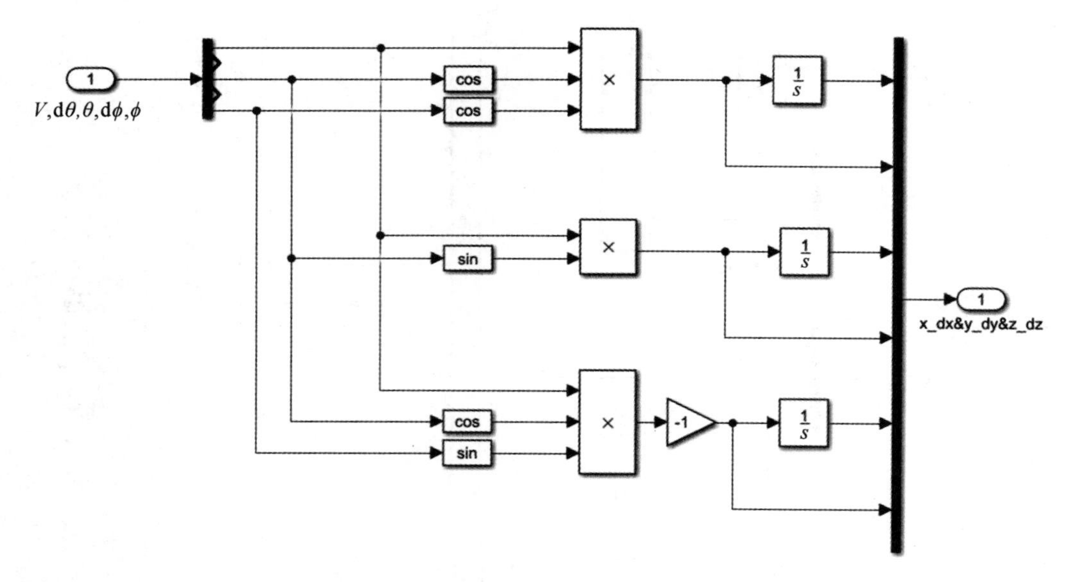

图 5－14　质心运动的运动学程序模块

(11)导弹绕质心运动的运动学方程为

$$\left.\begin{aligned}\frac{\mathrm{d}\vartheta}{\mathrm{d}t}&=\omega_y\sin\gamma+\omega_z\cos\gamma\\\frac{\mathrm{d}\psi}{\mathrm{d}t}&=\frac{1}{\cos\delta}(\omega_y\cos\gamma-\omega_z\sin\gamma)\\\frac{\mathrm{d}\gamma}{\mathrm{d}t}&=\omega_x-\tan\vartheta(\omega_y\cos\gamma-\omega_z\sin\gamma)\end{aligned}\right\}\tag{5-11}$$

式中，δ 为俯仰角；ψ 为偏航角；γ 为滚转角。

相关 Simulink 模块程序如图 5－15 所示。

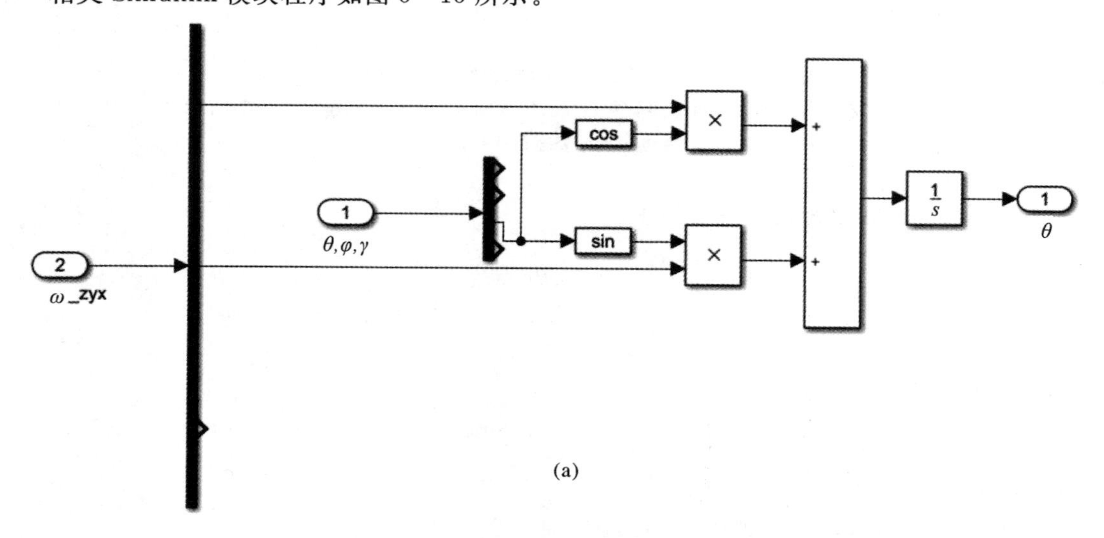

图 5－15　绕质心运动的运动学程序模块

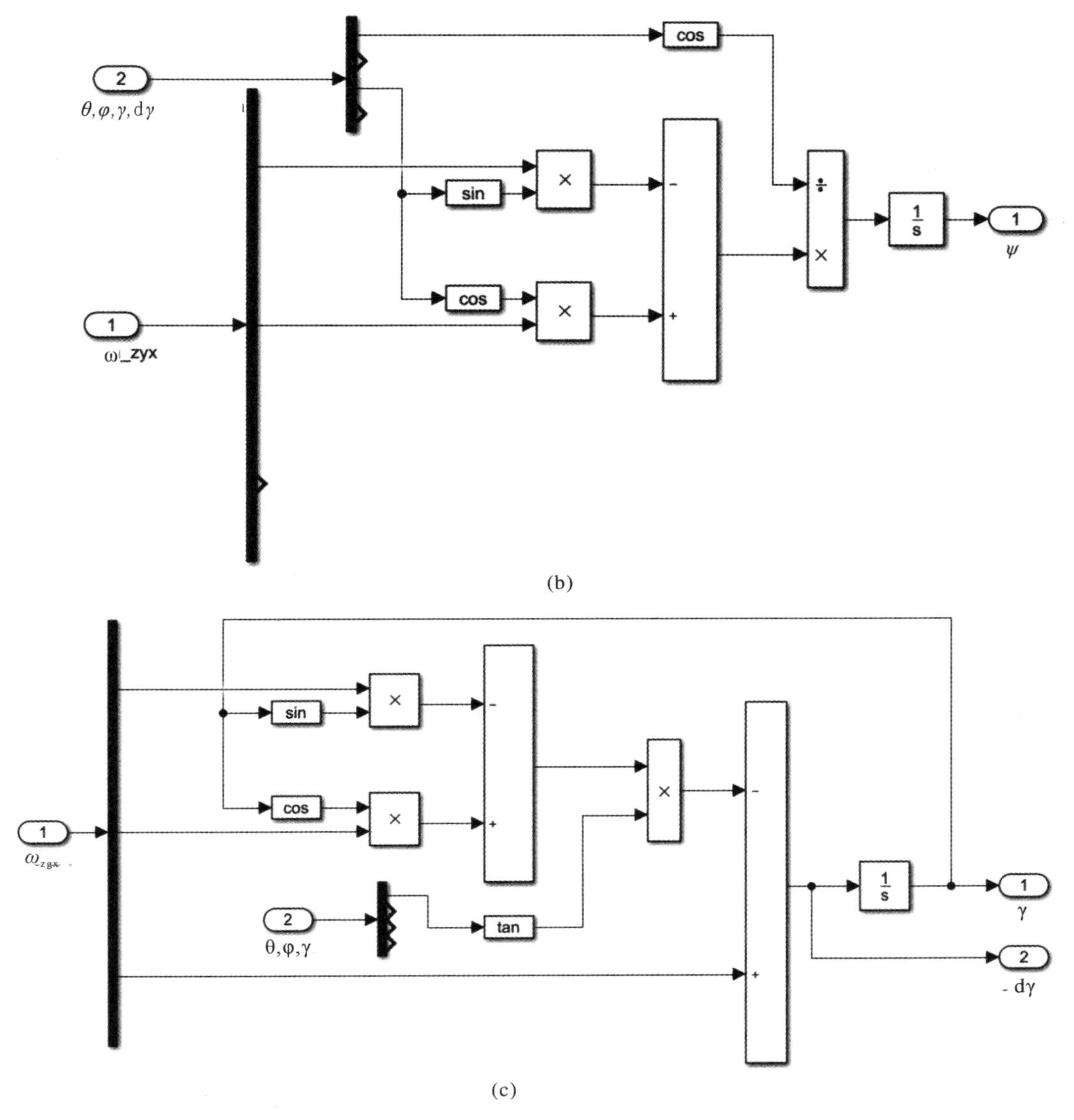

(c)

续图 5-15　绕质心运动的运动学程序模块

(a)俯仰角计算模块;(b)偏航角计算模块;(c)滚转角计算模块

(12)质量方程为

$$\frac{\mathrm{d}m}{\mathrm{d}t}=-\dot{m} \tag{5-12}$$

式中,m 为当前质量。

相关 Simulink 模块程序如图 5-16 所示。

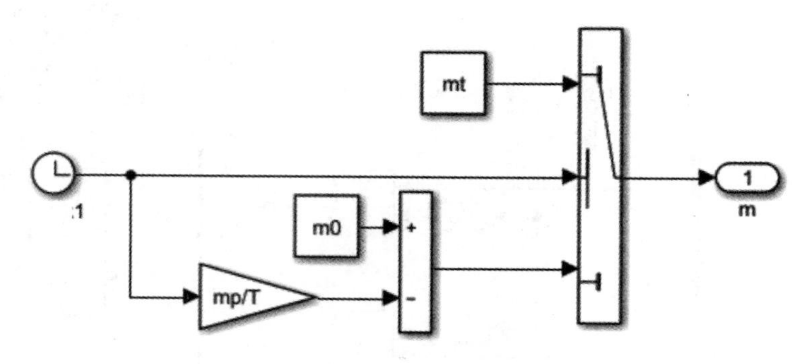

图 5-16　质量程序模块

(13)几何关系方程为

$$\left.\begin{aligned}\sin\beta &= \cos\theta[\sin\vartheta\sin\gamma\cos(\psi-\psi_V)+\cos\gamma\sin(\psi-\psi_V)]-\cos\vartheta\sin\gamma\sin\theta\\ \sin\alpha &= -\{\cos\theta[-\sin\vartheta\cos\gamma\cos(\psi-\psi_V)+\sin\gamma\sin(\psi-\psi_V)]+\cos\vartheta\cos\gamma\sin\theta\}/\cos\beta\\ \sin\gamma_V &= -\{-\sin\theta[\sin\vartheta\sin\gamma\cos(\psi-\psi_V)+\cos\gamma\sin(\psi-\psi_V)]-\cos\vartheta\sin\gamma\cos\theta\}/\cos\beta\end{aligned}\right\} \tag{5-13}$$

相关 Simulink 模块程序如图 5-17 所示。

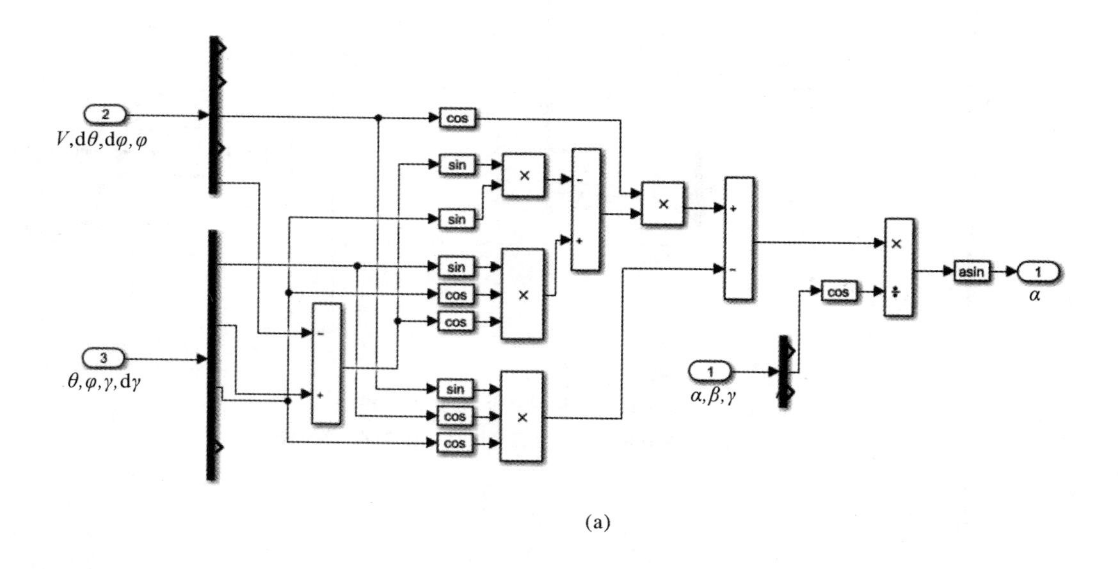

(a)

图 5-17　几何关系程序模块

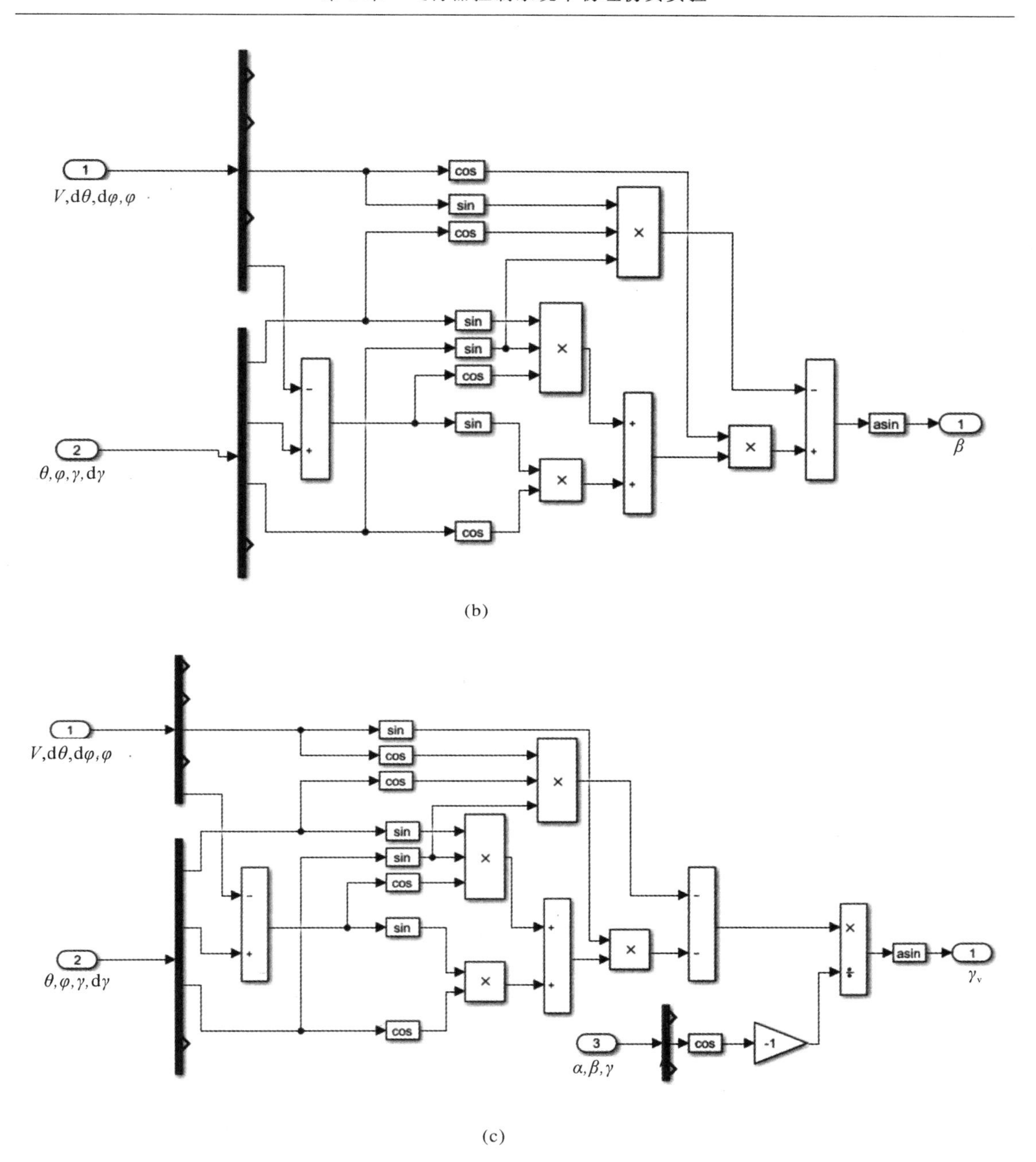

续图 5-17　几何关系程序模块

(a)攻角计算模块;(b)侧滑角计算模块;(c)速度倾斜角计算模块

(14)控制方程为

$$\left.\begin{aligned}\delta_{xc}&=k_{px}(\gamma-\gamma_*)+k_{dx}(\dot{\gamma}-\dot{\gamma}_*)\\\delta_{yc}&=k_{nz}(n_z-n_z^*)+k_{\omega y}(\omega_y-\omega_y^*)+k_{\psi}(\psi-\psi^*)\\\delta_{zc}&=k_{ny}(n_y-n_y^*)+k_{\omega z}(\omega_z-\omega_z^*)+k_{\vartheta}(\vartheta-\vartheta^*)\end{aligned}\right\}\qquad(5-14)$$

式中,δ_{xc}为等效滚转舵偏角指令;δ_{yc}为等效偏航舵偏角指令;δ_{zc}为等效俯仰舵偏角指令;k_j(j

$=$px,dx,nz,ω_y,ψ, nz,ω_z,ϑ)为控制系数、n_z为侧向过载、n_y为法向过载,右上角带“ * ”表示期望值。

相关 Simulink 模块程序如图 5－18 所示。

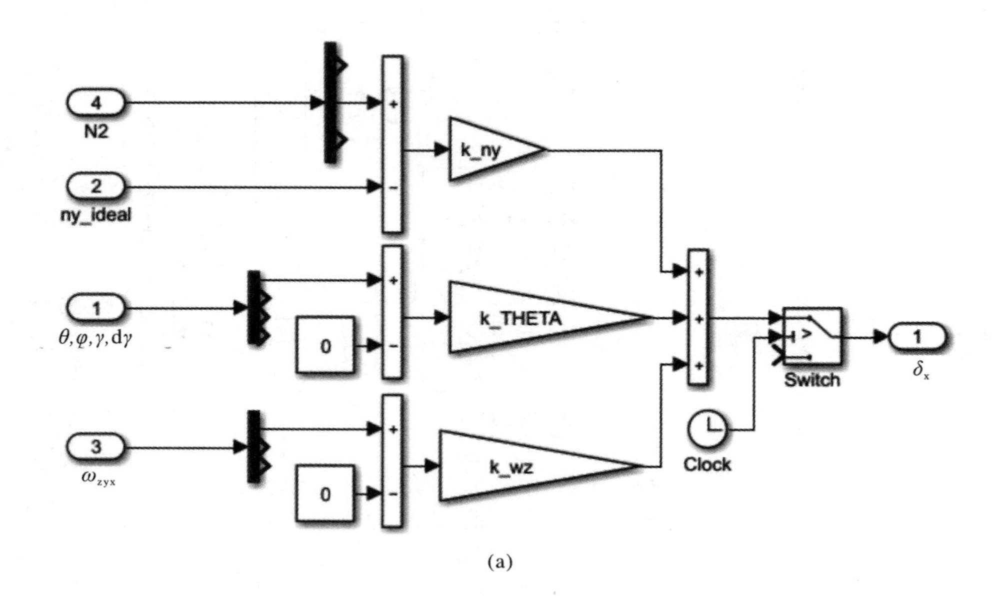

(a)

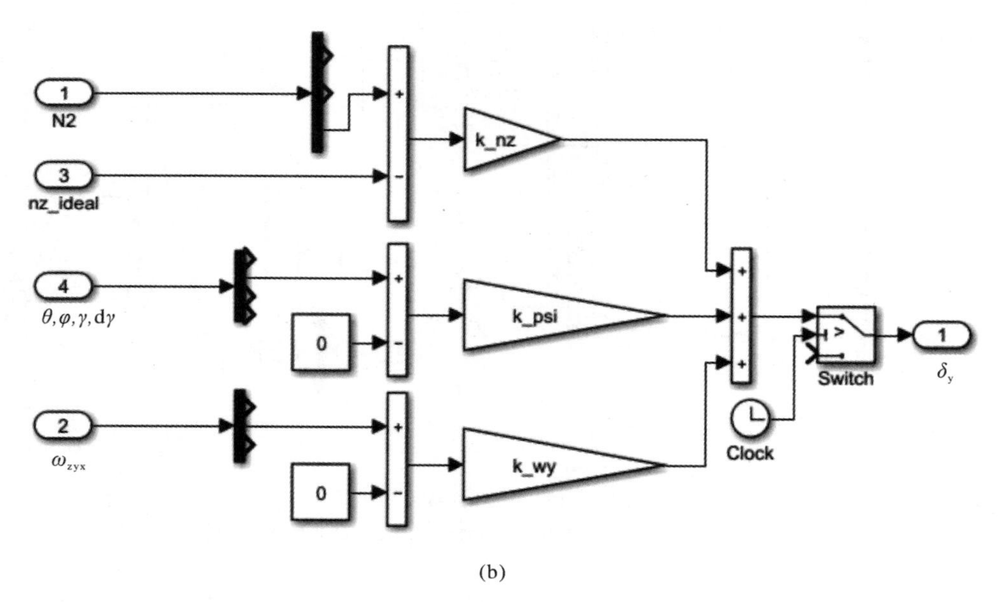

(b)

图 5－18　控制算法程序模块

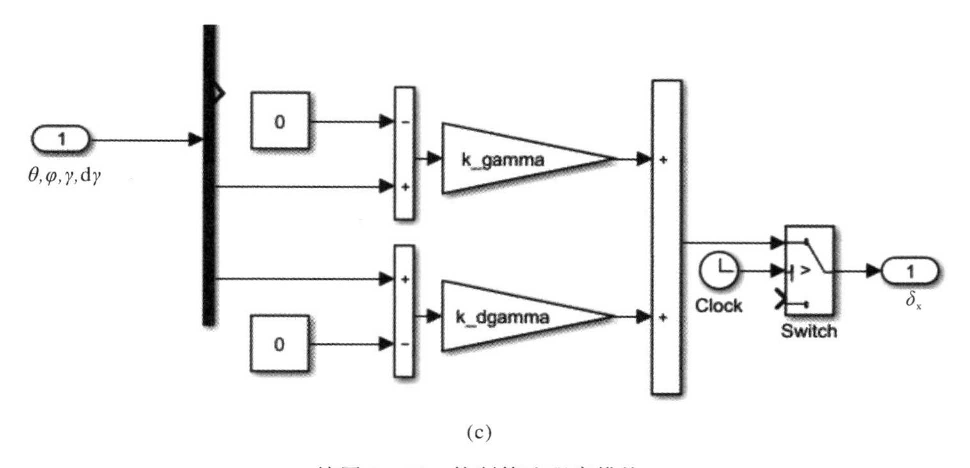

(c)

续图 5-18　控制算法程序模块

(a)俯仰通道控制计算模块;(b)偏航通道计算模块;(c)滚转通道计算模块

(15)实际舵偏角计算方程为

$$\left.\begin{array}{l}\delta_{1c}=-\delta_{zc}+\delta_{yc}+\delta_{xc}\\ \delta_{2c}=\delta_{zc}+\delta_{yc}+\delta_{xc}\\ \delta_{3c}=\delta_{zc}-\delta_{yc}+\delta_{xc}\\ \delta_{4c}=-\delta_{zc}-\delta_{yc}+\delta_{xc}\end{array}\right\}\tag{5-15}$$

式中,$\delta_{jc}(j=1,2,3,4)$为实际舵偏角指令。

相关 Simulink 模块程序如图 5-19 所示

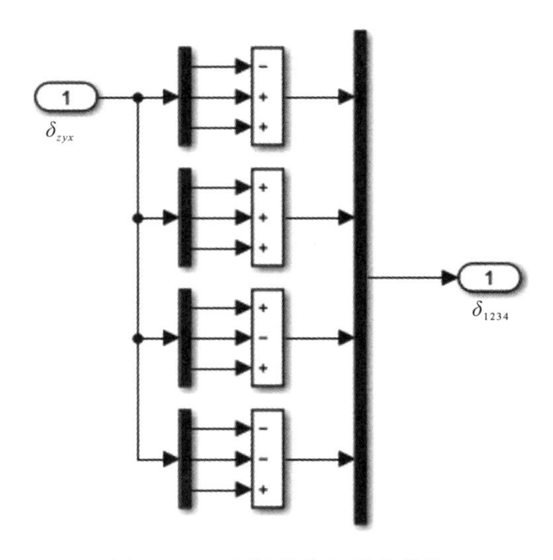

图 5-19　实际舵偏角程序模块

(16)目标运动方程为

$$
\left.\begin{aligned}
&\frac{\mathrm{d}V_{\mathrm{T}}}{\mathrm{d}t}=a_{x\mathrm{T}}\\
&V_{\mathrm{T}}\frac{\mathrm{d}\theta_{\mathrm{T}}}{\mathrm{d}t}=a_{y\mathrm{T}}\\
&-V_{\mathrm{T}}\cos\theta_{\mathrm{T}}\frac{\mathrm{d}\psi_{\mathrm{VT}}}{\mathrm{d}t}=a_{z\mathrm{T}}\\
&\frac{\mathrm{d}x_{\mathrm{T}}}{\mathrm{d}t}=V_{\mathrm{T}}\cos\theta_{\mathrm{T}}\cos\psi_{\mathrm{VT}}\\
&\frac{\mathrm{d}y_{\mathrm{T}}}{\mathrm{d}t}=V_{\mathrm{T}}\sin\theta_{\mathrm{T}}\\
&\frac{\mathrm{d}z_{\mathrm{T}}}{\mathrm{d}t}=-V_{\mathrm{T}}\cos\theta_{\mathrm{T}}\sin\psi_{\mathrm{VT}}
\end{aligned}\right\}\tag{5-16}
$$

式中，V_{T}为目标速度；θ_{T}为目标弹道倾角；ψ_{VT}为目标弹道偏角；x_{T}，y_{T}，z_{T}为目标位置。

相关 Simulink 模块程序如图 5－20 所示。

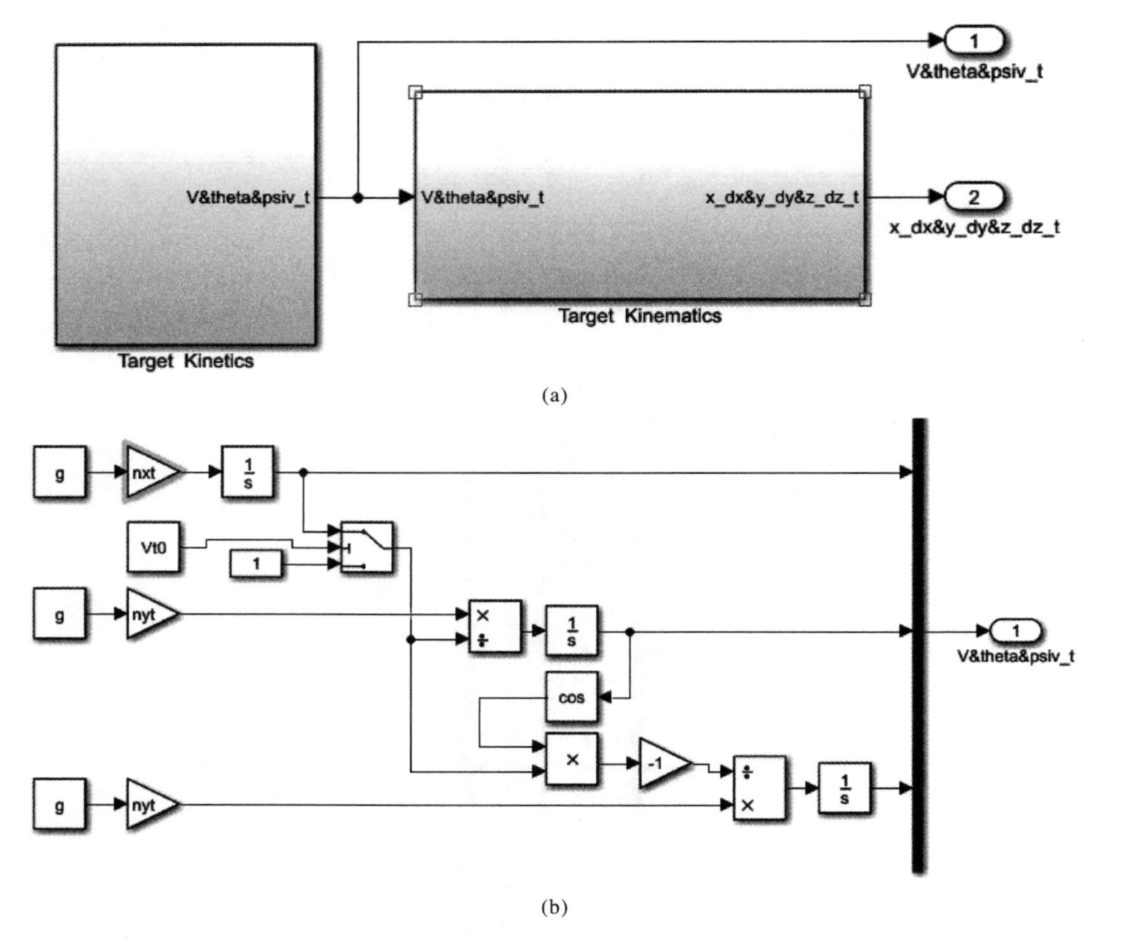

(a)

(b)

图 5－20　目标运动程序模块

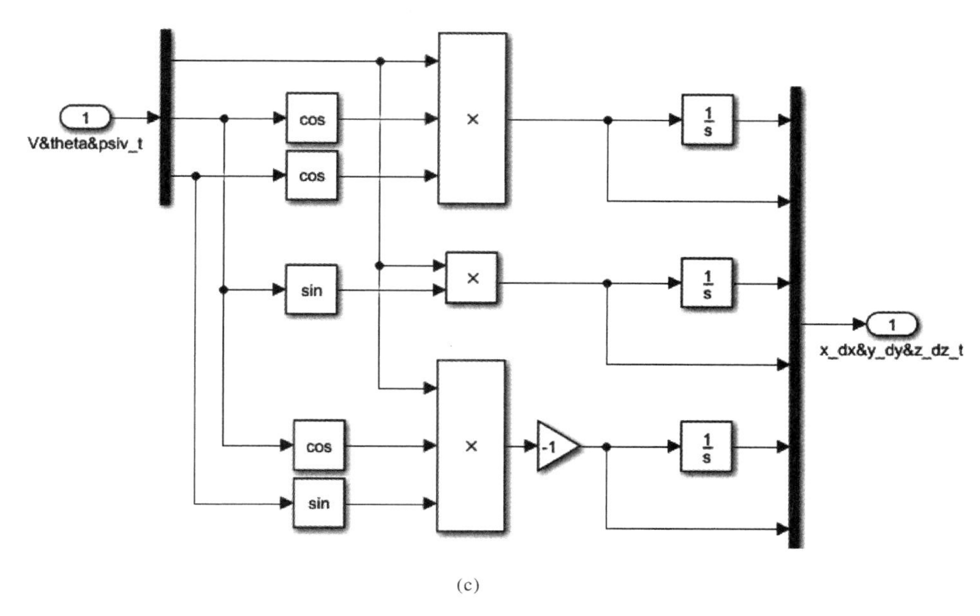

(c)

续图 5-20　目标运动程序模块

(a)目标模块;(b)目标动力学模块;(c)目标运动学模块

(17)导弹与目标在空间的相对运动方程为

$$
\left.\begin{aligned}
\frac{\mathrm{d}r}{\mathrm{d}t}&=[V_{\mathrm{T}}\cos\theta_{\mathrm{T}}\cos(q_{\beta}-\psi_{\mathrm{VT}})-V\cos\theta\cos(q_{\beta}-\psi_{\mathrm{V}})]\cos q_{\varepsilon}+(V_{\mathrm{T}}\sin\theta_{\mathrm{T}}-V\sin\theta)\sin q_{\varepsilon}\\
r\frac{\mathrm{d}q_{\varepsilon}}{\mathrm{d}t}&=[-V_{\mathrm{T}}\cos\theta_{\mathrm{T}}\cos(q_{\beta}-\psi_{\mathrm{VT}})+V\cos\theta\cos(q_{\beta}-\psi_{\mathrm{V}})]\sin q_{\varepsilon}+(V_{\mathrm{T}}\sin\theta_{\mathrm{T}}-V\sin\theta)\cos q_{\varepsilon}-\\
r\cos q_{\varepsilon}\frac{\mathrm{d}q_{\beta}}{\mathrm{d}t}&=V_{\mathrm{T}}\cos\theta_{\mathrm{T}}\sin(q_{\beta}-\psi_{\mathrm{VT}})-V\cos\theta\sin(q_{\beta}-\psi_{\mathrm{V}})
\end{aligned}\right\}
\tag{5-17}
$$

式中,r 为弹目相对距离;q_{ε}为视线高低角;q_{β}为视线方位角。

相关 Simulink 模块程序如图 5-21 所示。

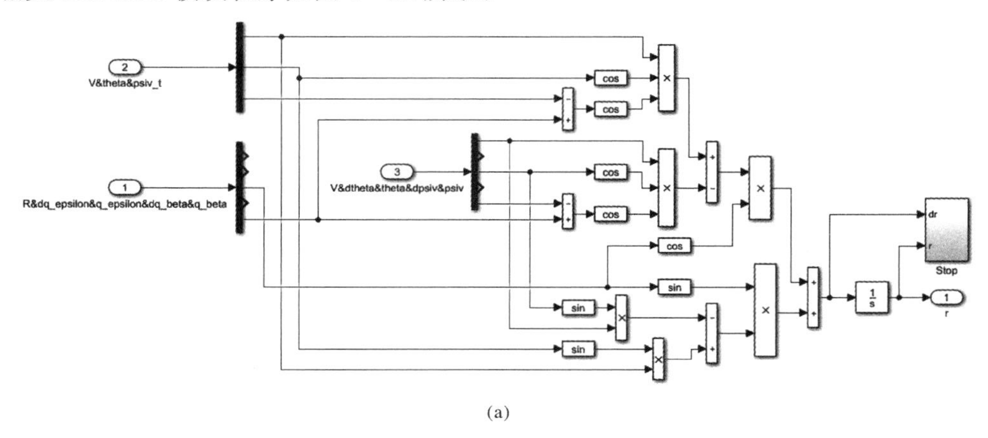

(a)

图 5-21　弹目相对运动程序模块

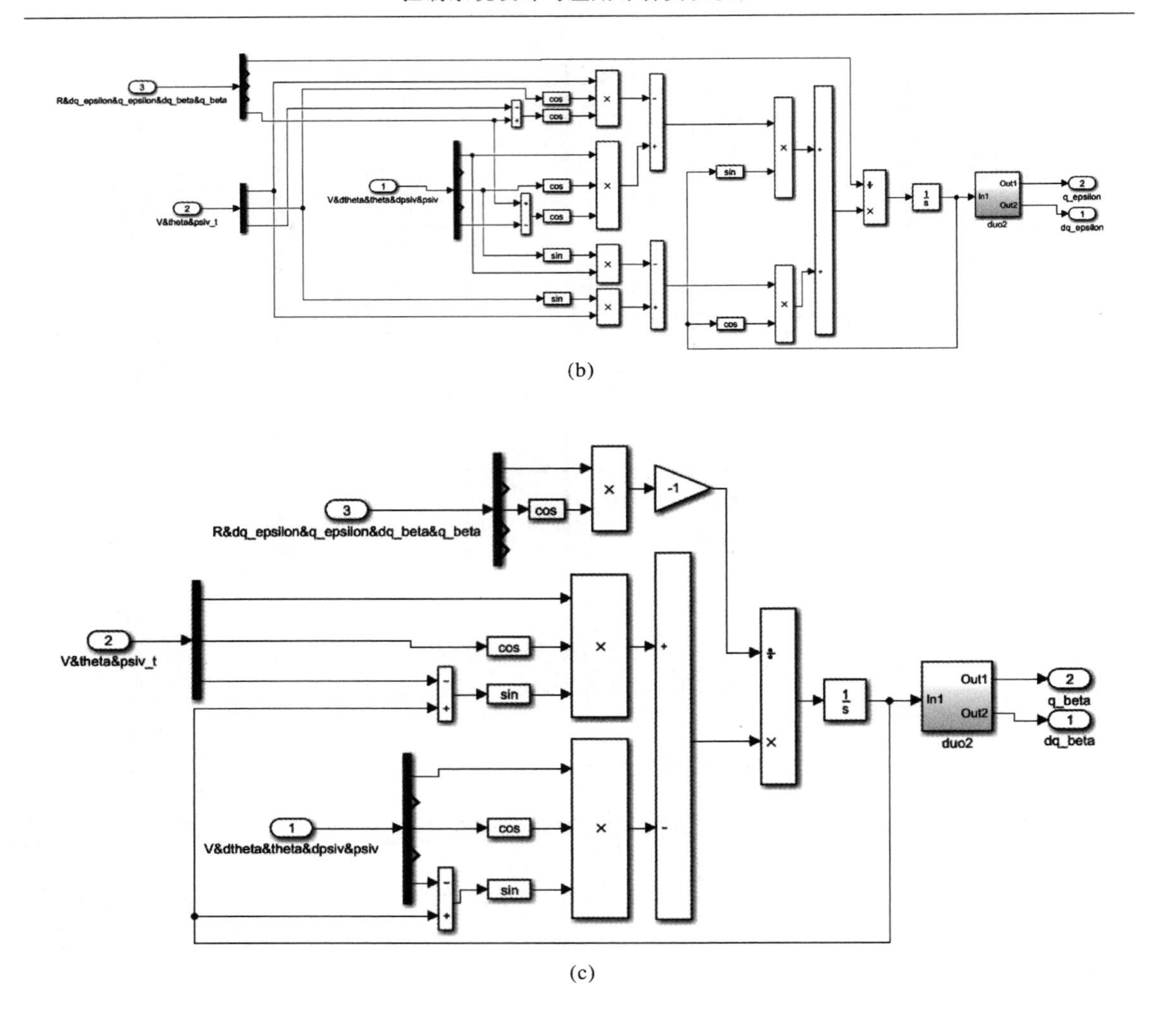

(b)

(c)

续图 5-21　弹目相对运动程序模块

(a)相对距离模块;(b)视线高低角模块;(c)视线方位角模块

(18)制导律方程为

$$\left.\begin{aligned} n_y^* &= \frac{V}{g} N_1 \dot{q}_\varepsilon + \cos\theta \\ n_z^* &= -\frac{V}{g} \cos\theta N_2 \dot{q}_\beta \cos q_\varepsilon \end{aligned}\right\} \tag{5-18}$$

式中,n_y^* ,n_z^* 为期望过载指令;N_1, N_2 为导引因数。

相关 Simulink 模块程序如图 5-22 所示。

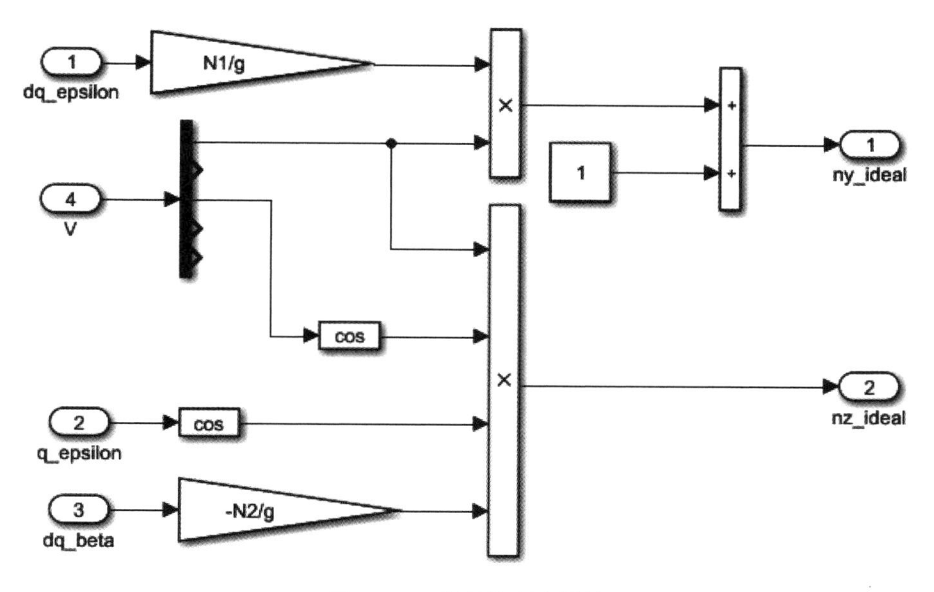

图5-22　制导律程序模块

(19)过载方程为

$$\left.\begin{aligned} n_x &= \frac{1}{g}\frac{\mathrm{d}V}{\mathrm{d}t} + \sin\theta \\ n_y &= \frac{V}{g}\frac{\mathrm{d}\theta}{\mathrm{d}t} + \cos\theta \\ n_z &= -\frac{V}{g}\cos\theta\frac{\mathrm{d}\psi_V}{\mathrm{d}t} \end{aligned}\right\} \tag{5-19}$$

式中，n_x为切向过载；n_y为侧向过载；n_z为法向过载。

相关Simulink模块程序如图5-23所示。

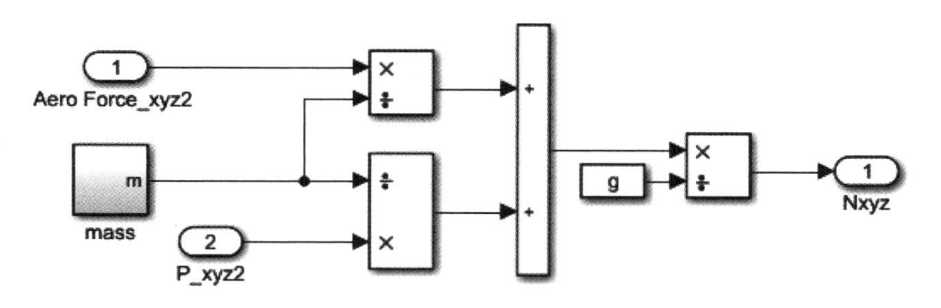

图5-23　过载程序模块

5.3.3　六自由度弹道仿真框架

基于5.3.2节可以最终形成如图5-24所示的六自由度弹道仿真框架。由图5-24可以看出整个仿真模型包含导弹运动模型、目标运动模型、制导模型、控制模型四大模块，各个模块之间根据信息接口关系连接在一起，组成整个仿真系统。

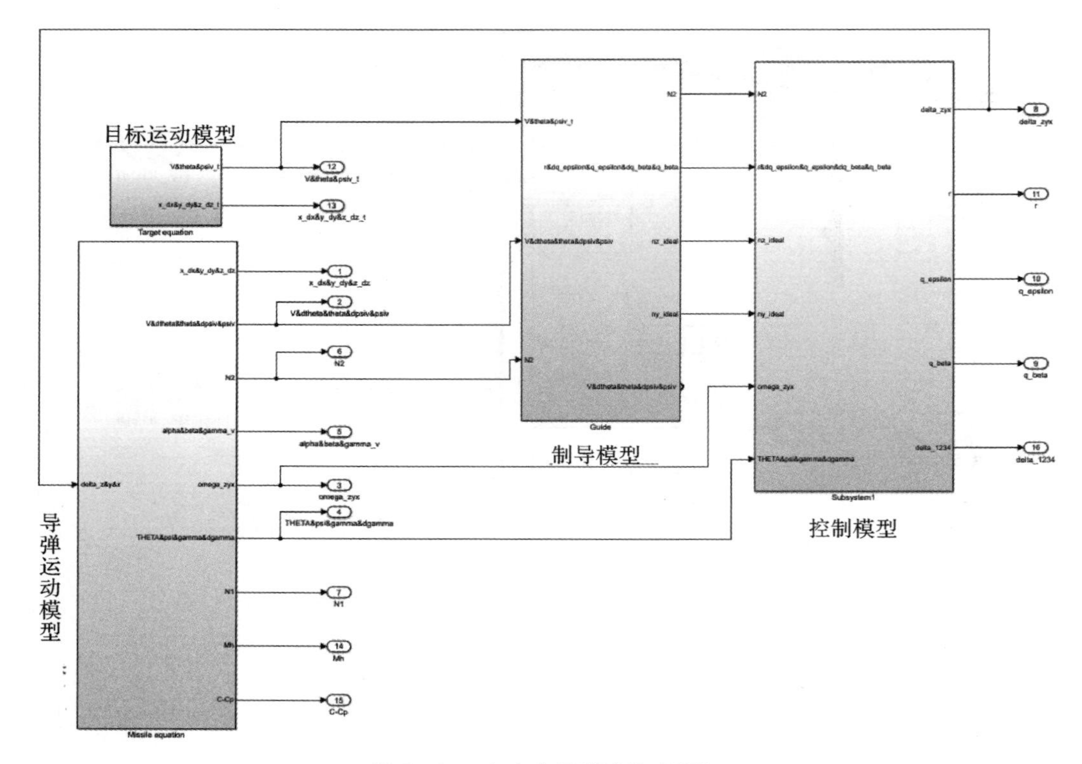

图 5-24　六自由度弹道仿真框架

5.4　半实物仿真实验原理

5.4.1　仿真系统设计原理

仿真系统总体方案设计的目的就是要为飞行控制系统各个研制阶段、各个关键组件、全系统的功能考核和性能评估提供一个地面的综合实验环境。实验中，飞行控制系统可以以模型、组件或全系统多种形式纳入仿真回路进行实验。纳入仿真回路的考核设备称为参试设备，它包括飞行控制系统的模型、分组件和全系统。为确保参试设备的正常工作，仿真系统中会接入模拟器或等效器。因此，仿真系统一般由参试设备、模型、等效器和模拟器组成，不同的参试设备接入方式构成了不同的模型与设备配置方案，从而形成了不同的仿真模式。一般有以下几种典型模式。

(1)无控系统的数学仿真与校核。

(2)陀螺测试与评估。

(3)舵机测试与评估。

(4)导引头测试与评估。

(5)有控系统的数学仿真与校核。

(6)飞行控制计算机在回路的仿真实验与评估。

(7)惯组组件在回路的仿真实验与评估。

(8)舵机在回路的仿真实验与评估。

(9)导引头在回路的仿真实验与评估。

(10)全系统在回路的仿真实验与评估。

当参试设备全部使用模型时就是一种数学仿真模式，如图5-25所示，该方式可以用来确定飞行控制系统总体方案，进行制导律、控制律的初步设计、系统参数的优化、设备指标体系的分解和控制系统的性能评估；为后续半实物仿真提供参考解，确立数据分析和综合的评价标准；进行飞行控制系统故障模拟和对策研究。它是半实物仿真模式的基础。

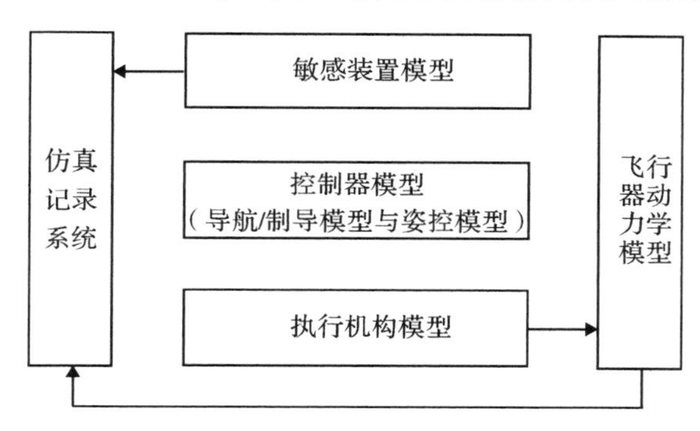

图5-25　数学仿真模式

当参试设备使用了一个以上飞行控制系统分组件设备时，例如，飞行控制计算机组件或舵机组件或惯组组件或导引头等，仿真系统就引入了飞行控制系统的实物，为确保其正常工作，随之会引入相应的模拟器、等效器或相应硬件接口电路，这种方式就是半实物仿真模式，如图5-26所示。在这种方式下，根据敏感装置、控制器和执行机构等的不同接入方式，可细分为不同组件参与的产品在回路仿真或测试模式。例如，惯组测试模式、舵机测试模式、控制器在回路仿真模式、惯组＋控制器＋舵机在回路仿真模式等。该方式可以用来检验纳入回路组件的硬件、软件性能，对飞行控制系统设计阶段所使用的设备模型进行校核，完成飞行控制系统各个控制回路的独立性能测试，完成各组件逐步纳入回路的闭环性能检验，进行各种扰动情况下的飞行控制系统性能考核，开展飞行控制系统可能出现的故障模拟与对策研究。

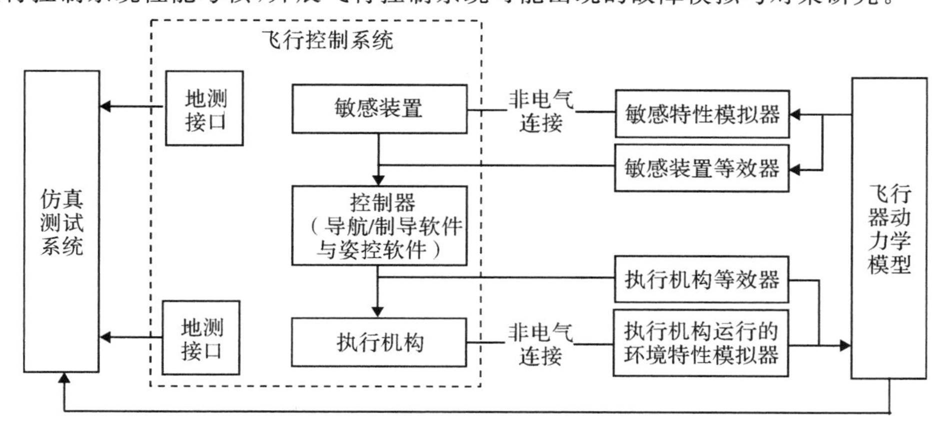

图5-26　半实物仿真模式

飞行控制系统实物接入仿真系统的基本原理:尽可能将飞行控制系统实物接入回路;对导航制导或精度有重大影响的设备,必须接入回路;对难以用数学模型精确描述或物理特性不托底的设备,必须接入回路。

以下就针对几种典型参试设备在回路情况对半实物仿真模式进行一个简要说明。

当参试设备中有敏感装置时,就需要接入敏感特性模拟器,通过它来模拟敏感参数变化的物理特性,从而确保敏感装置能够以较真实的方式对敏感参数进行检测;当参试设备中有执行机构时,就需要接入执行机构运行时的环境特性模拟器,通过它来模拟执行机构运动过程中的物理特性,例如:气动载荷模拟器就是为舵机提供飞行过程中的气动载荷模拟,从而确保执行机构在较为真实的环境中工作;当参试设备有控制器而没有敏感装置时,就需要引入敏感装置等效器,通过它来代替敏感装置工作,一方面接收飞行器动力学模型解算输出的相关参数,一方面根据敏感装置数学模型(含误差特性和故障特性)对这些参数进行解算处理,严格按照敏感装置和控制器之间接口的真实性,即确保控制器在较为真实的环境中工作;当参试设备有控制器而没有执行机构时,就需要引入执行机构等效器,通过它来代替执行机构的工作,一方面接收控制器的输出参数,一方面根据执行机构数学模型对参数进行解算处理,严格按照执行机构和飞行器之间的接口关系输出解算结果,确保控制器和执行机构之间接口的真实性,即确保控制器在较为真实环境中工作。图 5-27 为飞行器制导控制仿真系统一般原理框图。

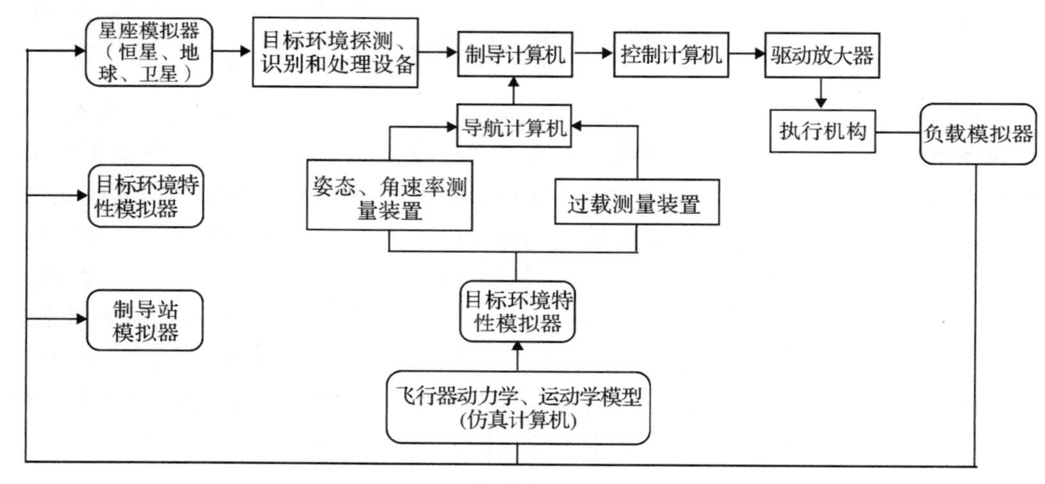

图 5-27 飞行器半实物仿真系统原理框图

仿真系统总体方案的设计实际上就是一个从飞行控制系统组成结构出发,针对飞行控制系统、飞行器和飞行环境进行模型、实物、等效器和模拟器不同构型配置方案设计,去满足仿真实验任务要求的过程。为了设计一套理想的仿真系统,一般需要按照如下流程开展总体方案的设计工作。

(1)理解飞行控制系统、被控飞行器和飞行环境是进行仿真系统总体设计的基础。应对飞行控制系统的组成、功能、工作机理进行详细分析,以被控对象——飞行器为核心画出飞行控制系统详细组成框图,包括所有的敏感装置、控制器、执行机构等,明确系统中所有敏感装置的敏感量及其和飞行器飞行参数之间的关系,明确系统中所有执行机构的动作效果量(如舵机操作后会产生舵面的偏转,它会对应一个舵偏角)及动作后对执行机构的反馈问题(如舵面偏转必将会受到气动载荷的影响)、明确控制器和敏感装置、执行机构之间的电器接口关系和信息接口关系，了解制导律和控制律模型结构，以及机载工程软件的模型化问题。

(2)对仿真实验目的、研究的重点有一个透彻认识，以此为基础，详细列出仿真系统中可能涉及的所有数学模型、实物、等效器和模拟器，其中数学模型主要包括六自由度动力学模型、敏感装置模型、执行机构模型和接口转换模型等。

(3)对有可能使用的模拟器进行设备指标调研，结合飞行器弹体(或机体)特性分析结果和飞行控制系统分析结果，确定系统中模拟器的设备指标体系。

(4)根据仿真实验项目的需要和经费需求，进行基于数学模型、实物、等效器和模拟器的不同使用情况和连接关系的仿真系统构型方案设计，最终明确哪些部分使用模型，哪些使用实物，哪些使用等效器，哪些使用模拟器。进一步明确相互之间的连接关系，进行模型与模型之间、模型与实物之间，实物与实物之间、实物与等效器之间、模型与等效器之间、实物与模拟器之间、模型与模拟器之间等的接口协调，形成仿真系统的初步方案。

(5)以仿真系统初步方案为基础，进行扰动注入方法、故障注入方法、制导系统性能实验方法、姿控系统性能实验方法、仿真实验结果分析方法等的研究，进行仿真实验项目的确认和调整，完成仿真实验模式的设计。

(6)开展基于每个项目、项目之间和全部实验项目的仿真实验结果分析方法的研究，进行仿真测试数据需求分析，形成初步仿真测试方案。

(7)完成仿真系统组成结构的详细设计，绘制不同仿真实验模式下的组成结构方案。

(8)进行仿真系统设备性能指标论证，进行设备性能指标的分配，确定各个仿真设备的关键技术指标，通过多轮迭代，形成完整的仿真系统总体设计方案。

5.4.2　仿真实验环境与方法

实验装置提供了3种仿真实验模式：数学仿真、弹载控制器在回路仿真和全系统闭环仿真。图5-28为实验装置仿真原理图。

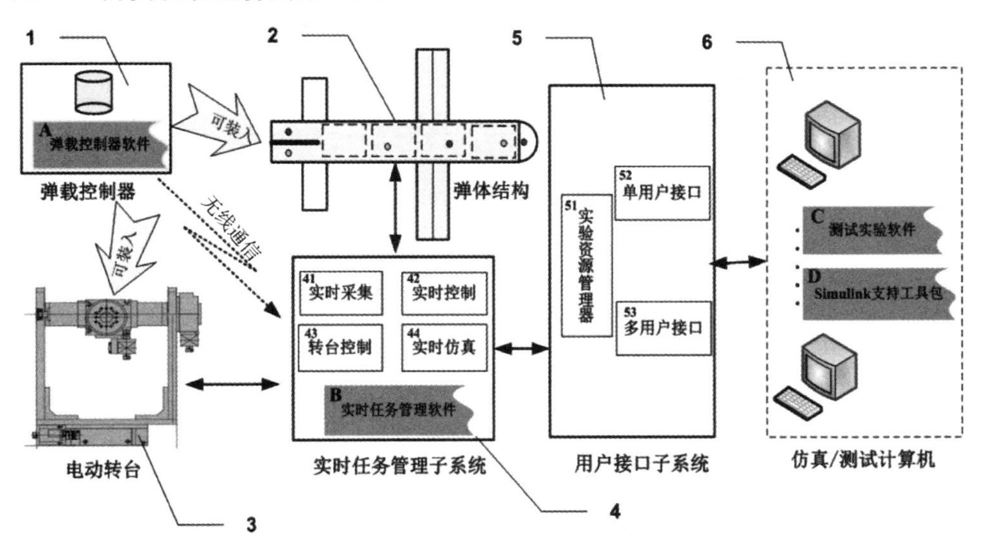

图5-28　实验装置仿真原理

用户仅仅利用仿真/测试计算机即可开展数学仿真。实验时，用户首先需要开启动MATLAB/Simulink，然后在Simulink工具箱中找到实验装置提供的Simulink支持工具包，用户利用该工具包提供的弹体运动模型、发动机模型、制导模型、控制模型等即可对飞行器进行数学仿真实验。利用数学仿真实验可对制导律设计、控制律设计等进行初步评估，并可将数学仿真结果作为后续半实物仿真结果的比较基准。

全系统闭环仿真实验是一种硬件在回路的仿真实验，在该实验中弹载控制器及其软件、MEMS惯组、舵系统全部进入了仿真回路。由于MEMS惯组进入仿真回路，需要电动转台进入回路，为MEMS惯组提供一个模拟的运行环境。该实验原理如下：将导弹运动模型和制导律模型、控制律模型分开。制导律模型、控制律模型中的输入参数包括两部分：①由实验装置提供的加速度计等效器模型产生三周加速度信号；②利用实验装置提供的惯组硬件接口模块，直接读取MEMS惯组的三轴角度率信号。利用实验装置提供的舵机硬件接口模块，直接将制导律模型、控制律模型中的舵指令输出发送给3个通道的舵系统。导弹运动模型通过实验装置提供的舵偏反馈硬件接口模块，直接读取3个通道舵系统的舵偏反馈值。按照以上接口关系，对仿真模型进行改造，改造完成后，即可启动实验装置的测试实验软件，并选择系统综合实验模块功能，进入半实物仿真实验窗口，选择已改造完成的模型程序，利用代码自动生成技术将该程序下载到综合控制箱中，启动仿真，即可完成全系统闭环仿真实验，获取全过程仿真实验数据。

5.4.3 仿真算例

假设导弹由无人机挂载，在500 m高度发射，攻击3.5 km外以11.1 m/s匀速运动的汽车，弹道仿真初始参数见表5-2。

表5-2 机载500 m高度发射导引弹道最远射程仿真输入参数

编号	参数名	参数值
一、导弹仿真初始参数		
1	初始速度/($m\cdot s^{-1}$)	14.23
2	初始弹道倾角值/(°)	−8.1
3	初始弹道偏角值/(°)	0
4	初始 x 坐标/m	0
5	初始 y 坐标/m	500
6	初始 z 坐标/m	0
7	初始时刻相对 x_1 轴的转动角速度/($°\cdot s^{-1}$)	0
8	初始时刻相对 y_1 轴的转动角速度/($°\cdot s^{-1}$)	0
9	初始时刻相对 z_1 轴的转动角速度/($°\cdot s^{-1}$)	0
10	初始时刻俯仰角/(°)	−8.1
11	初始时刻偏航角/(°)	0
12	初始时刻滚转角/(°)	0

续　表

二、目标仿真初始参数		
1	初始速度/($m \cdot s^{-1}$)	11.1
2	初始弹道倾角/(°)	0
3	初始弹道偏角/(°)	90
2	初始 x 坐标/m	3500
3	初始 y 坐标/m	1.5
4	初始 z 坐标/m	0
5	x 轴加速度因数	0
6	y 轴加速度因数	0
7	z 轴加速度因数	0
三、比例导引参数		
1	导航比增益因数	3.5
四、控制参数		
1	法向过载反馈参数	−5
2	俯仰角反馈参数	−13
3	弹体绕 z_1 轴旋转角速度反馈参数	−0.2
4	法向过载反馈参数	5
5	偏航角反馈参数	−13
6	弹体绕 y_1 轴旋转角速度反馈参数	−0.2
7	滚转角反馈参数	5
8	滚转角速度反馈参数	0.8

参照 5.4.2 节内容，构建半物理仿真模型，仿真结果如图 5－29～图 5－52 所示，其中图 5－29～图 5－33 为质心运动仿真结果；

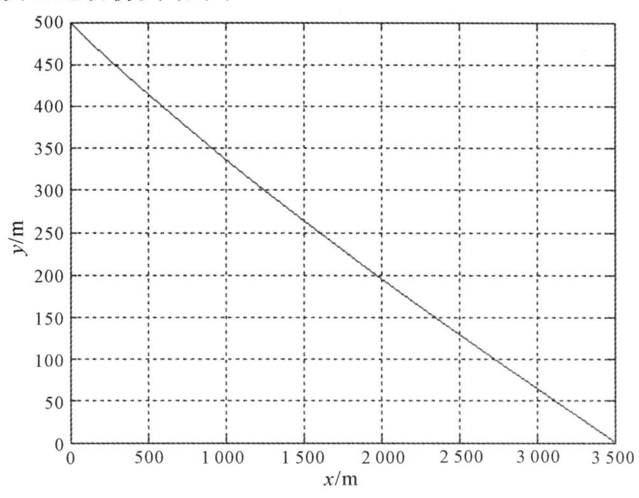

图 5－29　纵向平面弹道

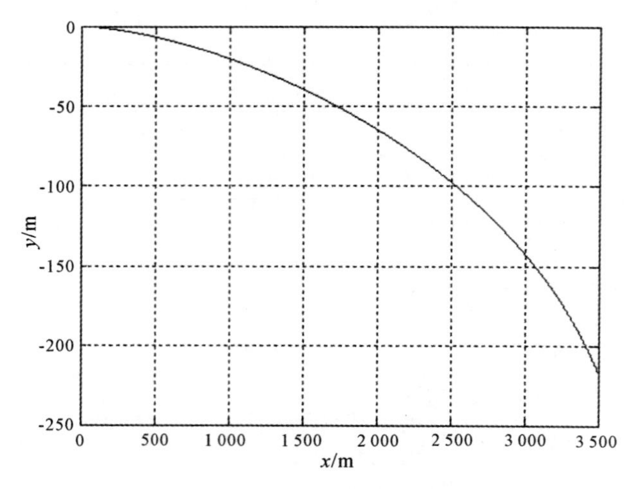

图 5－30　侧向平面弹道

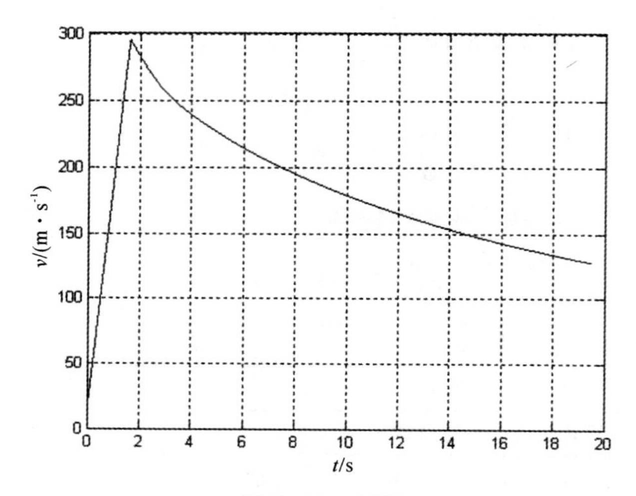

图 5－31　速度

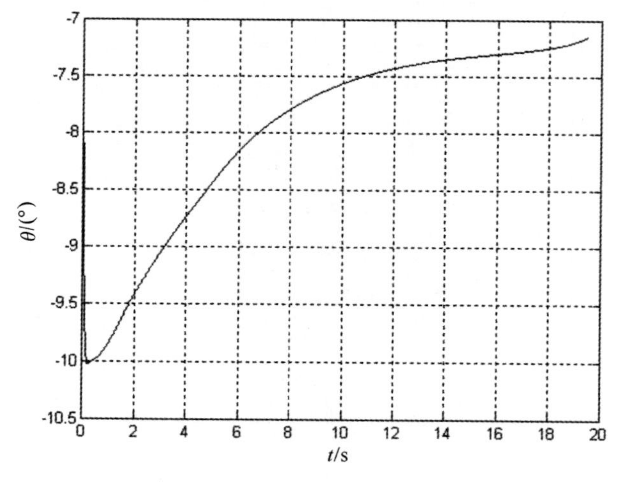

图 5－32　弹道倾角

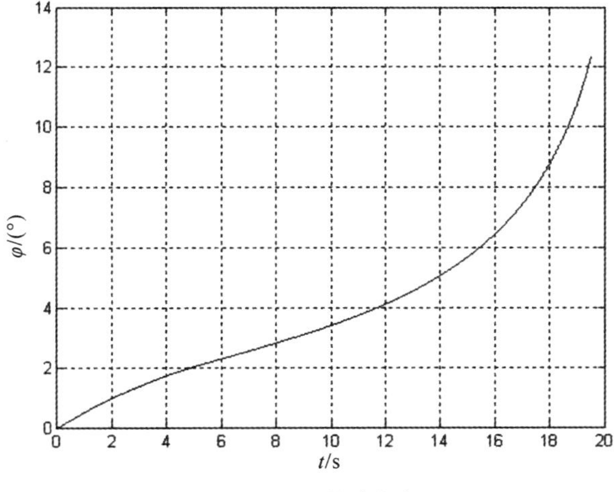

图 5-33　弹道偏角

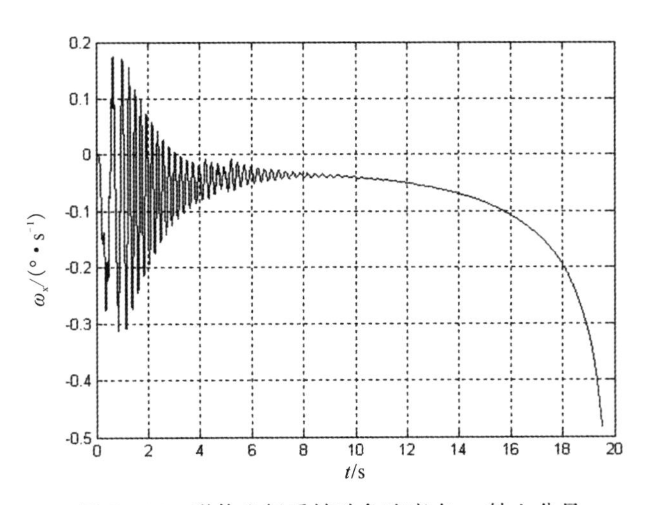

图 5-34　弹体坐标系转动角速度在 x_1 轴上分量

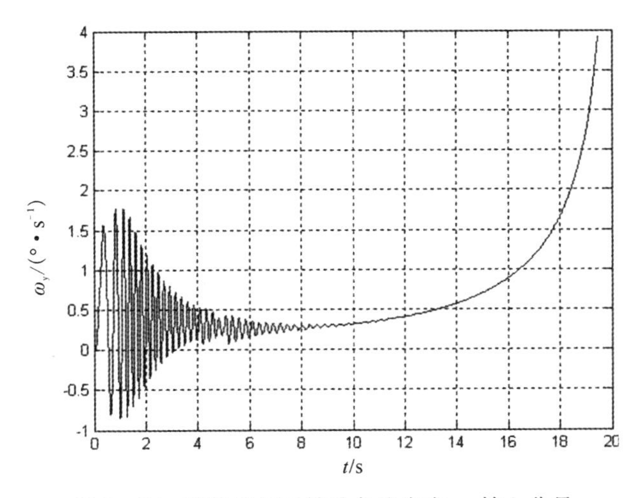

图 5-35　弹体坐标系转动角速度在 y_1 轴上分量

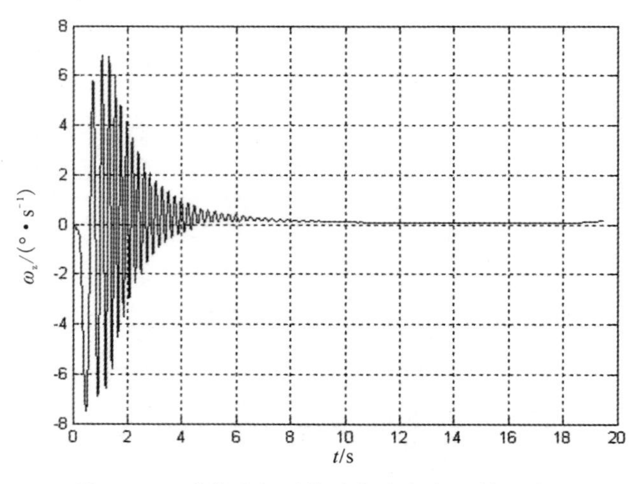

图 5-36　弹体坐标系转动角速度在 z_1 轴上分量

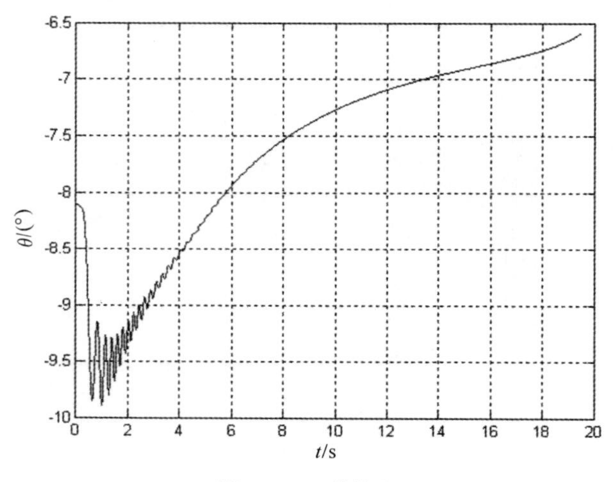

图 5-37　俯仰角

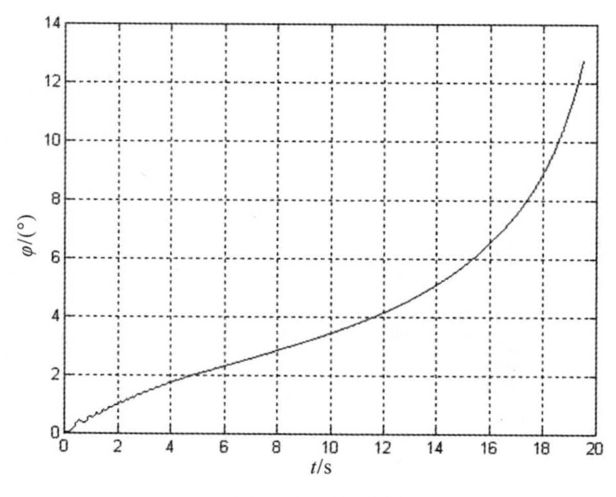

图 5-38　偏航角

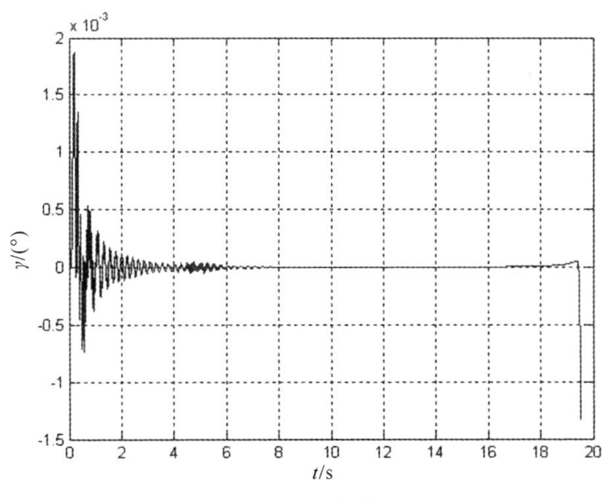

图 5 - 39　滚转角

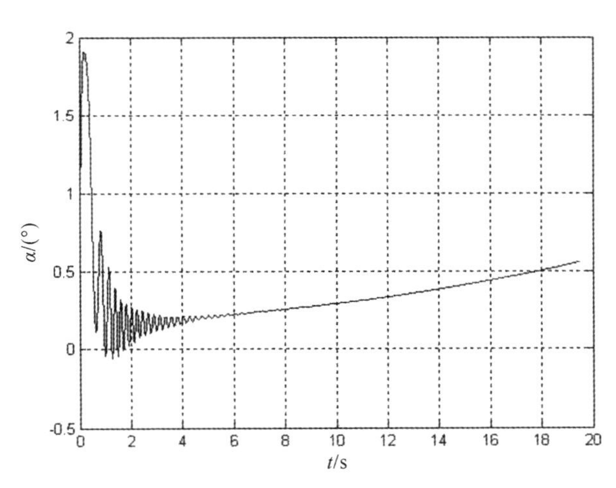

图 5 - 40　攻角

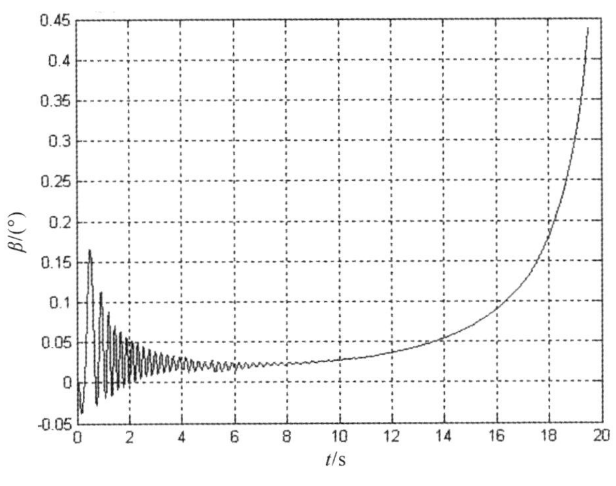

图 5 - 41　侧滑角

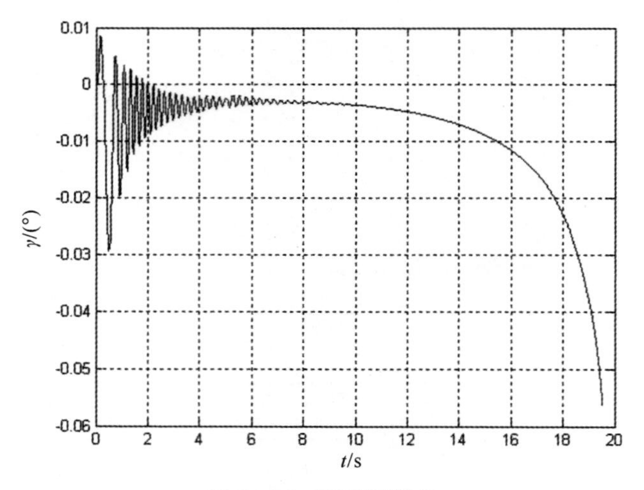

图 5－42　速度倾斜角

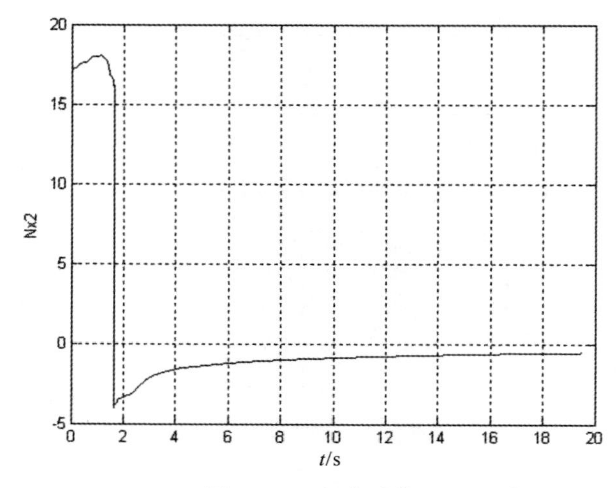

图 5－43　切向过载

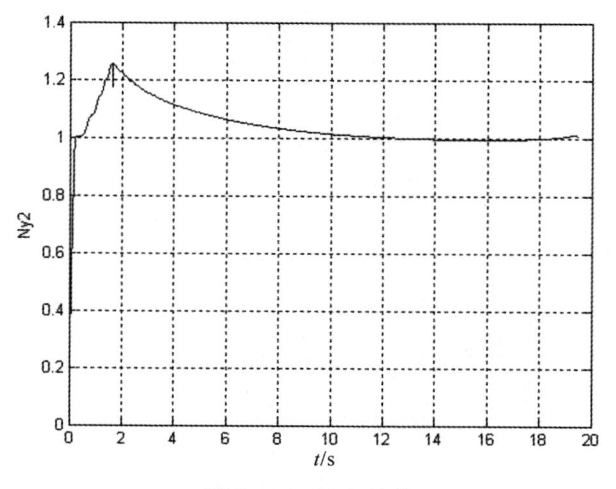

图 5－44　法向过载

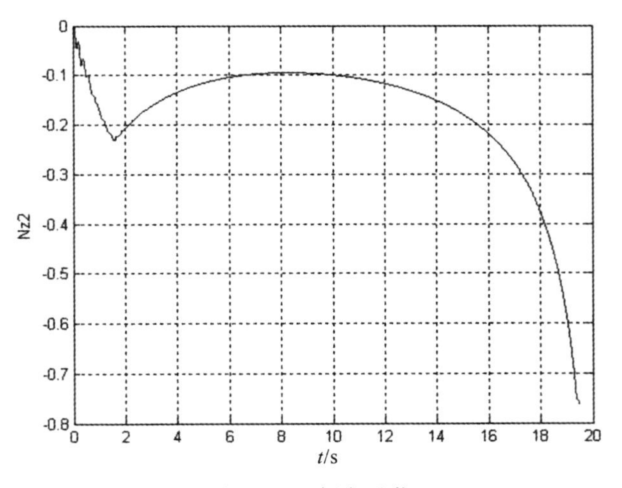

图 5-45　侧向过载

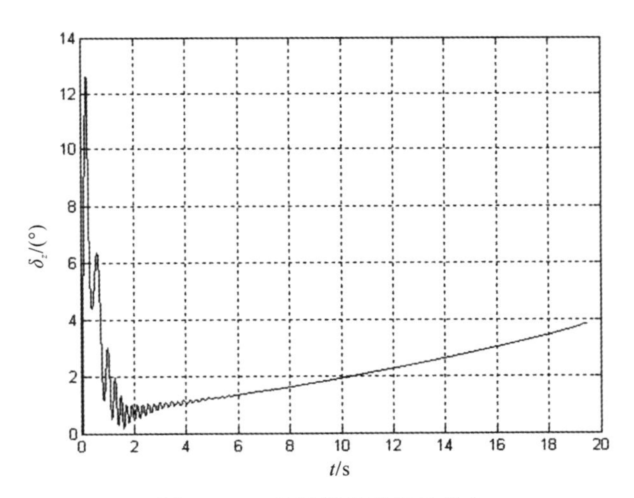

图 5-46　弹翼等效俯仰舵偏角

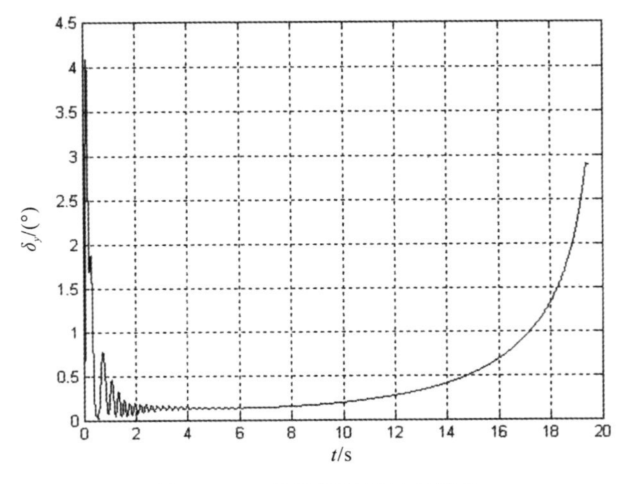

图 5-47　弹翼等效偏航舵偏角

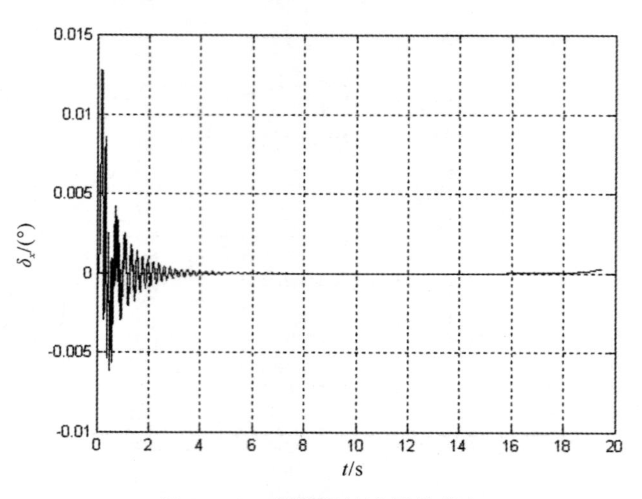

图 5-48　弹翼等效滚转舵偏角

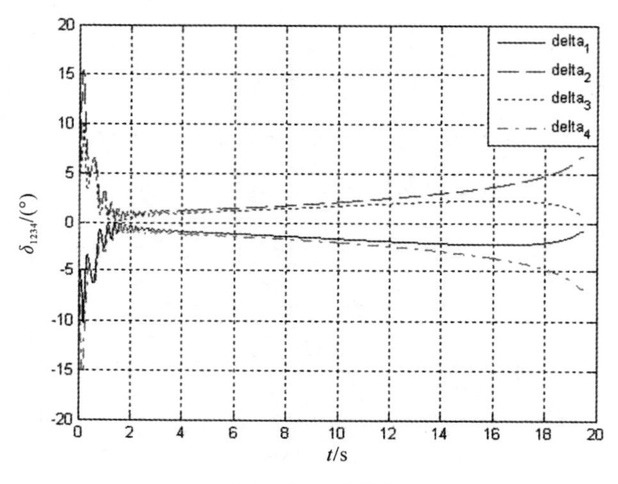

图 5-49　舵偏角

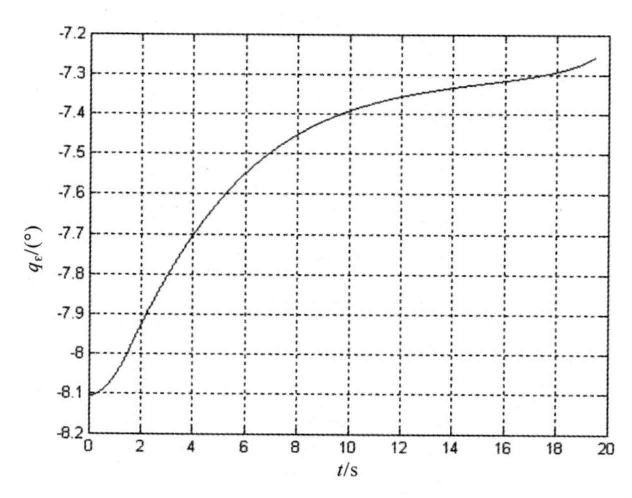

图 5-50　视线高低角

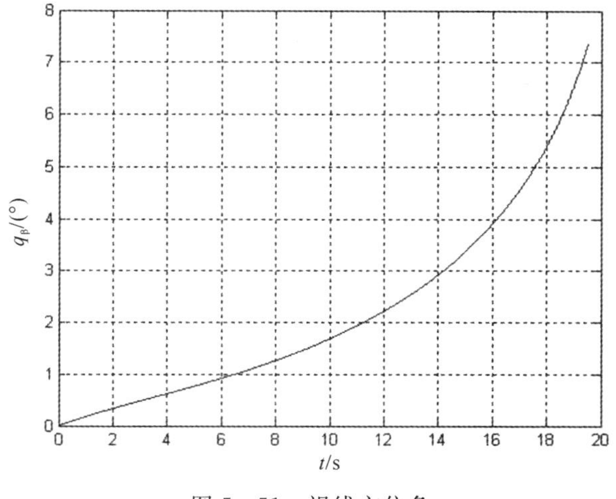

图 5－51　视线方位角

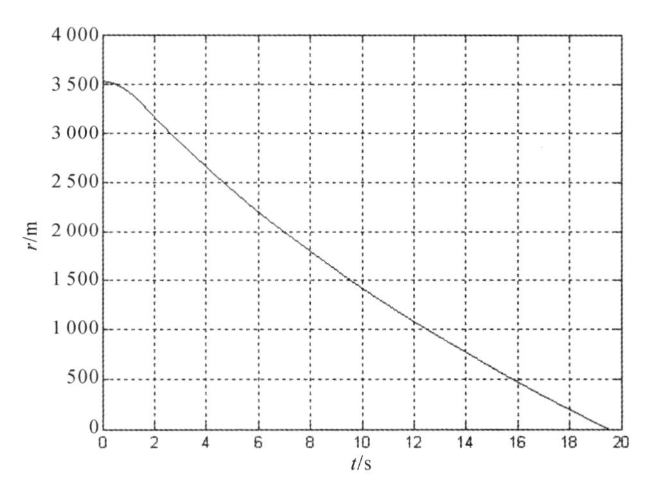

图 5－52　导弹和目标相对距离

图 5－34～图 5－39 为姿态运动仿真结果；图 5－40～图 5－42 为攻角、侧滑角和速度倾斜角仿真结果；图 5－43～图 5－45 为切向过载、法向过载、侧向过载仿真结果；图 5－46～图 5－49为弹翼等效俯仰舵偏角、弹翼等效偏航舵偏角、弹翼等效滚转舵偏角以及各个舵的偏角；图 5－50 和图 5－51 为铅垂平面和水平平面内的视角；图 5－52 为导弹和目标相对距离仿真结果。

仿真结果主要参数见表 5－3。

表 5－3　机载 500 m 高度发射导引弹道仿真结果主要参数

编　号	参数名	参数值
1	仿真总时间/s	19.53
2	导弹最大射程/m	3 499.1
3	导弹最大高度/m	500

续表

编 号	参数名	参数值
4	导弹终端时刻侧向位移/m	−216.6
5	导弹发动机关机点最大速度/(m·s^{-1})	295.2
6	导弹末速度/(m·s^{-1})	127.2
7	绝对值最大切向过载	18.06
8	绝对值最大横向过载	1.26
9	绝对值最大侧向过载	0.76
10	终端时刻弹道倾角/(°)	−7.15
11	俯仰角与视线高低角最大差值/(°)	1.84
13	偏航角与视线方位角最大差值/(°)	5.37
14	终端时刻导弹与目标相对距离/m	0.92

附　录

附录 A　MATLAB 仿真编程基础

A.1　MATLAB 简介

MATLAB 名称由 MATrix 和 LABoratory 两词的前三个字母组合而成。MATLAB 仿真编程最早于 1980 年由美国墨西哥州大学 Cleve Moler 教授编写，MATLAB 仿真编程的产生解决了"线性代数"课程的矩阵运算问题。1984 年，MATLAB 由 MathWorks 公司开发推出了第一个MATLAB商业版本，经过数十年的研究与不断完善，目前已经发展成为国际上最流行、应用最广的科学计算软件之一，广泛应用于电子信息处理、控制系统和通信系统等领域。

MATLAB 系统由 MATLAB 开发环境、MATLAB 数字函数库、MATLAB 语言、MATLAB 图形处理系统和 MATLAB 应用程序接口（API）五大部分构成，具有编程环境简单、数值计算和符号计算可靠、数据可视化功能强大、Simulink 仿真功能直观和工具箱丰富等优点。

具体来讲，MATLAB 的开发环境是一套方便用户使用 MATLAB 数学函数和文件的工具集，其中许多工具是图形化用户接口，包括桌面、命令窗口、M 文件编辑调试器、工作空间和在线帮助文档等。通过集成化工作空间，用户能够实现对数据的输入输出，对 M 文件的集成编译和调试。由于 MATLAB 以矩阵作为数据操作的基本单位，矩阵运算简单、快捷、高效，且其数学函数库包括从基本运算到复杂算法的大量计算算法。MATLAB 语言是基于矩阵的语言，编程简单、书写自由，无须编译和链接。通过将向量和矩阵显示成图形，形成强大的数据可视化功能，根据输入数据自行对图形添加标注。API 用于实现 MATLAB 语言与 C、Fortran 等高级编程语言的交互。为不同专业学科的应用编制了数百个核心工具箱，例如图像处理工具箱、统计工具箱、信号处理工具箱、控制系统工具箱、鲁棒控制工具箱等。用户在命令窗口输入 help 函数命令获取帮助文件，详细介绍函数功能、参数定义和使用方法，还给出了相应的实例及相关函数名称。

A.2　MATLAB 工作环境

MATLAB 2019b 是一个高度集成的 MATLAB 工作界面，其默认形式如图 A－1 所示。该界面被分割成 4 个最常用的窗口：命令窗口（Command Window）、当前目录（Current Directory）浏览器、工作空间（Workspace）窗口和当前文件夹（Current Folder）窗口。

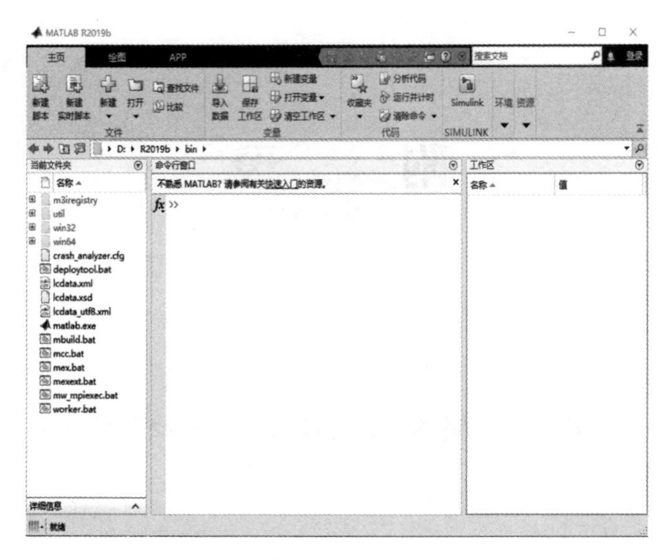

图 A-1　默认 MATLAB 工作界面

A.2.1　命令窗口

命令窗口是进行各种操作中最重要的窗口，各种 MATLAB 运行指令、函数和表达式在该窗口中输入，各种运算结果（除图形外）和错误信息等也通过该窗口显示，如图 A-2 所示，MATLAB 指令窗默认位于桌面的右方，用户可通过单击该窗口右上角的下拉菜单中的取消停靠，获得脱离操作桌面的独立指令窗如图 A-2 所示。

图 A-2　命令窗口

MATLAB 命令窗口中的＞＞为命令提示符，表示 MATLAB 处于准备状态，在命令提示符后面输入命令，并按＜Enter＞键后，MATLAB 就立即执行所输入的命令，并在工作空间中显示变量名、数值、大小和类别等信息。

命令行可以输入一条命令，也可以同时输入多条命令，命令之间可以用分号或者逗号分隔，最后一条命令可以不用分号或者逗号，直接按＜Enter＞键，MATLAB 立即执行命令。如果命令结尾使用分号就不在命令空间显示该条命令的结果。MATLAB 语言中常用的标点符号及其功能见表 A－1。

表 A－1　MATLAB 的常用标点符号及功能

符　号	名　称	功　能	例　子
	空格	数组或矩阵各行列元素的分隔符	N=[0 1 0]
,	逗号	数组或矩阵各行列元素的分隔符 显示计算结果的指令和后面指令分隔符	N=[0,1,0] a=1,b=2;
.	点号	数值中是小数点 用于运算符前，表示点运算	pi=3.14 D=M.*N
:	冒号	用于生成一维数组或者矩阵	A=1:1:5
;	分号	用于指令后，不显示计算结果 用于矩阵，作为行间分隔符	M=[2 1 1]; A=[1 0 0;0 1 0;0 0 1]
‘’	单引号	用于生成字符串	y=‘student’
%	百分号	用于注释分隔符	%后面的指令不执行
( )	圆括号	用于改变运算次序 用于引用数组元素 用于函数输入参量列表	x=2*(8−5); N(3); sqrt(x)
[ ]	方括号	用于创建矩阵或者数组 用于函数输出参数列表	A=[1 0 0] [x,y]=ff(x)
{ }	大括号	用于创建元胞数组	A={‘cell’,[3 5];1+2i,0;6}
_	下划线	用于变量、文件和函数名中的连字符	function_S

若要清除 MATLAB 命令窗口的命令和信息，可以使用清除工作命令窗口 clc 函数，相当于擦去一页命令窗口，光标回到屏幕左上角。需要注意的是，clc 命令只清除命令窗口显示的内容，不能清除工作空间窗口的变量。

A.2.2　工作空间窗口

工作空间窗口是 MATLAB 用于存储各种变量和结构的内部空间，可以显示变量的名称、值、维度大小、字节、类别、最小值、最大值、均值、中位数、方差和标准差等，可以对变量进行观察、编辑、保存和删除等操作。MATLAB 常用 4 个指令函数 who，whos，clear 和 exist 来管理工作空间。

who 和 whos 用于查询变量信息函数。who 只显示工作空间的变量名称；whos 显示变量名 Name、大小 Size、字节 Bytes、类型 Class 和属性 Attributes 等信息。clear 用于删除变量和函数，MATLAB 清除命令空间的变量可以用 clear 函数。

exist 用于查询变量函数，函数调用格式：i=exist(‘var’)。其中，var 为要查询的变量名；i 为返回值。i=1 表示工作空间存在变量名为 var 的变量；i=0 表示工作空间不存在变量名为 var 的变量。

A.2.3 当前文件夹窗口

当前文件夹窗口用来显示当前文件夹里的所有文件和文件夹，便于用户浏览、查询和打开文件，也可以在当前文件夹创建新文件夹。

A.2.4 MATLAB 帮助系统

学习 MATLAB 的最佳途径是充分使用帮助系统所提供的信息。MATLAB 的帮助系统较为完善，包括 help 和 lookfor 查询帮助命令函数以及联机帮助系统。

A.3 MATLAB 数据类型

MATLAB 定义了多种基本的数据类型，常见的有整型、浮点型、字符型和逻辑型等。MATLAB 内部的任何数据类型，都是按照数组(矩阵)的形式进行存储和运算。

A.3.1 常量和变量

(1)常量。MATLAB 有些固定的变量，称为特殊常量。这些特殊常量具有特定的意义，用户在定义变量名时应避免使用。MATLAB 常用的特殊常量见表 A-2。

表 A-2 MATLAB 常用的特殊常量

特殊常量名	取值及说明	特殊常量名	取值及说明
ans	运算结果的默认变量名	tic	秒表计时开始
pi	圆周率 π	toc	秒表计时停止
eps	浮点数的相对误差	i 或 j	虚数单位
inf	无穷大∞	date	日历
NaN	不定值	clock	时钟
now	按照连续的日期数值格式获取当前系统时间	etime	运行时间

(2)变量。变量是其值可以改变的量，是数值计算的基本单元。与其他高级语言不同，MATLAB 变量使用无须事先定义和声明，也不需要指定变量的数据类型。MATLAB 语言可以自动根据变量值或对变量操作来识别变量类型。在变量赋值过程中，MATLAB 语言自动使用新值替换旧值，用新值类型替换旧值类型。

MATLAB 语言变量的命名应遵循下述几条规则：

1)变量名由字母、数字和下划线组成，且第一个字符为字母，不能有空格和标点符号。

2)变量名区分大小写。

3)变量名的长度上限为 63 个字符，第 63 个字符后面的字符被忽略。

4)关键字或者系统的函数名不能作为变量，如 if、while、for、function 等。

A.3.2 整数和浮点数

MATLAB 提供了 8 种常见的整数类型，可以使用类型转换函数将各种整数类型强制互相转换。浮点数包括单精度型(single)和双精度型(double)。MATLAB 默认的数据类型是双精度型。单精度型的取值范围是 $-3.4028\times10^{38}\sim3.4028\times10^{38}$；双精度的取值范围是 $-1.7977\times10^{308}\sim1.7977\times10^{308}$，浮点数类型可以用类型转换函数 single( )和 double( )互相转换。

A.3.3 复数

MATLAB 用特殊变量 i 或 j 表示虚数的单位。MATLAB 中复数运算可以直接进行。复数 z 可以通过以下几种方式产生：

(1)z=a+b * i 或者 z=a+b * j，其中 a 为实部，b 为虚部；

(2)z=a+bi 或者 z=a+bj；

(3)z=r * exp(i * thetha)，其中 r 为半径，thetha 为相角(以弧度为单位)；

(4)z=complex(a,b)；

(5)z=a+b * sqrt(−1)。

A.4 MATLAB 矩阵及其运算

矩阵和矩阵运算始终是 MATLAB 的核心内容，这是由于 MATLAB 各类数据类型都是以矩阵形式存在的。

在 MATLAB 中，矩阵主要分数值矩阵、符号矩阵和特殊矩阵三类。其中数值矩阵又分为实数矩阵和复数矩阵。每种矩阵生成方法不完全相同，这里主要介绍数值矩阵和特殊矩阵的创建方法及其运算。

A.4.1 矩阵的基本概念

由 m 行 n 列构成的数组 $\boldsymbol{A}$ 称为 $(m \times n)$ 阶矩阵，它总共由 $(m \times n)$ 个元素组成，并按照如下的形式排列：

$$\boldsymbol{A}=\begin{pmatrix} a_{11} & \cdots & a_{1n} \\ \vdots & & \vdots \\ a_{m1} & \cdots & a_{mn} \end{pmatrix} \rightarrow (m \times n)$$

矩阵元素记为 $a_{ij}=0$，且 $m=n$，得到的矩阵称为对角阵，如下面的矩阵 $\boldsymbol{a}$：

$$\boldsymbol{A}=\begin{pmatrix} a_{11} & \cdots & 0 \\ \vdots & & \vdots \\ 0 & \cdots & a_{mn} \end{pmatrix} \rightarrow (n \times m)$$

当对角阵的对角线上的元素全为 1 时，称为单位阵，记为 $\boldsymbol{I}$，则有

$$\boldsymbol{I}=\begin{pmatrix} 1 & \cdots & 0 \\ \vdots & & \vdots \\ 0 & \cdots & 1 \end{pmatrix}$$

对于 $(m \times n)$ 阶矩阵 $\boldsymbol{W}$，当 $w_{ij=}=a_{ji}$ 时，称 $\boldsymbol{w}$ 是 $\boldsymbol{a}$ 的转置矩阵，记为 $\boldsymbol{W}=\boldsymbol{A}^{\mathrm{T}}$，如下所示：

$$\boldsymbol{W}=\boldsymbol{A}^{\mathrm{T}}=\begin{pmatrix} w_{11}=a_{11} & w_{12}=a_{21} & \cdots & w_{1m}=a_{m1} \\ w_{21}=a_{12} & w_{22}=a_{22} & & \\ \vdots & & \ddots & \\ w_{n1}=a_{1n} & \cdots & & w_{mn}=a_{mn} \end{pmatrix} \rightarrow (n \times m)$$

对于 $\boldsymbol{a}=\begin{bmatrix} a_{11} \\ a_{21} \\ \vdots \\ a_{m1} \end{bmatrix} \rightarrow (m \times 1)$，称 $\boldsymbol{a}$ 是 m 个元素的列向量，对于 $\boldsymbol{a}=[a_{11} \quad a_{12} \quad \cdots \quad a_{1n}] \rightarrow$

(1×n)称 **a** 是 n 个元素的行向量。

A.4.2　矩阵的创建

矩阵以左方括号“[”开始，以右方括号“]”结束，每一行元素结束用行结束符号（分号“;”）或回车符分割，每个元素之间用元素分割符号（空格或“,”）分隔。建立矩阵的方法有逐个元素输入法、冒号生成法、利用 MATLAB 函数创建法、利用 M 文件创建矩阵法等。

(1)逐个元素输入法。MATLAB 中最简单的创建矩阵方法是逐个元素输入法。

【例 A-1】 输入法生成矩阵举例。

```
>> A1=[1,2;3,4]
A1=
     1    2
     3    4
A2=[0.2,pi/2,-2,sin(pi/5),-exp(-3)]
A2=
0.2000   1.5708   -2.0000    0.5878   -0.0498
```

(2)冒号生成法。冒号生成法适用于矩阵元素值的大小按递增或递减的次序排列；矩阵元素之间的差是确定的，即“等步长”的。这类数组主要用作函数的自变量，for 循环中循环自变量等。

x=a:inc:b

【说明】

1)a 是数组的第一个元素；inc 是采样点之间的间隔，即步长。若(b-a)是 inc 的整数倍，则所生成数组的最后一个元素等于 b，否则小于 b。

2)a,inc,b 之间必须用冒号“:”分隔。注意：该冒号必须在英文状态下产生，中文状态下的冒号将导致 MATLAB 操作失误。

3)inc 可以省略。省略时，默认其取值为 1，即认为 inc=1。

4)inc 可以取正数或负数。要注意的是，inc 取正时，要保证 a<b；而 inc 取负时，要保证 a>b。

【例 A-2】 冒号法生成矩阵举例。

```
>> x1=1:1:5
x1 =
     1    2    3    4    5
>> x2=1:5
x2 =
     1    2    3    4    5
>> x3=20:-4:0
x3 =
20   16    12    8    4    0
```

(3)MATLAB 函数生成法。在实际应用中，用户往往需要产生一些特殊形式的矩阵，MATLAB 提供了许多生成特殊矩阵的函数（见表 A-3）。

表 A-3 常用的特殊矩阵生成函数

指 令	含 义
eye	产生单位矩阵
diag	产生对角矩阵
magic	产生魔方矩阵
rand	产生均匀分布随机矩阵
randn	产生正态分布随机矩阵
ones	产生全 1 矩阵
zeros	产生全 0 矩阵
random	生成各种分布随机矩阵
gallery	产生各种用途的测试矩阵
tril(u)	tril 下三角矩阵;triu 上三角矩阵

【例 A-3】 MATLAB 函数生成矩阵举例。

```
>> A1=eye(3,2)                                %产生(3×2 阶的单位阵)
A1 =
      1     0
      0     1
      0     0
>> diag(A1)                                   %取 A1 的对角元素
ans =
      1
      1
>> A2=magic(3)
%%生成魔方矩阵,行和列,正和反斜对角线元素之和都相等的矩阵
A2 =
      8     1     6
      3     5     7
      4     9     2
>> A3=rand(2,3)          %生成 2×3 个元素值为 0~1 均匀分布的随机矩阵
ans =
    0.8147    0.1270    0.6324
    0.9058    0.9134    0.0975
>> A4=ones(2,3)                               %生成所有元素为 1 的矩阵
ans =
      1     1     1
      1     1     1
>> A5=zeros(2,3)                              %生成所有元素为 0 的矩阵
```

```
A5 =
0    0    0
0    0    0
```

(4)利用 M 文件生成矩阵。对于一些需要经常调用的矩阵，当其规模较大且复杂时，MATALB 语言可以为它专门建立一个 M 文件，在命令窗口中直接调用文件，此种方法比较适合大型矩阵创建，便于修改。需要注意，M 文件中的矩阵变量名不能与文件名相同，否则会出现变量名和文件名混乱的情况。

【例 A-4】 创建和保存矩阵 ***D*** 的 M 文件的创建过程。

1)打开文件编辑器，并在空白填写框中输入所需数组。

2)保存此 M 文件，并命名该文件为 Matrix_D.m，如图 A-3 所示。

3)以后只要在 MATLAB 指令窗中，运行 Matrix_D.m 文件，自动生成矩阵 ***D***，如图 A-4 所示。

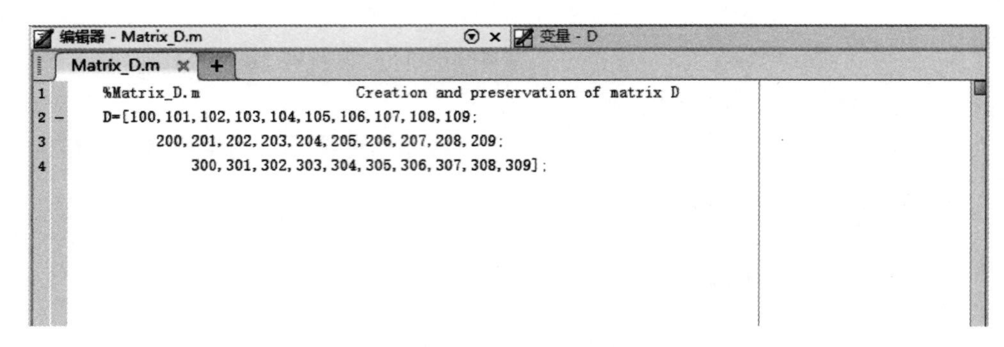

图 A-3 利用 M 文件创建矩阵 ***D***

D

3x10 double

	1	2	3	4	5	6	7	8	9	10
1	100	101	102	103	104	105	106	107	108	109
2	200	201	202	203	204	205	206	207	208	209
3	300	301	302	303	304	305	306	307	308	309

图 A-4 执行 M 文件获得矩阵 ***D***

(5)矩阵元素的标识和寻访。以二维矩阵为例，对其进行标识和寻访的最常见格式见表A-4。

表 A-4 矩阵元素寻访格式

	格 式	使用说明
全下标法	A(r,c)	访问矩阵 ***A*** 指定行 r 和指定列 c 上的元素
	A(r,:)	访问矩阵 ***A*** 指定行 r 和全部列上的元素
	A(:,c)	访问矩阵 ***A*** 全部行和指定列 c 上的元素

	格　式	使用说明
单下标法	A(:)	“单下标全元素”寻访，由 A 的各列按自左到右的次序，首尾相接而生成的“一维长列”
	A(s)	“单下标”寻访，生成“s 指定的”一维数组，s 若是“行数组”(或“列数组”)，则 **A**(s) 就是长度相同的“行数组”(或“列数组”)
逻辑标识法	A(L)	“逻辑 1”寻访，生成“一维”列数组；由与 **A** 同样大小的“逻辑数组”L 中的“1”元素选出 **A** 的对应元素；按“单下标”次序排成长列组成

【例 A-5】 矩阵的创建与寻访应用举例。

MATLAB 程序代码如下：

```
>>A=[1 2 3;4 5 6]
```

%%运行结果是生成了一个 2×3 阶的矩阵 A，A 的第一行由 1，2，3 这 3 个元素组成，第 2 行由 4，5，6 这 3 个元素组成，输出结果如下：

```
a =
     1     2     3
     4     5     6
```

接着输入：

```
>>B=[A;7,8,9]
```

%%运行结果是创建了一个 3×3 阶的矩阵 B，B 矩阵是在 A 矩阵的基础上添加一行元素 7，8，9，组成一个 3×3 阶矩阵，输出结果如下：

```
B =
     1     2     3
     4     5     6
     7     8     9
```

接着输入：

```
>>C=[A',B]
```

运行结果是创建了一个 3×5 阶矩阵 C，C 矩阵是由 A 的转置矩阵和矩阵 B 组合生成的，输出结果如下：

```
>>C =
     1     4     1     2     3
     2     5     4     5     6
     3     6     7     8     9
```

矩阵元素的访问如下所示。

1)访问单个矩阵元素：C(3,5)=9，访问的是矩阵 C 第 3 行第 5 列的交叉元素。

2)访问整列矩阵元素：C(:,2)=[4;5;6]，访问的是矩阵 C 中第 2 列中的所有元素。

3)访问整行矩阵元素：C(3,:)=[3,6,7,8,9]，访问的是矩阵 C 中第 3 行中的所有元素。

4)访问矩阵整块元素：C(2:3,3:5)=[4,5,6;7,8,9]，访问了一个(2×3)的子块矩阵。

A.4.3　矩阵的基本运算

矩阵的基本运算主要包括矩阵的加减运算、乘法运算、除法运算、乘方运算和点运算等。

(1)矩阵加减运算。两个矩阵相加或相减运算的规则是两个同维(相同的行和列)的矩阵对应元素相加减。若一个标量和一个矩阵相加减,则规则是标量和所有元素分别进行相加减操作。加减运算符分别是+和-。

(2)矩阵相乘运算。两个矩阵相乘运算的规则是第一个矩阵的各行元素分别与第二个矩阵的各列元素对应相乘并相加。乘法的运算符是“*”。假定两个矩阵为 $\boldsymbol{A}_{m\times n}$ 和 $\boldsymbol{B}_{n\times p}$,相乘得到 $\boldsymbol{D}_{m\times p}=\boldsymbol{A}_{m\times n}*\boldsymbol{B}_{n\times p}$。若一个标量和一个矩阵相乘,规则是标量和所有元素分别进行乘操作。

(3)矩阵除法运算。在 MATLAB 语言中,有两种除法运算:左除和右除。左除和右除的运算符分别是“\\”和“/”。假定矩阵 **A** 是非奇异方阵,A\\B 等效为 **A** 的逆矩阵左乘 **B** 矩阵,即 inv(**A**)*$\boldsymbol{B}$,相当于方程 $\boldsymbol{A}*\boldsymbol{X}=\boldsymbol{B}$ 的解;$\boldsymbol{B}/\boldsymbol{A}$ 等效为 **A** 的逆矩阵右乘 **B** 矩阵,即 B*inv(A),相当于方程 $\boldsymbol{X}*\boldsymbol{A}=\boldsymbol{B}$ 的解。一般来说,**A\\B**$\neq$**B/A**。

(4)矩阵乘方运算。在 MATLAB 语言中,当 **A** 是方阵,n 为大于 0 的整数时,一个矩阵 **A** 的 n 次乘方运算可以表示成为 $\widehat{\mathrm{A}}\mathrm{n}$,即 **A** 自乘 n 次;当 n 为小于 0 的整数时,$\widehat{\mathrm{A}}\mathrm{n}$ 表示 **A** 的逆矩阵($\boldsymbol{A}^{-1}$)的 $|n|$ 次方。

(5)矩阵点运算。在 MATLAB 语言中,点运算是一种特殊的运算,其运算符是在有关算术运算符前加点。点运算符有“.*”“./”“.\\”和“.^”4 种。点运算规则是对应元素进行相关运算:

1)若两个矩阵 **A** 和 **B** 进行点乘运算,则要求矩阵维度相同,对应元素相乘。

2)若 **A** 和 **B** 两个矩阵同维,则 A./B 表示 **A** 矩阵除以 **B** 矩阵的对应元素;B./A 表示 **A** 矩阵除以 **B** 矩阵的对应元素,等价于 A./B。

3)若 **A** 和 **B** 两个矩阵同维,则 A.^B 表示两个矩阵对应元素进行乘方运算。

4)若 b 是标量,则 A.^b 表示 **A** 的每个元素与 b 做乘方运算;若 a 是标量,则 a.^B 表示 a 与 B 的每个元素进行乘方运算。

【例 A-6】 矩阵的基本运算举例。

```
>> A=[1 2;3 4];
>> B=[1 -1;2 2];
%%矩阵的加减运算
>> D1=A-1                                        %矩阵和标量相加减
D1 =
     0     1
     2     3
>> D2=A-B                                        %矩阵相加减
D2 =
     0     3
     1     2
%%矩阵的乘法运算
>> D3=A*B                                        %矩阵相乘
D3 =
     5     3
```

```
    11      5
%%矩阵的除法运算
>> D4=A\\B                              %矩阵除法(左除)
D4 =
         0    4.0000
    0.5000   -2.5000
>>  D5=B/A                              %矩阵除法(右除)
D5 =
   -3.5000    1.5000
   -1.0000    1.0000
%%矩阵的乘方运算
>> D6=A^3                               %矩阵乘方运算(n>0)
D6 =
        37    54
        81   118
>> D7=A^-3                              %矩阵乘方运算(n<0)
D7 =
      -14.7500    6.7500
       10.1250   -4.6250
>> D=D6 * D7                            %矩阵乘方运算(n<0)
D =
        1.0000   -0.0000
        0.0000    1.0000
>> D8=A. * B                            %矩阵点运算(A 点乘 B)
D8 =
        1     -2
        6      8
%%矩阵的点运算
>> D9=A./B                              %矩阵点运算(A 点右除 B)
D9 =
    1.0000   -2.0000
    1.5000    2.0000
>> D10=B.\\A                            %矩阵点运算(B 点左除 A)
D10 =
    1.0000   -2.0000
    1.5000    2.0000
>> D11=A.^B                             %矩阵点运算(A 点乘方 B)
D11 =
    1.0000    0.5000
```

```
    9.0000    16.0000
>> b=2;
>> D12=A.^b                                          %矩阵点运算(A 点乘方标量 b)
D12 =
    1     4
    9    16
>> D13=b.^B                                          %矩阵点运算(标量 b 点乘方 B)
D13 =
    2.0000    0.5000
    4.0000    4.0000
```

A.4.4 矩阵的分析

(1)方矩阵的行列式。一个行数和列数相同的方矩阵可以看作一个行列式,而行列式是一个数值。MATLAB 语言用 ***M***=det(***A***)函数求方矩阵的行列式的值。

【例 A-7】 对方阵 ***A***=[1 3 2;2 1 0;0 0 1],求行列式值 *M* 。

```
>> A=[1 3 2;2 1 0;0 0 1]
A =
    1     3     2
    2     1     0
    0     0     1
>> M=det(A)
M =
   -5
```

(2)矩阵的秩和迹。矩阵线性无关的行数或者列数称为矩阵的秩。MATLAB 语言中用 r=rank(A)函数求矩阵的秩。

一个矩阵的迹等于矩阵的对角线元素之和,也等于矩阵的特征值之和。MATLAB 语言用 t=trace(A)函数求解矩阵的迹。

(3)矩阵的逆和伪逆。对于一个方矩阵 ***A***,如果存在一个同阶方矩阵 ***B***,使得 ***A***·***B***=***B***·***A***=***I***(其中 ***I*** 为单位矩阵),则称 ***B*** 为 ***A*** 的逆矩阵,***A*** 也为 ***B*** 的逆矩阵。线性代数中,对矩阵求逆较为烦琐,而 MATLAB 语言用函数 inv(A)求解十分容易。

如果矩阵 ***A*** 不是一个方阵,或者 ***A*** 为非满秩矩阵,那么就不存在逆矩阵,但可以求广义上的逆矩阵 ***B***,称为伪逆矩阵,MATLAB 语言用 B=pinv(A)函数求伪逆矩阵。

(4)矩阵的特征值和向量特征。矩阵的特征值和特征向量在科学计算中广泛应用。设 ***A*** 为 *n* 阶方阵,使得等式 ***Av***=*D****v*** 成立,则 *D* 称为 ***A*** 的特征值,向量 ***v*** 称为 ***A*** 的特征向量。MATLAB 语言用函数 eig(A)求矩阵的特征值和特征向量,常用下面两种格式:

E=eig(A)求矩阵 A 的特征值,构成向量 E;

[v,D]=eig(A)求矩阵 A 的特征值,构成对角矩阵,并求 A 的特征向量 v。

A.4.5 矩阵的信息获取函数

MATLAB 语言提供了很多函数以获取矩阵的各种属性信息,包括矩阵的大小、矩阵的长度和矩阵元素的个数等。

(1)MATLAB 语言可以用 size(A)函数来获取矩阵 **A** 的行和列的数。函数调用格式如下：

D=size(A)返回一个行和列数构成两个元素的行向量；

[M,N]=size(A)返回矩阵 **A** 的行数为 M,列数为 N。

(2)MATLAB 语言可以用 length(A)函数来获取矩阵 **A** 的行数和列数的较大者，即 length(A)=max(size(A))。函数调用格式如下：

d=length(A)返回矩阵 **A** 的行数和列数的较大者。

MATLAB 语言可以用 numel(A)函数来获取矩阵 **A** 的元素总个数。函数的调用格式如下：

n=numel(A)返回矩阵 **A** 的元素的总个数。

A.4.6　字符串

字符串是 MATLAB 语言的一个重要组成部分，MATLAB 语言提供强大的字符串处理功能。在 MATLAB 语言中，字符串一般以 ASCII 码形式存储，以行向量形式存在，并且每个字符占用两个字节的内存。在 MATLAB 语言中，创建一个字符串常用方法有以下四种：

(1)直接将字符内容用单引号(‘’)括起来。

```
>> str='This is an example'
str =
    'This is an example'
```

(2)用方括号连接多个字符串组成一个长字符串。

```
>> str=['这' '是' '一' '组' '数' '据']
str =
    '这是一组数据'
```

(3)用函数 strcat 把多个字符串水平连接合并成一个长字符串，函数语法格式为 str=strcat(str1,srt2,…)。

```
>> str1=I''m a student ';
>> str2='of ';
>> str3=' Northwestern Polytechnical University';
>> str=strcat(str1,str2,str3)
str =
    'I'm a student of Northwestern Polytechnical University'
```

(4)用函数 strvcat 把多个字符串连接成多行字符串，函数语法格式为 str=strvcat(str1,srt2,…)。

```
>> str1='student_information';
str2='student_name';
str3='student_age';
>> str=strvcat(str1,str2,str3)
str =
  3×19 char 数组
```

```
'student_information'
'student_name'
'student_age'
```

字符串的操作主要介绍字符串的比较,字符串查找和替换等。MATLAB 中相应的函数及其功能见表 A-5。

表 A-5 字符串的比较函数格式及功能

函数名	调用格式	功能说明
strcmp	strcmp(str1,str2)	比较两个字符串是否相等,相等为 1,不等为 0
strncmp	strncmp(str1,srt2,n)	比较两个字符串前 n 个字符是否相等,相等为 1,不等为 0
strcmpi	strcmpi(str1,str2)	忽略大小写,比较两个字符串是否相等,相等为 1,不等为 0
strncmpi	strncmpi(str1,srt2,n)	忽略大小写,比较两个字符串前 n 个字符串是否相等,相等为 1,不等为 0

MATLAB 语言查找与替换字符串的常用函数有 strfind,findstr,strmatch,strtok 和 strrep 5 个。字符串查找函数的调用格式及功能说明见表 A-6。

表 A-6 字符串查找函数

函数名	函数功能说明
strfind(str,'str1')	在字符串 str 中查找另一个字符串 str1 出现的位置
findstr(str,'str1')	在一个较长符串 str 中查找较短字符串 str1 出现的位置
strmatch('str1',str)	在 str 字符串数组中,查找匹配以字符 str1 为开头所在的行数
strtok(str)	从字符串 str 中截取第一个分隔符前面的字符串
strrep(str,'oldstr','newstr')	在原来字符串 str 中,用新的字符串 newstr 替换旧的字符串 oldstr

在 MATLAB 语言中,除了常用的字符串创建、比较、查找和替换操作外,还有许多其他字符串操作。例如,字符串进行算数运算会自动转换为数值型。MATLAB 还提供了许多字符串与数值之间的转换函数,见表 A-7。

表 A-7 字符串与数值转换函数

函数名	格式及例子	功能与说明
abs	abs('a')=97	将字符串转换为 ASCII 码数值
double	double('a')=97	将字符串转换为 ASCII 码数值的双精度数据
char	char(97)=a	将数值整数部分转换为 ASCII 码等值的字符
str2num	str2num('23')=23	将字符串转为数值
num2str	num2str(63)='63'	将数值转为字符串
str2double	str2double('97')=97	将字符串转为双精度类型数据
mat2str	mat2str([11 12 13;4 5 6]) ='[11 12 13;4 5 6]'	将矩阵转为字符串
dec2hex	dec2hex(64)='40'	将十进制整数转为十六进制整数字符串

续 表

hex2dec	hex2dec('40')=64	将十六进制字符串转为十进制整数
dec2bin	dec2bin(16)='10000'	将十进制整数转为二进制整数字符串
bin2dec	dec2bin('10000')=16	将二进制字符串转为十进制整数
dec2base	dec2base(16,8)='20'	将十进制整数转为指定进制的整数字符串
base2dec	base2dec('20',8)=16	将指定进制字符串转为十进制整数

A.5 MATLAB 程序结构和 M 文件

MATLAB 和其他高级语言(如 C 语言和 FORTRAN)一样,要实现复杂的功能需要编写程序文件和调用各种函数。

A.5.1 程序结构

MATLAB 语言有 3 种常用的程序控制结构:顺序结构、选择结构和循环结构。MATLAB 语言里任何复杂程序都可以由这 3 种基本结构组成。

(1)顺序结构。顺序结构是 MATLAB 语言程序的最基本的结构,是指按照程序中的语句排列顺序依次执行,每行语句是从左往右执行,不同行语句是从上往下执行。一般数据的输入和输出、数据的计算和处理程序都是顺序结构。

(2)选择结构。MATLAB 语言的选择结构是根据选定的条件成立或者不成立,分别执行不同的语句。选择结构有下面 3 种常用语句:if 语句、switch 语句和 try 语句。

1)if 语句。在 MATLAB 语言中,if 语句有 3 种格式:单项选择结构、双项选择结构和多项选择结构。

单项选择结构语句的格式如下:

```
if 条件
语句组
end
```

当条件成立时,执行语句组,执行完后继续执行 end 后面的语句;若条件不成立,则直接执行 end 后面的语句。

双项选择结构语句的格式如下:

```
if 条件 1
语句组 1
else
语句组 2
end
```

当条件 1 成立时,执行语句组 1,否则执行语句组 2,之后继续执行 end 后面的语句。

2)switch 语句。在 MATALB 语言中,switch 语句也用于多项选择。根据表达式值的不同,分别执行不同的语句组。该语句的格式如下:

```
switch 表达式
case 表达式 1
    语句组 1
```

```
case 表达式 2
    语句组 2
 ⋮
case 表达式 m
    语句组 m
otherwise
    语句组 n
end
```

当表达式的值等于表达式 1 的值时，执行语句组 1；当表达式的值等于表达式 2 的值时，执行语句组 2；依此类推，当表达式的值等于表达式 m 的值时，执行语句组 m；当表达式的值不等于 case 所列表达式的值时，执行语句组 n。

3)try 语句。在 MATLAB 语言里，try 语句是一种试探性执行语句，该语句的格式如下：

```
try
语句组 1
catch
语句组 2
end
```

try 语句先试探执行语句组 1，如果语句组 1 在执行过程中出错，则将错误信息赋值给系统变量 laster，并转去执行语句组 2。

(3)循环结构。循环结构是 MATLAB 语言的一种非常重要的程序结构，是按照给定的条件，重复执行指定的语句。MATLAB 语言提供两种循环结构语句：循环次数确定的 for 循环语句和循环次数不确定的 while 循环语句。

1)for 循环语句。for 循环语句是 MATLAB 语言的一种重要的程序结构，是以指定次数重复执行循环体内的语句。for 循环语句的格式如下：

```
for 循环变量＝表达式 1:表达式 2:表达式 3
循环体语句
end
```

其中：

①表达式 1 的值为循环变量的初始值，表达式 2 的值为步长，表达式 3 的值为循环变量的终值；

②当步长为 1 时，可以省略表达式 2；

③当步长为负值时，初值大于终值；

④循环体内不能对循环变量重新设置；

⑤for 循环允许嵌套使用；

⑥for 和 end 配套使用，且小写。

for 循环语句的流程图如图 A－5 所示。首先计算 3 个表达式的值，将表达式 1 的值赋给循环变量 k，然后判断 k 值是否介于表达式 1 和表达式 3 之间，如果不是，结束循环，如果是，则执行循环体语句，k 增加一个表达式 2 的步长，然后再判断 k 值是否介于表达式 1 和表达式 3 的值之间，直到条件不满足，结束循环为止。

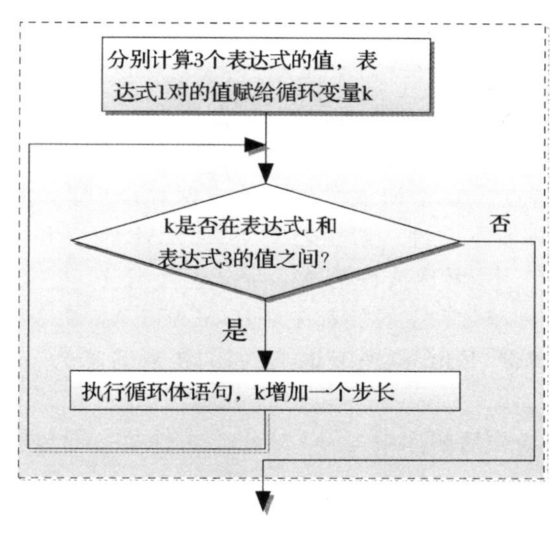

图 A－5　for 循环语句流程图

2)while 循环语句。while 循环语句是 MATLAB 语言的一种重要的程序结构，是在满足条件下重复执行循环体内的语句，循环次数一般是不确定的。while 循环语句的格式如下：

```
while 条件表达式
    循环体语句
end
```

其中，当条件表达式为真，就执行循环体语句；否则，就结束循环。while 和 end 匹配使用。

(4)程序控制命令。MATLAB 语言有许多程序控制命令，主要有 pause 命令、continue 继续命令、break 中断命令和 return 退出命令等。

1)pause 命令

在 MATLAB 语言中，pause 命令可以使程序运行停止，等待用户按任意键继续，也可以设定暂停时间。该命令的调用格式如下：

```
pause                          %程序暂停运行
pause(n)                       %程序暂停运行 n 秒后继续运行
```

2)continue 命令。MATLAB 语言的 continue 命令一般用于 for 或 while 循环语句中，与 if 语句配套使用，达到跳出本次循环，执行下次循环的目的。

MATLAB 命令有两种执行方式：命令执行方式和 M 文件执行方式。命令执行方式是在命令窗口逐条输入命令，逐条解释执行。这种方式操作简单直观，且速度慢，命令语句保留，不便于今后查看和调用。M 文件执行方式是将命令语句编成程序存储在一个文件中，扩展名为.m(称为 M 文件)。当运行程序文件后，MATLAB 依次执行该文件中的所有命令，运行结果或错误信息会在命令空间显示。这种方式编程方便，便于今后查看和调用，适用于复杂问题的编程。

A.5.2　M 文件

MATLAB 命令有两种执行方式：命令执行方式和 M 文件执行方式。命令执行方式是在命令窗口逐条输入命令,逐条解释执行。这种方式操作简单直观,且速度慢,命令语句保留,不便于今后查看和调用。M文件执行方式是将命令语句编成程序存储在一个文件中,扩展名为.m(称为M文件)。当运行程序文件后,MATLAB依次执行该文件中的所有命令,运行结果或错误信息会在命令空间显示。这种方式编程方便,便于今后查看和调用,适用于复杂问题的编程。

(1)M文件的分类和特点。编写M文件的方法有两种:M脚本文件(Script File)和M函数文件(Function File)。M脚本文件一般由若干MATLAB命令和函数组合在一起,可以完成某些操作,实现特定功能。M函数文件是为了完成某个任务,将文件定义成一个函数。实际上,MATLAB提供的各种函数和工具箱都是利用MATLAB命令开发的M文件。这两种文件都可以用M文件编辑器(Editor)来编辑,它们的扩展名均为m。两种文件的主要区别在是:

1)M脚本文件按照命令先后顺序编写,而M函数文件第一行必须是以function开头的函数声明行。

2)M脚本文件没有输入参数,也不返回输出参数,而M函数文件可以带有输入参数和返回输出参数。

3)M脚本文件执行完后,变量结果返回到工作空间,而M函数文件可以定义的变量为局部变量,当函数文件执行完,这些变量不会存在工作空间。

4)M脚本文件可以按照程序中命令的先后顺序直接运行,而函数文件一般不能直接运行,需要定义输入参数,使用函数调用的方式来调用它。

(2)M文件的创建和打开。M文件可以用MATLAB文件编辑器来创建。

1)创建新的M文件。创建M脚本文件,可以从MATLAB主窗口的主页下,单击“新建脚本”,或者选择“新建菜单”,再选择“脚本”,就能打开脚本文件编辑器窗口。

创建M函数文件,可以从MATLAB主窗口的主页下,选择“新建菜单”,再选择“函数”,就能打开函数文件编辑器窗口。

在文档窗口输入M文件的命令语句,输入完毕后,选择编辑窗口“保存”或者“另存为”命令保存文件。M文件一般默认存放在MATLAB的Bin目录中,如果存在别的目录,运行该M文件时候,应该选择“更改文件夹”选项或者“添加到路径”选项。

创建M文件,还可以在MATLAB命令窗口输入命令eidt,启动MATLAB文件编辑窗口,输入文件内容后保存。

2)打开已创建的M文件。在MATLAB语言中,打开已有的M文件有菜单操作和命令操作两种方法。

①菜单操作。打开已有的M函数文件,可以从MATLAB主窗口的主页下,选择“打开”,在打开窗口选择文件路径,选择M文件,单击“打开”按钮。

②命令操作。在MATLAB命令窗口输入命令:eidt文件名,就能打开已有的M文件,对打开的M文件可以进行编辑和修改,然后再存盘。

A.5.3 M函数文件

M函数文件是一种重要的M文件,每个函数文件都定义为一个函数。MATLAB提供的各种函数基本都是由函数文件定义的。

(1)M函数文件的格式。

M 函数文件由 function 声明行开头，其格式如下：

```
function[output_value]=Untiled_F(input_var)
%函数功能简介
%详细说明
end
```

其中，以 function 开头的这行是函数声明行，表明该 M 文件是一个函数文件。Untiled_F 为函数名，函数名的命名规则和变量名相同。input_var 为函数的输入形参列表，多个参数用“,”分隔，用圆括号括起来。output_value 为函数的输出形参列表，多个参数间用“,”分隔，当输出参数为两个或者两个以上时，用方括号括起来。

M 函数文件说明如下：

1)M 函数文件中的函数声明行是必不可少的，必须以 function 语句开头，用以区分 M 脚本文件个 M 函数文件。

2)M 函数文件名和声明行中的函数名最好相同，以免出错。如果不同，MATLAB 将忽略函数名而确认函数文件名，调用时使用函数文件名。

3)注释说明要以%开头，第一注释行一般包括大写的函数文件名和函数功能信息，可以提供 lookfor 和 help 命令查询使用。第二及以后注释行为帮助文本，提供 M 函数文件更加详细的说明信息，通常包括函数的功能，输入和输出参数的含义，调用格式说明，以及版权信息，便于 M 文件查询和管理。

(2)M 函数文件的调用。

M 函数文件编写好后，就可以在命令窗口或者 M 脚本文件中调用函数。函数调用的一般格式入下：

[输出实参数列表]=函数名(输入实参数列表)

需要注意，函数调用时各实参数列表出现的顺序和个数，应与函数定义时的形参列表的顺序和个数一致，否则会出错。函数调用时，先将输入实参数传送给相应的形参数，然后再执行函数，函数将输出形参数传送给输出实参数，从而实现参数的传递。

(3)主函数和子函数。

1)主函数。

在 MATLAB 中，一个 M 文件可以包含一个或者多个函数，但只能有一个主函数，主函数一般出现在文件最上方，主函数名与 M 函数文件名相同。

2)子函数。

在一个 M 函数文件中若有多个函数，则除了第一个主函数以外，其余函数都是子函数。子函数的说明如下：

①子函数只能被同一文件中的函数调用，不能被其他文件调用。

②个子函数的次序没有限制。

③同一文件的主函数和子函数的工作空间是不同的。

(4)函数的参数。

MATLAB 语言的函数参数包括函数的输入参数和输出参数。函数通过输入参数接收数据，经过函数执行后由输出参数输出结果，因此，MATLAB 的函数调用就是输入输出参数传递的过程。

1)参数的传递。

函数的参数传递是将主函数中的变量值传送给被调函数的输入参数,被调函数执行后,将结果通过被调函数的输出参数传送给主函数的变量。被调函数的输入和输出参数都存放在函数的工作空间中,与MATLAB的工作空间是独立的,当调用结束后,函数的工作空间数据被清除,被调函数的输入和输出参数也被清除。

2)参数的个数。

MATLAB函数的输入输出参数使用时,不用事先声明和定义,参数的个数可以改变。MATLAB语言提供nargin和nargout函数获得实际调用时函数的输入和输出参数的个数。还可以用varagrin和varargout函数获得输入和输出参数的内容。

nargin和nargout函数可以分别获得函数的输入和输出参数的个数,调用格式如下:

```
x=nargin('fun')
y=nargout('fun')
```

varagrin和varargout函数,将函数调用时实际传递的参数构成元胞数组,通过访问元胞数组中各元素的内容来获得输入和输出变量。varagrin和varargout函数的格式如下:

```
function y=fun(varagrin)           %输入参数为varagrin的函数fun
function varargout=fun(x)          %输出参数为varargrout的函数fun
```

(5)函数的变量。

MATLAB的函数变量根据作用范围,可以分为局部变量和全局变量。

1)局部变量。

局部变量(Local Variables)的作用范围是函数的内部,函数内部的变量如果没有特别声明,都是局部变量。都有自己的函数工作空间,与MATLAB工作空间是独立的,局部变量仅在函数内部执行时存在,当函数执行完,变量就消失。

2)全局变量。

全局变量(Global Variables)的作用范围是全局的,可以在不同的函数和MATLAB工作空间中共享。使用全局变量可以减少参数的传递,有效地提高程序的执行效率。全局变量在使用前必须用"global"命令声明,而且每个要共享的全局变量的函数和工作空间,都必须逐个使用"global"对该变量声明。格式为

```
global 变量名
```

要清除全局变量可以用clear命令,命令格式如下:

```
clear global 变量名          %清除某个全局变量
clear global                 %清除所有的全局变量
```

A.5.4 程序调试

程序调试是程序设计的重要环节,MATLAB提供了相应的程序调试功能,既可以通过文件编辑器进行调试,又可以通过命令窗口结合具体的命令进行调试。

(1)命令窗口调试。

MATLAB在命令窗口运行语句,或者运行M文件时,会在命令窗口提示错误信息,一般有语法错误和程序逻辑错误两种。

1)语法错误。

语法错误一般包括文法或词法的错误,例如,表达式书写错误和函数的拼写错误等。

MATLAB能够自己检测出大部分的语法错误,给出相应的错误提示信息,并标出错误在程序中的行号,通过分析MATLAB给出的错误信息,不难排除程序代码中的语法错误。

2)程序逻辑错误。

①程序逻辑错误是指程序运行结果有错误,MATLAB系统对逻辑错误是不能检测和发现的,也不会给出任何错误提示信息。这时需要通过一些调试手段来发现程序中的逻辑错误,可以通过获取中间结果的方式来获得错误可能发生的程序段。

②可以将程序中间的一些结果输出到命令窗口,从而确定错误的区断。命令语句后的分号去掉,就能输出语句的结果。或者用注释%,放置在一些语句前,就能忽略这些语句的作用。逐步测试,就能找到逻辑错误可能出现的程序区段了。

③使用MATLAB的调试菜单(Debug)调试。通过设置断点和控制程序单步运行等操作。

(2)MATLAB菜单调试。

MATLAB的文件编辑器除了能编辑和修改M文件之外,还能对程序菜单调试。通过调试菜单可以查看和修改函数工作空间中的变量,找到运行的错误。调试菜单提供设置断点的功能,可以使得程序运行到某一行暂停运行,可以查看工作空间中的变量值,来判断断点之前的语句逻辑是否正确。还可以通过调试菜单逐步运行程序,逐行检查和判断程序是否正确。

(3)MATLAB调试函数。

MATLAB调试程序还可以利用调试函数,见表A-8。

表A-8 MATLAB常用调试函数

调试函数名	功能和作用	调试函数名	功能和作用
dbstop	用于在M文件中设置断点	dbstep	从断点处继续执行M文件
dbstatus	显示断点信息	dbstack	显示M文件执行时调用的堆栈等
dbtype	显示M文件文本(包括行号)	dbup/dbdown	实现工作空间的切换

表A-8中的各调试函数的功能和作用和菜单调试用法类似,具体使用方法可以用MATLAB的帮助命令help查询。

A.6 MATLAB数据可视化

数据可视化是MATLAB非常重要的功能,能够将可能没有显性规律的数据通过图像显示,从中观察出数据的变换规律和趋势特性等内在关系。此处,主要介绍使用MATLAB进行二维图形和三维图形的绘制。

MATLAB提供了丰富的绘图函数和绘图工具,可以简单方便绘制各种图形。MATLAB绘制一个典型图形一般需要准备绘图的数据、选定绘图窗口和绘图区域、绘图、设置曲线和图形的格式、输出绘制图形5个步骤。

A.6.1 二维图形绘制

(1)二维曲线的绘制。在MATLAB中,最基本且应用最广泛的绘图函数是绘制曲线函数plot,利用plot函数可以在二维平面上绘制不同的曲线。

plot(y)绘制以y为纵坐标的二维曲线;

plot(x,y)绘制以x为横坐标,y为纵坐标的二维曲线;

plot(x1,y1,x2,y2,…)在同一坐标轴下绘制多条二维曲线。

(2)线性图格式设置。为了便于曲线比较,MATLAB 提供了一些绘图选项,可以控制所绘的曲线的线型、颜色和数据点的标识符号。命令格式如下:

plot(x,y,'选项')

其中选项一般由线型、颜色和数据点标识组合一起。选项具体定义见表 A-9。当选项省略时,MATLAB 默认线型一律使用实线,颜色将根据曲线的先后顺序依次采用表 A-9 给出的颜色。

表 A-9 线型、颜色和数据点标识定义

颜色		线型		数据点标识	
类型	符号	类型	符号	类型	符号
蓝色	b(blue)	实线(默认)	—	实点标记	.
绿色	g(green)	点线	:	圆圈标记	o
红色	r(red)	虚线	——	叉号标记	x
青色	c(cyan)	点画线	—.	十字标记	+
紫红色	m(magenta)			星号标记	*
黄色	y(yellow)			方块标记	s
黑色	k(black)			钻石标记	d
白色	w(white)			…	

MATLAB 可以通过函数设置坐标轴的刻度和范围来调整坐标轴。设置坐标轴函数 axis 的常用调用格式见表 A-10。

表 A-10 常用设置坐标轴函数及功能

函数命令	功能及说明	函数命令	功能及说明
axis auto	使用默认设置	axis manual	保持当前坐标范围不变
axis([xmin,xmax,ymin,ymax])	设定坐标范围,且要求 xmin＜xmax,ymin＜ymax,	axis fill	在 manual 方式下,使坐标充满整个绘图区域
axis equal	横纵坐标使用等长刻度	axis on	显示坐标轴
axis square	采用正方形坐标系	axis off	取消坐标轴
axis normal	默认矩形坐标系	axis xy	普通直角坐标,原点在左下方
axis tight	把数据范围设置为坐标范围	axis ij	矩阵式坐标,原点在左上方
axis image	横纵轴采用等长刻度,且坐标框紧贴数据范围	axis vis3d	保持高宽比不变,三维旋转时避免图形大小变化

为了便于读数,MATLAB 可以在坐标系中添加网格线,网格线根据坐标轴的刻度使用虚线分隔。MATLAB 使用 grid on 函数显示网格线,grid off 函数不显示网格线,MATLAB 的

默认设置是不显示网格线。

(3)图形的修饰。绘图完成后，为了使图形意义更加明确，便于读图，还需要对图形进行一些修饰操作。

MATLAB 提供 title 函数和 label 函数实现添加图形的标题和坐标轴的标签功能，调用格式如下：

```
title('str')
xlabel('str')
ylabel('str')
zlabel('str')
```

其中，title 为设置图形标题的函数；xlabel、ylabel、zlabel 为设置 x、y 和 z 坐标轴的标签函数；str 为注释字符串，也可以为结构数组。

MATLAB 提供 text 函数和 gtext 函数，能在坐标系某一位置标注文本注释。其调用格式如下：

```
text(x,y,'str')
gtext('str')
gtext({'str1';'str2';'str3';…})
```

其中，text(x,y,'str')函数能在坐标系位置(x,y)处添加文本注释；gtext('str')可以为鼠标选择的位置处添加文本注释；gtext({'str1';'str2';'str3';…})一次放置一个字符串，多次放置在鼠标指定的位置上。

A.6.2　三维图形绘制

MATLAB 能绘制很多种三维图形，包括三维曲线、三维网格线、三位表面图和三维特殊图形等。

(1)绘制三维曲线图。三维曲线图是根据三维坐标(x,y,z)绘制的曲线，MATLAB 使用 plot3 函数实现。其调用格式和二维绘图的 plot 命令相似，命令格式为

```
plot(x,y,z,'选项')
```

其中，x,y,z 必须是同维的向量或者矩阵，若是向量，则绘制一条三维曲线，若是矩阵，则按矩阵的列绘制多条三维曲线，三维曲线的条数等于矩阵的列数。选项的定义和二维 plot 函数定义一样，一般由线型、颜色和数据点标识组合在一起。

(2)绘制三维曲面图。三维曲面图包括三维网格图和三维表面图，三维曲面图和三维曲线图不同之处是三维曲线是以线来定义，而三维曲面图是以面来定义。MATLAB 提供的常用的三维曲面函数有：三维网格图 mesh 函数、带有等高线的三维网格图 mesh 函数、带基准平面的三维网格图 meshz 函数、三维表面图 surf 函数、带等高线的三维表面图 surfc 函数和加光照效果的三维表面图 surfl 函数。

(3)特殊的三维图形。MATLAB 提供很多函数绘制特殊的三维图形，例如三维柱状图 bar3，bar3h、饼图 pie3 等。

附录B　Simulink 仿真编程基础

B.1　Simulink 简介

1990年，MathWorks公司为MATLAB提供了新的控制系统模型化图形输入与仿真工具，并命名为SIMULAB，该工具很快就在控制工业界获得了广泛的认可，使得仿真软件进入了模型化图形组态阶段。1992年正式将该软件更名为Simulink。

Simulink的出现给控制系统分析和设计带来了福音，它有两个主要功能：Simu（仿真）和Link（链接），即该软件可以利用鼠标在模型窗口上绘制出所需要的控制系统的模型，然后利用Simulink提供的功能来对系统进行仿真和分析。

在实际工程中，控制系统的结构往往很复杂，如果不借助专用的系统建模软件，则很难准确地把一个控制系统的复杂模型输入计算机，对其进行进一步的分析与仿真。

Simulink是MATLAB提供的实现动态系统建模和仿真的一个软件包，它是一个集成化、智能化、图形化的建模与仿真工具，是一个面向多域仿真以及基于模型设计的框模块图环境，支持系统设计、仿真、自动化代码生成及嵌入式系统的连续测试和验证。基于这些特点，用户可以把精力从编程转向模型的构造。其最大的优点就是为用户省去了许多重复的代码编写工作。

Simulink提供了图形编辑器、可自定义的定制模块库以及求解器，能进行动态系统建模和仿真。通过与MATLAB集成，用户不仅能够将MATLAB算法融合到模型中，而且还能将仿真结果导出至MATLAB进行进一步分析。

Simulink的主要功能有以下几个。

（1）实现动态系统的建模、仿真与分析。

（2）预先对系统进行仿真与分析，进行适当的实时修改，达到仿真的最佳效果。

（3）调试和整定控制系统的参数，以提高系统的性能。

（4）提高系统开发的效率。

B.1.1　Simulink 的基本概念

Simulink有如下几个基本概念。

（1）模块与模块框图。Simulink模块有标准模块和定制模块两种类型。Simulink模块是系统的基本功能单元部件，并且产生输出宏。每个模块包含一组输入、状态和一组输出等几个部分。模块的输出是仿真时间，输入或状态的函数。模块中的状态是一组能够决定模块输出的变量，一般当前状态的值取决于过去时刻的状态值或输入，这样的模块称为记忆功能模块。例如，积分(Integrator)模块就是典型的记忆功能模块，模块的输出值取决于从仿真开始到当前时刻这一段时间内的输入信号的积分。

Simulink模块的基本特点是参数化。多数模块都有独立的属性对话框用于定义/设置模块的各种参数。此外，用户可以在仿真过程中实时改变模块的相关参数，以期找到最合适的参数，这类参数称为可调参数，例如在增益(Gain)模块中的增益参数。

此外，Simulink 也可以允许用户创建自己的模块，这个过程又称为模块的定制。定制模块不同于 Simulink 中的标准模块，它可以由子系统封装得到，也可以采用 M 文件或 C 语言实现自定义的功能算法，称为 S 函数。用户可以为定制的模块设计属性对话框，并将定制模块合并到 Simulink 库中，使得定制模块的使用与标准模块的使用完全一样。

Simulink 模块框图是动态系统的图形显示，它由一组模块的图标组成，模块之间的连接是连续的。

(2)信号。Simulink 使用"信号"一词来表示模块的输出值。Simulink 允许用户定义信号的数据类型、数值类型(实数或复数)和维数(一维或二维)等。此外，Simulink 还允许用户创建数据对象(数据类型的实例)作为模块的参数和信号变量。

(3)求解器。Simulink 模块指定了连续状态变量的时间导数，但没有定义这些导数的具体值，它们必须在仿真过程中通过微分方程的数值求解方法计算得到。Simulink 提供了一套高效、稳定、精确的微分方程数值求解算法，用户可根据需要和模型特点选择合适的求解算法。

(4)子系统。Simulink 子系统是由基本模块组成的、相对完整且具备一定功能的模块框图封装后得到的。通过封装，用户还可以实现带触发使用功能的特殊子系统。子系统的概念是 Simulink 的重要特征之一，体现了系统分层建模的思想。

(5)零点穿越。在 Simulink 对动态系统进行仿真时，一般在每一个仿真过程中都会检测系统状态变化的连续性。如果 Simulink 检测到某个变量的不连续性，为了保持状态突变处系统仿真的准确性，仿真程序会自动调整仿真步长，以适应这种变化。

动态系统中状态的突变对系统的动态特性具有重要影响，例如，弹性球在撞击地面时其速度及方向会发生突变，此时，若采集的时刻并非正好发生在仿真当前时刻(如处于两个相邻的仿真步长之间)，Simulink 的求解算法就不能正确反映系统的特性。

Simulink 采用一种称为零点穿越检测的方法来解决这个问题。首先模块记录下零点穿越的变量，每一个变量都是有可能发生突变的状态变量的函数。突变发生时，零点穿越函数从正数或负数穿过零点。通过观察零点穿越变量的符号变化，就可以判断出仿真过程中系统状态是否发生了突变现象。

如果检测到穿越事件发生，Simulink 将通过对变量的以前和当前时刻的插值来确定突变发生的具体时刻，然后，Simulink 会调整仿真步长，逐步逼近并跳过状态的不连续点，这就避免了直接在不连续点处进行的仿真。

采用零点穿越检测技术，Simulink 可以准确地对不连续系统进行仿真，从而极大地提高了系统仿真的速度和精度。

B.1.2 Simulink 模块的组成

(1)应用工具。Simulink 软件包的一个重要特点是它完全建立在 MATLAB 的基础上，因此 MATLAB 的各种应用工具箱也完全可应用到 Simulink 环境中来。

(2)Real - Time Workshop(实时工作室)。Simulink 软件包中的 Real - Time Workshop 可将 Simulink 的仿真框图直接转换为 C 语言代码，从而直接从仿真系统过渡到系统实现。该工具支持连续、离散及连续-离散混合系统。用户完成 C 语言代码的编程后可直接进行汇编及生成可执行文件。

(3)Stateflow(状态流模块)。Simulink 包含了 Stateflow 的模块,用户可以模块化设计基于状态变化的离散事件系统,将该模块放入 Simulink 模型中,就可以创建包含离散事件子系统的更为复杂的模型。

(4)扩展的模块集。如同众多的应用工具箱扩展了 MATLAB 应用范围一样,MathWorks 公司为 Simulink 提供了各种专门的模块集(BlockSet)来扩展 Simulink 的建模和仿真能力。这些模块涉及通信、电力、非线性控制和 DSP 系统等不同领域,以满足 Simulink 对不同领域系统仿真的需求。

B.1.3 Simulink 中的数据类型

Simulink 在开始仿真之前及仿真过程中会进行一个检查(无须手动设置),以确认模型的类型安全性。所谓模型的类型安全性,是指保证该模型产生的代码不会出现上溢或下溢,不至于产生不精确的运行结果。其中,使用 Simulink 默认数据类(double)的模型都是安全的固有类型。

(1)Simulink 支持的数据类型。Simulink 支持所有的 MATLAB 内置数据类型,内置数据类型是指 MATLAB 自定义的数据类型,见表 B-1。

表 B-1 Simulink 支持的数据类型

名　称	类型说明
double	双精度浮点型(Simukink 默认数据类型)
single	单精度浮点型
int8	有符号 8 位整数
uint8	无符号 8 位整数(包含布尔类型)
int16	有符号 16 位整数
uint16	无符号 16 位整数
int32	有符号 32 位整数
uint32	无符号 32 位整数

在设置模块参数时,指定某一数据类型的方法为 type(value)。例如,要把常数模块的参数设置为 1.0 单精度表示,则可以在常数模块的参数设置对话框中输入 single(1.0)。如果模块不支持所设置的数据类型,Simulink 就会弹出错误警告。

(2)数据类型的传播。构造模型时会将各种不同类型的模型连接起来,而这些不同类型的模块所支持的数据类型往往并不完全相同,如果把它们直接连接起来,就会产生冲突。仿真时,查看端口数据类型或更新数据类型时就会弹出一个提示对话框,用于告知用户出现冲突的信号和端口,而且有冲突的信号和路径会被加亮显示。此时就可以通过在有冲突的模块之间插入一个 Data Type Conversion 模块来解决类型冲突。

一个模块的输出一般是模块输入和模型参数的函数。而在实际建模过程中,输入信号的数据类型和模块参数的数据类型往往是不同的,Simulink 在计算这种输出时会把参数类型转换为信号的数据类型。当信号的数据类型无法表示参数值时,Simulink 将中断仿真,并给出错误信息。

(3)使用复数信号。Simulink 默认的信号值都是实数,但在实际问题中有时需要处理复数的信号。在 Simulink 中通常用下面两种方法来建立处理复数信号的模型。一种是将所需复数分解为实部和虚部,利用 Real - Image to Complex 模块将它们联合成复数,如图B-1所示。另一种是将所需的复数分解为复数的幅值和幅角,利用 Magnitue - Angle to Complex 模块将它们联合成复数。当然,也可以利用相关模块将复数分解为实部和虚部或者是幅值和幅角。

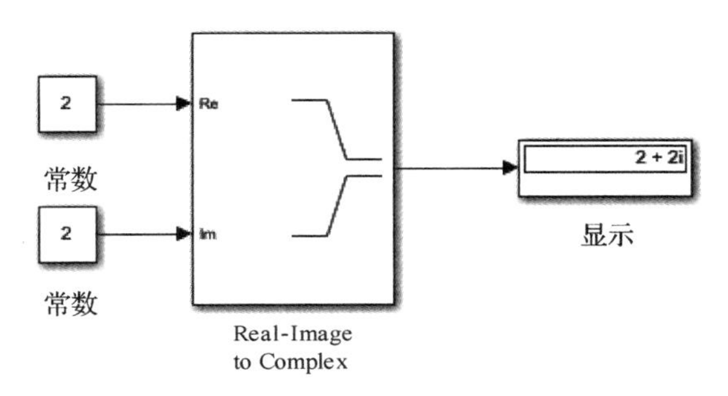

图 B-1　建立复数信号的模型

B.1.4　Simulink 的启动与退出

Simulink 的启动有两种方式:一种是启动 MATLAB 后,单击 MATLAB 主窗口的快捷按钮来打开启动 Simulink,进入 Simulink Start Page 界面,创建新的工程文件,进入图 B-2 所示的仿真编辑窗口,用户此时就可以开始编辑自己的仿真程序了。

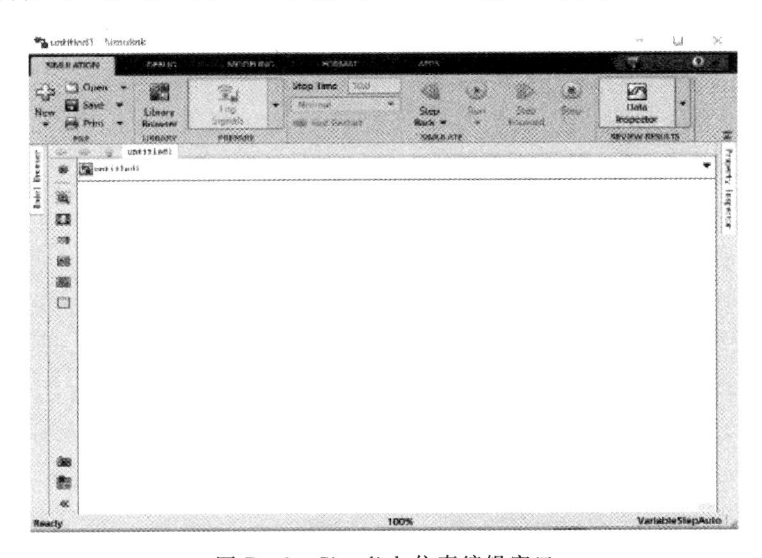

图 B-2　Simulink 仿真编辑窗口

点击上方的按钮，出现一个称为 Simulink Library Browser 的窗口，在这个窗口中列出了按功能分类的各种模块的名称。

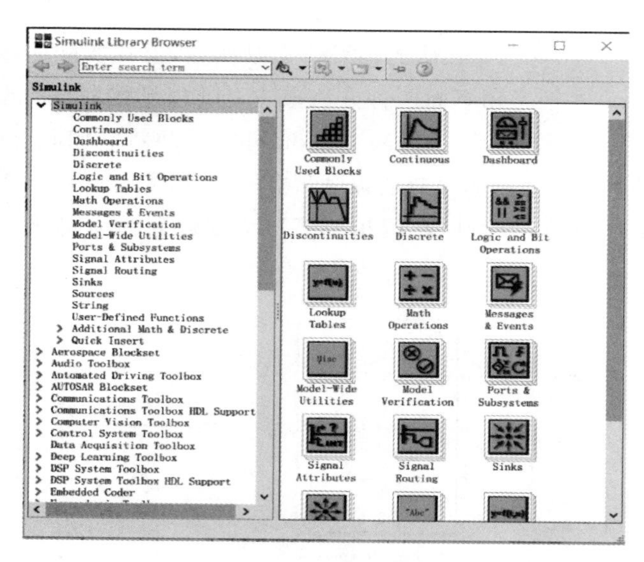

图 B-3　Simulink 模块库浏览界面

在上述浏览界面中能看到最常用的子模块(Most Frequency Blocks)，如图 B-4 所示，在仿真时一些子模块就可以在这里直接拖过去，而不需要再去里面一个一个找了。

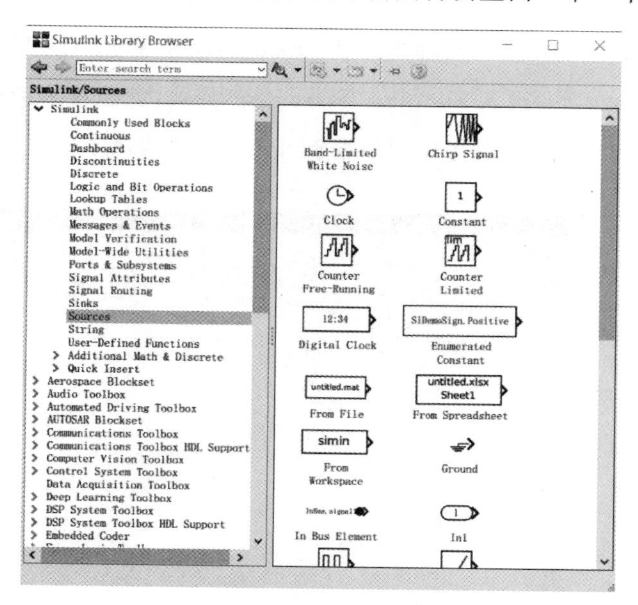

图 B-4　Simulink 模块库窗口

Simulink 的退出操作比较简单，只要关闭所有模型窗口和 Simulink 模块库窗口即可。

B.2 Simulink 的模块库简介

Simulink 建模的过程可以简单地理解为从模块库中选择合适的模块，然后将它们按照实际系统的控制逻辑连接起来，最后进行仿真调试的过程。

模块库的作用就是提供各种基本模块，并将它们按应用领域及功能进行分类管理，以便于用户查找和使用。库浏览器将各种模块库按树结构进行罗列，便于用户快速查找所需的模块，同时它还具有按照名称查找的功能。模块则是 Simulink 建模的基本元素，了解各个模块的作用是 Simulink 仿真的前提和基础。

Simulink 的模块库由两部分组成：基本模块和各种应用工具箱。在进行系统动态仿真之前，应绘制仿真系统框图，并确定仿真所需用的参数。Simulink 模块库包含大部分常用的建立系统框图的模块，下面简要介绍常用模块。

B.2.1 Simulink 模块库分类

Simulink 模块库按功能分为以下 16 类子模块库。

(1)Commonly Used Blocks 模块库，为仿真提供常用元件。

(2)Continus 模块库，为仿真提供连续系统。

(3)Discontinuitles 模块库，为仿真提供非连续系统元件。

(4)Dashboard 子模块库，为仿真提供一些类似仪表显示的模块元件。

(5)Discrete 模块库，为仿真提供离散元件。

(6)Logic and Bit Operations 模块库，提供逻辑运算和位运算的元件。

(7)Lookup Tables 模块库，线性插值查表模块库。

(8)Math Operations 模块库，提供数学运算功能元件。

(9)Model Verifiation 模块库，模型验证库。

(10)Model - Wide Utilities 模块库，为仿真提供相关分析模块元件。

(11)Ports&Subsystems 模块库，端口和子系统。

(12)Signal Attributes 模块库，信号属性模块。

(13)Signal Routing 模块库，提供用于输入、输出和控制的相关信号及相关处理。

(14)Sinks 模块库，为仿真提供输出设备元件。

(15)Sources 模块库，为仿真提供各种信号源。

(16)User - defined Funcitons 模块库，用户自定义函数元件。

B.2.2 控制系统仿真中常用的模块

下述对控制系统仿真中经常用到的模块进行介绍。

(1)信号源部分模块。控制系统仿真中，信号源部分模块常用的有输入源模块(Sources)，其中常用的有以下子模块。

1)Pulse Generator：脉冲发生器输入信号。

2)Step：阶跃输入信号。

3)Ramp：斜坡输入信号。

4)Sine Wave：正弦波信号。

5)Signal Generator：信号发生器，可以产生正弦、方波、锯齿波以及随意波。

6)Band - Limited White Noise:带限白噪声。

(2)系统模型部分模块。控制系统仿真中,用来建立系统模型部分模块常用的有连续模块、数学运算模块、非连续模块和离散系统模块。

1)连续模块(Continuous),常用的有以下子模块。

①Transfer - Fcn:传递函数模型。

②Zero - Pole:零极点模型。

③State - Space:状态空间系统模型。

④Derivative:输入信号微分。

⑤Integrator:输入信号积分。

⑥Transport Delay:输入信号延迟一个固定时间再输出。

⑦Variable Transport Delay:输入信号延迟一个可变时间再输出。

2)数学运算模块(Math Operations),常用的有以下子模块。

①Gain:比例运算。

②Sign:符号函数。

③Abs:取绝对值。

④Product:乘运算。

⑤Subtract:减法。

⑥Add:加法。

⑦MinMax:最值运算。

⑧Math Function:它包括指数函数、对数函数、求平方、开根号等常用数字函数。

⑨Trigonometic Function:三角函数,包括正弦、余弦、正切。

3)非连续模块(Discontinuous),常用的有以下子模块。

①Dead Zone:死区非线性。

②Backlash:间隙非线性。

③Coulomb&Viscous Friction:库仑和黏度摩擦非线性。

④Relay:滞环比较器,限制输出值在某一范围内变化。

⑤Saturation:饱和输出,让输出超过某一值时能够饱和。

4)离散系统模块(Discrete),常用的有以下子模块。

①Discrete Transfer - Fcn:离散传递函数模型。

②Discrete Zero - Pole:以零极点表示的离散传递函数模型。

③Discrete State - Space:离散状态空间系统模型。

④Zero - Order Hold:零阶保持器。

⑤First - Order Hold:一阶保持器。

⑥Unit Delay:一个采样周期的延迟。

(3)输出显示部分模块。

①控制系统仿真中,输出显示部分模块常用的有接收器模块(Sinks)。

②Scope:示波器。

③Floating Scope:浮动示波器。

④Display:数字显示器。

⑤To File(.mat):将输出数据写入数据文件保存。

⑥To Workspace:将输出数据写入 MATLAB 的工作空间。

⑦XY Graph:二维图形显示器。

B.2.3 控制系统仿真中常用的 Blockset

Simulink 工具箱中含有大量的仿真 Blockset(模块集),这些模块集是针对各领域的专用工具模块,如 Power System Blockset(PSB),DSP Blockset,Communication Blockset,Nonlinear Control Design Blockset 等。

控制系统仿真中经常用到的 Blockset 有以下几种。

(1)System ID Blockset:系统辨识模块集。

(2)NCD Blockset:非线性控制设计模块集。

(3)Neural Network Blockset:神经网络模块集。

B.3 Simulink 功能模块的处理

B.3.1 Simulink 模块操作及建模

(1)Simulink 模型。

1)Simulink 模型的概念。Simulink 意义上的模型根据表示形式不同有着不同的含义。在模型窗口中表现为可见的方框图;在存储形式上表现为扩展名为.mdl 的 ASCII 文件;而从其物理意义上来讲,Simulink 模型模拟了物理器件构成的实际系统的动态行为。采用 Simulink 软件对一个实际动态系统进行仿真,关键是建立起能够模拟并代表该系统的 Simulink 模型。

从系统组成上来看,一个典型的 Simulink 模型一般包括 3 部分:输入、系统和输出。输入一般用信源(Source)模块表示,具体形式可以为常数(Constant)和正弦信号(Sine)等模块;系统就是指在 Simulink 中建立并对其研究的系统方框图;输出一般用信宿(Sink)模块表示,具体可以是示波器(Scope)和图形记录仪等模块。无论输入、系统和输出,都可以从 Simulink 模块库中直接获得,或由用户根据需要用相关模块组合后自定义而得。

对一个实际的 Simulink 模型来说,并非完全包含这 3 个部分,有些模型可能不存在输入或输出部分。

2)模型文件的创建和修改。模型文件是指在 Simulink 环境中记录模型中的模块类型、模块位置和各模块相关参数等信息的文件,其扩展名为.mdl。在 MATLAB 环境中,可以创建、编辑和保持模型文件。

3)模型文件的格式。Simulink 的模型通常都是以图形界面形式来创建的,此外,Simulink 还为用户提供了通过命令行来建立模型和设置参数的方法。这种方法要求用户熟悉大量的命令,因此很不直观,用户通常不需要采用这种方法。

Simulink 将每一个模型(包括库)都保存在一个扩展名为.mdl 的文件里,称为模型文件。一个模型文件就是一个结构化的 ASCII 文件,包含关键字和各种参数值。

(2)Simulink 模型的基本操作。

Simulink 模块的基本操作包括选取模块、复制和删除模块、模块的参数和属性设置、模块外形的调整、模块名的处理、模块的连接及在连线上反映信息等操作。Simulink 模型的构建是通过用线将各种功能模块进行连接而构成的。用鼠标可以在功能模块的输入端与输出端之间直接连线，所画的线可以改变粗细、设定标签，也可把线折弯、分支等。或对 Simulink 模块、直线和信号标签进行各种常用的操作方法进行汇总如表 B－2 所示。

表 B－2　Simulink 对模块的基本操作

任　务	Microsoft Windows 环境下的操作
选择一个模块	右击选中的模块，选择“Add Block to model untitled”或使用快捷键 Ctrl＋I
不同模型窗口之间复制模块	直接将模块从一个模型窗口拖动到另一个模型窗口
同一模型窗口内复制模块	选中模块，按下 Ctrl＋C 键，再按 Ctrl＋V 键即可复制
移动模块	长按鼠标左键直接拖动
删除模块	选中模块，按 Delete 或者右击点 Delete
连接模块	鼠标选中模块的输出并拖动至另一模块的输入
断开模块之间的连接	按 Shift 键，鼠标左键将模块拖动至另外的位置；或选中连线将鼠标指向箭头处，出现一个小圆圈圈住箭头时按下左键并移动连线
改变模块的大小	选中模块，鼠标移动到模块方框的一角，当鼠标图标变成两端有箭头的线段时，按下鼠标左键拖动图标以改变图标大小
调整模块的方向	右键选中模块，通过参数设置项 Rotate&Flip 调整模块方向，在菜单 Format 中选择 Rotate Block 顺时针旋转 90°，选择 Flip Block 旋转 180°。
修改模块名	双击选中的模块，在弹出的对话框里修改
颜色设定	Format 菜单中的 Foreground Color 可以改变模块的前景颜色，Background Color 可以改变模块的背景颜色，模型窗口的颜色可以通过 Sreen Color 改变。
属性设定	选中模块，打开 Edit 菜单的 Block Properties 设定模块属性

表 B－3　Simulink 对连线的基本操作

任　务	Microsoft Windows 环境下的操作
选择一条直线	单击选中的直线
连线的分支	按下 Ctrl 键，单击选中的连线或按住鼠标右键，在需要分支的地方拉出即可
移动直线	鼠标左键拖动直线
移动直线顶点	将鼠标指向连线的箭头处，当出现一个小圆圈圈住箭头时按下左键并用连线
线调整为斜线	按下 Shift 键，将鼠标指向需要移动的直线上的一点并按下鼠标左键直接拖动直线
线调整为折线	按下鼠标左键不放直接拖动直线

（3）系统模型注释与信号标签设置。

对于复杂系统的 Simulink 仿真模型，可对其进行注释说明。通常可采用 Simulink 的模型注释和信号标签两种方法。

1）系统模型注释。在 Simulink 中对系统模型进行注释只需要单击系统模型窗口右边的 A≡，打开文本编辑框，输入所需注释内容，文本框可用鼠标进行移动。需要注意的是，虽然文本编辑框支持汉字输入，但是 Simulink 无法添加有汉字注释的系统模型，建议采用英文注释。

2）系统信号标签。信号标签在创建复杂系统的 Simulink 仿真模型时非常重要。信号标签也称为信号的“名称”或“标记”，它与特定的信号相联系，用于描述信号的一个固有特性，与系统模型注释不同。系统模型注释是对系统或局部模块进行说明的文字信息，它与系统模型是分离的，但是信号标签则不可分离。

B.3.2 Simulink 模块参数设置

功能模块参数设置是 Simulink 仿真进行人机交互的一种重要途径。Simulink 绝大多数系统模块都需要进行参数设置，只有在设置功能模块参数后，才能进行仿真操作。不同功能模块的参数是不同的，用鼠标双击该功能模块自动弹出相应的设置对话框。图 B-5 为“功能模块参数设置”对话框。

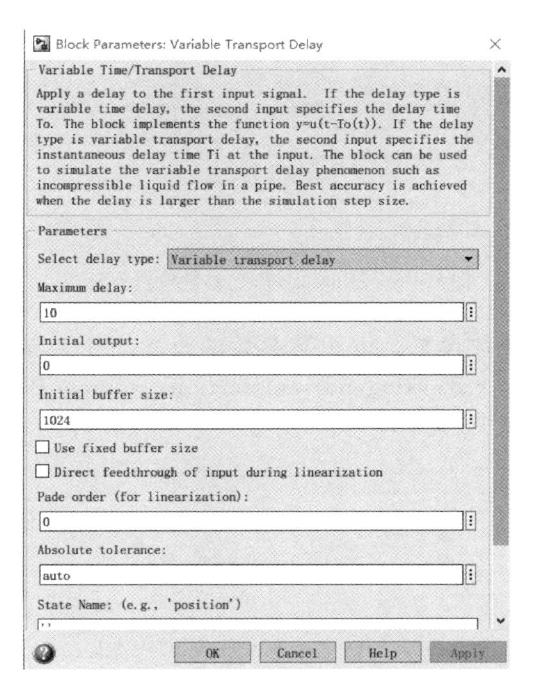

图 B-5 功能模块参数设置对话框

功能对话框由功能模块说明框和参数设置框组成。功能模块说明该功能模块使用方法和功能；参数设置框用于设置该功能模块的参数。例如，传输延迟参数由最大延迟、初始输入、缓冲区的大小和 pade 近似的介词组成，用户可输入相关参数。每个对话框的下面有“OK”（确认）、“Cancel”（取消）、“Help”（帮助）和“Apply”（应用）4 个按钮，设置功能模块参数后，需单击“OK”按钮进行确认，将设置参数送到仿真操作画面，并关闭对话框。单击“Cancel”按钮将取消刚才输入的设置参数，并关闭对话框。单击“Help”按钮，将弹出 Web 求助画面。

B.3.3 Simulink 仿真设置

Simulink 仿真参数的设置是 Simulink 动态仿真的重要内容，是深入了解并掌握 Simulink 仿真技术的关键内容之一。建立好系统的仿真模型后，需要对 Simulink 仿真参数进行设置。在 Simulink 模型窗口中选择“Simulation”下的“Configuration Parameters”命令或直接按快捷键“Ctrl+E”，便会弹出如图 B-6 所示的设置窗口，包括 Solver（仿真器）、Data Imput/Export（数据输入/输出项）、Optimization（最优化配置）、Diagnostics（诊断）等。仿真器参数的设置最为关键。

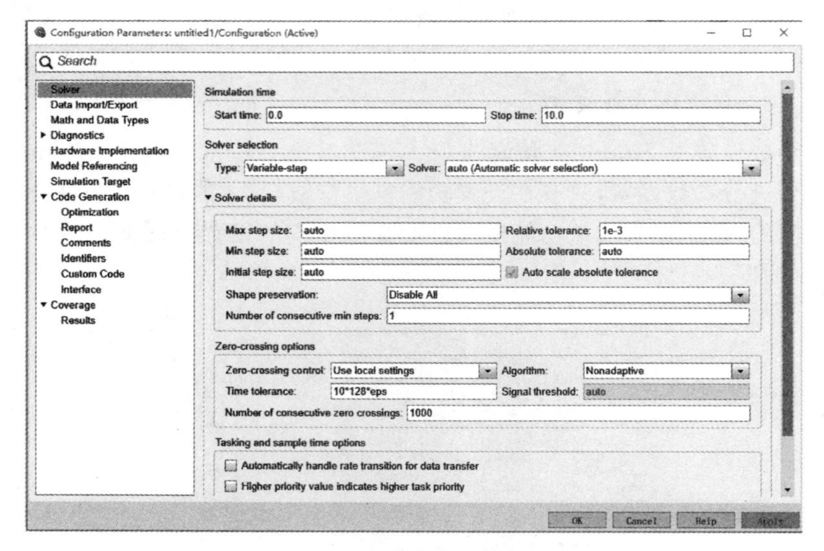

图 B-6 Simulink 仿真参数设置对话框

(1)仿真器(Solver)参数设置。仿真器参数的设置主要包括 Simulation(仿真时间)、Solver options(求解器选项)、Taskingand sample time options(任务处理及采样时间项)和 Zero crossing options(过零项)共 4 项内容,对于一般的设置,使用默认设置即可。参数设置如图 B-7 所示。

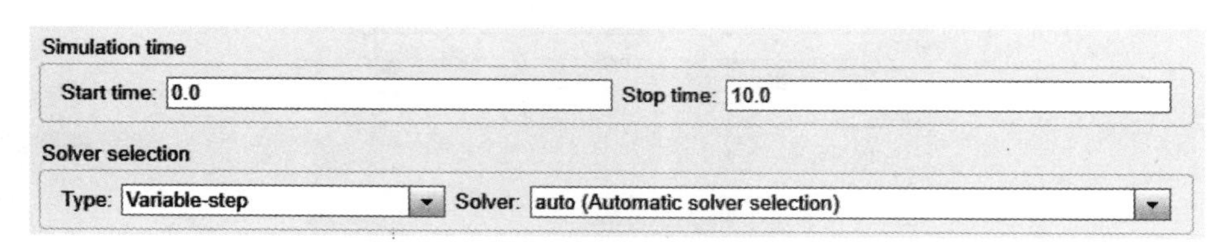

图 B-7 仿真器参数设置窗口

1)仿真时间设置。仿真时间参数与计算机执行任务具体需要的时间不同。如 10 s 的仿真时间,采样步长为 0.1,则需要执行 100 步。仿真的起始时间用 Start time 来设置,结束时间用 Stop time 来设置。一般仿真开始时间设为 0,结束时间视不同的情况进行选择,默认为 10 s。

2)解法器设置。Type(仿真类型)下拉选项框中指定仿真的步长选取方式:Variable-step(变步长)和 Fixed-step(固定步长)。变步长模式可在仿真中改变步长,提供误差控制和过零检测选择;固定步长模式在仿真中步长固定,不提供误差控制和过零检测。

系统默认求解器类型为变步长仿真。变步长模式求解器有 discrete,ode45,ode23,ode113,ode15s,ode23s,ode23t 和 ode23tb,以下对上述求解器进行介绍。

①discrete。当 Simulink 检查到每块没有连续状态时使用。

②ode45。默认值,求解器算法是 4 阶/5 阶龙格-库塔法,适用于大多数连续或离散系统,但不适用于刚性系统。

③ode23。求解器算法是 2 阶/3 阶龙格一库塔法,在误差限要求不高和所求解的问题不太复杂的情况下可能会比 ode45 更有效,它也是一个单步解法器。

④ode113。它是一种阶数可变的求解器,在误差要求严格的情况下通常比 ode45 更有效。ode113 是一种多步解法器,即在计算当前时刻输出时,它需要以前多个时刻的解。

⑤ode15s。它表示一种基于数字微分公式的解法器,它也是一种多步解法器,适用于刚性系统。当用户估计要解决的问题是比较困难的、不能使用 ode45 或者即使使用效果也不好时,就可以用 ode15s。

⑥ode23s。它表示一种单步解法器,专门应用于刚性系统,在弱误差允许下的效果优于 ode15s,它能解决某些 ode15s 所不能有效地解决的刚性问题。

⑦ode23t。它表示梯形规则的一种自由插值实现,这种解法器适用于求解适度刚性的问题而用户又需要一个无数字振荡的解法器的情况。

⑧ode23tb。它表示 TR-BDF2 的一种实现,TR-BDF2 是具有两个阶段的隐式龙格-库塔公式。

固定变步长模式解法器有 discrete、ode5、ode4、ode3、ode2、ode1、ode14x。下面对上述求解器进行介绍。

⑨discrete。它表示一种实现积分的固定步长解法器,它适合于离散无连续状态的系统。

⑩ode5。默认值,是 ode45 的固定步长版本,适用于大多数连续或离散系统,不适用于刚性系统。

⑪ode4。它表示四阶龙格-库塔法,具有一定的计算精度。

⑫ode3。它表示固定步长的二/三阶龙格-库塔法。

⑬ode2。它表示改进的欧拉法。

⑭ode1。它表示欧拉法。

⑮ode14x。它表示固定步长的隐式外推法。

3)变步长模式的步长参数设置。对于变步长模式,用户常用的设置有最大和最小步长参数、相对误差和绝对误差、初始步长,以及 Zero crossing control(过零控制)。在默认的情况下,步长自动确定,用 auto 值表示。

①Max step size(最大步长参数)。它决定解法器能够使用的最大时间步长,它的默认值为“仿真时间/50”,即整个仿真过程中至少取 50 个取样点,但这样的取法对于仿真时间较长的系统则可能带来取样点过于稀疏的问题,导致仿真结果失真。一般建议仿真时间不超过15 s 的采用默认值即可,超过 15 s 的每秒至少保证 5 个采样点,对于超过 100 s 的,每秒至少保证 3 个采样点。

②Min step size(最小步长参数)。它用来规定变步长仿真时使用的最小步长。

③Relative tolerance(相对误差)。它指误差相对状态的值,是一个百分比,默认值为 $1e^{-3}$,表示状态的计算值要精确到 0.1%。

④Absolute tolerance(绝对误差)。它表示误差值的门限,或者是在状态值为零的情况下可以接受的误差。如果它被设成了 auto,那么 Simulink 为每一个状态设置初始绝对值 $1e^{-6}$。

⑤Initial step size(初始步长参数)。一般建议使用 auto 默认值。

⑥Zero crossing control。过零点控制,用来检查仿真系统的非连续性。

4)固定步长模式的步长参数设置。对于固定步长模式,用户常用的设置介绍如下。

①Multitasking。选择这种模式时，当 Simulink 检测到模块间非法的采样速率转换时系统会给出错误提示。所谓非法采样速率转换指两个工作在不同采样速率的模块之间的直接连接。在实时多任务系统中，如果任务之间存在非法采样速率转换，那么就有可能出现一个模块的输出在另一个模块需要时却无法利用的情况。

②Singletasking。这种模式不检查模块间的速率转换，它在建立单任务系统模型时非常有用，在这种系统中不存在任务同步问题。

③Auto。选择这种模式时，Simulink 会根据模型中模块的采样速率是否一致，自动决定切换到 Multitasking 模式或 Singletasking 模式。

(2)工作空间数据导入/导出设置。工作空间数据导入/导出(Data Import/Export)设置的界面如图 B-8 所示，包括 Load from workspace(从工作空间输入数据)、Save to workspace(将数据保存到工作空间)、Simulation Data Inspector(信号查看器)和 Additional parameters(附加选项)。工作空间数据导入/导出设置主要在 Simulink 与 MATLAB 工作空间交换数值时进行有关选项设置，可以设置 Simulink 和当前工作空间的数据输入、输出。

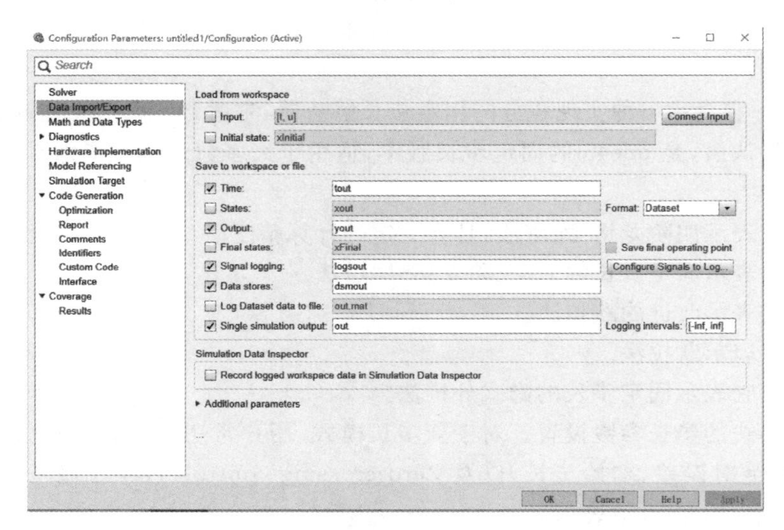

图 B-8　工作空间数据导入/导出设置界面

1)Load from workspace：选中前面的复选框即可从 MATLAB 工作空间获取时间和输入变量，一般时间变量定义为 t，输入变量定义为 u。Initial state 用来定义从 MATLAB 工作空间获得的状态初始值的变量名。

Simulink 通过设置模型的输入端口，实现在仿真过程中从工作空间读入数据，常用的输入端口模块为信号与系统模块库(Signal&Systems)中的 In1 模块，设置其参数时，选中 input 前的复选框，并在后面的编辑框键入输入数据的变量名，并可以用命令行窗口或 M 文件编辑器输入数据。Simulink 根据输入端口参数中设置的采样时间读取输入数据。

2)Save to workspace：用来设置存在 MATLAB 工作空间的变量类型和变量名，可以选择保存的选项有时间、端口输出、状态和最终状态。选中选项前面的复选框并在选项后面的编辑框输入变量名，就会把相应数据保存到指定的变量中。

3)Save options：用来设置存往工作空间的有关选项。

①Limit date points to last。用来设定 Simulink 仿真结果最终可存往 MATLAB 工作空间的变量的规模，对于向量而言即其维数，对于矩阵而言即其秩。

②Decimation。它设定了一个亚采样因子，它的默认值为 1，也就是对每一个仿真时间点产生值都保存，若为 2 则是每隔一个仿真时刻保存一个值。

③Format。用来说明返回数据的格式，包括数组（Array）、结构体（Structure）及带时间的结构体（Structure with time）。

④Signal logging name。用来保存仿真中记录的变量名。

⑤Output options。用来生成额外的输出信号数据。

⑥Refine factor。用来指定仿真步长之间产生数据的点数。

B.3.4 Simulink 自定义功能模块

在实际中，会存在有些需要的模块在 Simulink 中没有，因此需要对 Simulink 的模块进行扩展，以适应特殊的仿真应用。

（1）自定功能模块的创建。Simulink 提供了自定义功能模块，用户只要按照其规定要求定义一些模块，便可在 Simulink 仿真调用时使用。自定义功能模块的创建有以下两种方法。

1）采用 Signal&Systems 模块库中的 Subsystem 功能模块，利用其编辑区设计组合新的功能模块。基本操作：首先将 Signal&Systems 模块库中的 Subsystem 功能模块复制到打开的模型窗口中，然后双击 Subsystem 功能模块，进入自定义功能模块窗口，即可利用已有的基本功能模块设计出新的功能模块。

2）将现有的多个功能模块组合起来，形成新的功能模块。基本操作：在模型窗口中建立所定义功能模块的子模块。用鼠标将这些需要组合的功能模块选中，然后选择 Edit 菜单下的 Create Subsystem 即可。

对于很大的 Simulink 模型，通过自定义功能模块可以简化图形，减少功能模块的个数，有利于模型的分层构建。

（2）自定功能模块的封装。上面提到的两种方法都只是创建一个功能模块而已，如果要命名该自定义功能模块、对功能模块进行说明、选定模块外观、设定输入数据窗口，则需要对其进行封装处理。

首先选中 Subsystem 功能模块，再打开 Edit 菜单中的 Mask Subsystem 进入 mask 的编辑窗口，可以看出有 3 个标签页。

1）Icon 标签页。用于设定功能模块外观，最重要的部分是 Drawing Commands，在该区域内可以用 disp 指令设定功能模块的文字名称，用 plot 指令画线，用 dpoly 指令画转换函数。需要注意的是，尽管这些命令在名字上和以前讲的 MATLAB 函数相同，但它们在功能上却不完全相同，因此不能随便套用以前所讲的格式。

①disp（‘text’）。在功能模块上显示设定的文字内容。

②disp（‘text1\\ntext2’）。分行显示文字 text1 和 text2。

③plot（[x1 x2 … xn]，[y1 y2 … yn]）。在功能模块上画出由[x1 y1]经[x2 y2]经[x3 y3]…，直到[xn yn]为止的直线。功能模块的左下角会根据目前的坐标刻度被正规化为[0，

0]，右上角则会依据目前的坐标刻度被正规化为[1,1]。

④dploy(num,den)。按 s 次数的降幂排序，在功能模块上显示连续的传递函数。

⑤dploy(num,den,'z')。按 z 次数的降幂排序，在功能模块上显示离散的传递函数。

用户还可以设置一些参数来控制图标的属性，这些属性在 Icon 页右下端的下拉式列表中进行选择。

⑥Icon frame。选择 Visible 则显示外框线，选择 Invisible 则隐藏外框线。

⑦Icon Transparency。选择 Opaque 则隐藏输入/输出的标签，选择 Transparent 则显示输入或输出的标签。

⑧Icon Rotation。旋转模块。

⑨Drawing coordinate。画图时的坐标系。

2)Initialization 标签页。用于设定输入数据窗口(Prompt list)，主要用来设计输入提示(Prompt)，以及对应的变量名称(variable)。在 Prompt 栏上输入变量的含义，其内容会显示在输入提示中。variable 是仿真要用到的变量，该变量的值一直存于 mask workspace 中，因此可以与其他程序互相传递。

如果配合在 Initialization commands 内编辑程序，则可以发挥功能模块的功能来执行特定的操作。

①在 Prompt 编辑框中输入文字，这些文字就会出现在 Prompt 列表中；在 Variable 列表中输入变量名称，则 Prompt 中的文字对应该变量的说明。如果要增加新的项目，则可以单击边上的 Add 按钮。Up 和 Down 按钮用于执行项目间的位置调整。

② Control type 列表给用户提供选择设计的编辑区，选择 Edit 会出现供输入的空白区域，所输入的值代表对应的 variable；Popup 则为用户提供可选择的内容，各值之间用逻辑或符号“|”隔开；若选择 Checkbox 则用于 on 与 off 的选择设定。

③Assignment 属性用于配合 Control type 的不同选择来提供不同的变量值，变量值分为 Evaluate 和 Literal 两种，其含义见表 B-4。

表 B-4　Assignment 属性的含义

Control	Assignment	
	Evaluate	Literal
Edit	输入的文字是程序执行时所用的变量值	输入内容做字符串处理
Popup	所选序号，选第一项输出 1，以此类推	选择内容做字符串处理
Checkbox	输出为 1 或 0	输出为“on”或“off”的字符串

3)Documentation 标签页。

用于设计该功能模块的文字说明，主要针对完成的功能模块来编写相应的说明文字和 Help。

①在 Block description 中输入的文字，会出现在参数窗口的说明部分。

②在 Block help 中输入的文字显示在单击参数窗口中的“Help”按钮后浏览器所加载的 HTML 文件中。

③在 Mask type 中输入的文字作为封装模块的标注性说明，在模型窗口下，将鼠标指向模块则会显示该文字。当然必须先在 View 菜单中选择 Block Data Tips——Show Block Data Tips。

参考文献

[1] 王正林，王开胜，陈国顺，等. MATLAB/Simulink 与控制系统仿真[M]. 4 版. 北京：电子工业出版社，2017.

[2] 王广雄，何朕. 控制系统设计[M]. 北京：清华大学出版社，2008.

[3] 胡寿松. 自动控制原理[M]. 5 版. 北京：科学出版社，2007.

[4] 刘金琨. 先进 PID 控制 MATLAB 仿真[M]. 北京：电子工业出版社，2011.

[5] 杨佳，许强，徐鹏，等. 控制系统 MATLAB 仿真与设计[M]. 北京：清华大学出版社，2012.

[6] 夏玮，李朝辉，常春腾. MATLAB 控制系统仿真与实例详解[M]. 北京：人民邮电出版社，2008.

[7] 赵景波. MATLAB 控制系统仿真与设计[M]. 北京：机械工业出版社，2010.

[8] 薛定宇. 反馈控制系统设计与分析:MATLAB 语言与应用[M]. 北京：清华大学出版社，2000.

[9] 薛定宇，陈阳泉. 基于 MATLAB/Simulink 的系统仿真技术与应用[M]. 北京：清华大学出版社，2002.

[10] 薛定宇. 控制系统计算机辅助设计:MATLAB 语言与应用[M]. 2 版. 北京：清华大学出版社，2006.

[11] 郑大钟. 线性系统理论[M]. 2 版. 北京：清华大学出版社，2002.

[12] 张嗣瀛，高立群. 现代控制理论[M]. 2 版. 北京：清华大学出版社，2017.

[13] 丁锋. 现代控制理论[M]. 北京：清华大学出版社，2018.

[14] 孙炳达. 现代控制理论基础[M]. 4 版. 北京：机械工业出版社，2018.

[15] 韩致信. 现代控制理论及其 MATLAB 实现[M]. 北京：电子工业出版社，2014.

[16] 方群，李新国,朱战霞,等. 航天飞行动力学[M]. 西安：西北工业大学出版社，2015.

[17] 曾庆华，张为华. 无人飞行器控制系统实验教程[M]. 北京：国防工业出版社，2011.

[18] 温正，丁伟. MATLAB 应用教程[M]. 北京：清华大学出版社，2016.

[19] 刘卫国. MATLAB 程序设计与应用[M]. 2 版. 北京：清华大学出版社，2005.

[20] 史峰，邓森,陈冰,等. MATLAB 函数速查手册[M]. 北京：中国铁道出版社，2011.

[21] 张志涌，杨祖樱. MATLAB 教程:R2018a[M]. 北京：北京航空航天大学出版社，2019.

[22] 王莹莹. 倒立摆建模、仿真与控制[D]. 青岛：青岛大学，2016.

[23] 邱德慧，王庆林，杨洁. 倒立摆系统的动力学建模与滑模控制[J]. 控制工程，2012，19(S1)：8－11,14.

[24] 汤乐. 倒立摆系统建模与控制方法研究[D]. 开封：河南大学，2013.

[25] 任玲. 基于 dSPACE 仿真平台的一阶直线倒立摆控制研究[D]. 哈尔滨：哈尔滨工业大学，2012.

[26] 洪金文. 基于改进型自抗扰控制的一级直线倒立摆控制系统研究[D]. 合肥：安徽工程

大学，2019.
[27] 邹忱忱. 基于粒子群算法的 LQR 直线二级倒立摆的控制研究[D]. 西安：西安科技大学，2017.
[28] 杜洋. 二级直线倒立摆系统建模、仿真与实物控制[D]. 北京：北京交通大学，2013.
[29] 刘峰. 基于倒立摆的控制方法研究[D]. 西安：西安电子科技大学，2019.
[30] 毛文杰. 强化学习在倒立摆起摆及平衡控制中的应用研究[D]. 西安：西安理工大学，2018.
[31] 马杰. 基于 Matlab/Simulink 的环形倒立摆建模与控制方法实验研究[D]. 西安：长安大学，2018.
[32] 孙国强. 直线电机倒立摆及控制系统研究[D]. 合肥：合肥工业大学，2018.
[33] 杨文乐. 基于强化学习的倒立摆控制算法研究[D]. 西安：西安理工大学，2019.
[34] 周长斌. 基于直线电机倒立摆的控制算法及控制器设计[D]. 合肥：合肥工业大学，2018.
[35] 关蕾. 直线电机倒立摆系统的建模与稳定控制研究[D]. 西安：长安大学，2012.
[36] 李传阳. 基于直线电机的倒立摆系统自动起摆与稳摆控制算法研究[D]. 合肥：合肥工业大学，2019.
[37] 罗华强. 基于直线电机驱动的一级倒立摆[D]. 广州：华南理工大学，2013.
[38] 汤维. 基于直线二级倒立摆控制系统的研究[D]. 包头：内蒙古科技大学，2012.
[39] 马婷婷. 基于直线二级倒立摆稳定控制方法的研究[D]. 西安：西安电子科技大学，2014.
[40] 魏胜男. 一级直线倒立摆的模糊控制方法[D]. 太原：太原科技大学，2012.
[41] 郑舒人. 一阶直线倒立摆平衡控制研究[D]. 大连：大连理工大学，2014.
[42] 武俊峰，姜欣辰. 基于粒子群算法的直线二级倒立摆 LQR 控制器优化控制方法[J]. 黑龙江科技大学学报，2018，28(5)：570－576.
[43] 刘翔，王中杰. 基于嵌入式控制器的直线倒立摆最优控制研究[J]. 中国科技信息，2014(6)：134－137.
[44] 张蕊. 基于趋近律的直线倒立摆滑模控制[J]. 计算机仿真，2015，32(10)：435－438.
[45] 韩亚军. 基于线性二次最优 LQR 的直线倒立摆控制系统研究分析[J]. 电气传动自动化，2012. 34(3)：22－25.
[46] 武俊峰，郭旭飞. 人工鱼群算法在 LQR 控制直线二级倒立摆中的应用[J]. 黑龙江科技大学学报，2019，29(6)：741－746.
[47] 于灏，欧阳利，郝飞. 事件触发控制在倒立摆系统中的仿真与实验[J]. 北京航空航天大学学报，2016，42(10)：2107－2117.
[48] 安新雨，张涛. 一级直线倒立摆串联模糊控制方法研究[J]. 科技信息，2013(10)：50－51.
[49] 常驰，刘如意，李刚. 一阶直线倒立摆的设计[J]. 电子制作，2019(9)：71－73.
[50] 彭锦，黄为，熊欢. 二次型最优控制在小车倒立摆控制系统中的应用[J]. 湖南理工学院学报(自然科学版)，2020，33(1)：17－23.
[51] 尹逊和，樊雪丽，杜洋，等. 二级直线倒立摆系统的实物控制[J]. 计算机工程与应用，2016，52(20)：242－250.

[52] 王春平. 二级直线型倒立摆系统的 LQR 控制探析[J]. 机电信息，2013(9)：143－145.

[53] 戴源成，张文志. 高仿真直线一级倒立摆模型设计[J]. 机械工程与自动化，2014(5)：1－3.

[54] 郑浩，汪正祥，张凤登. 基于 FPGA 的倒立摆模糊 PID 控制器设计实现[J]. 软件导刊，2020,19(6)：130－135.

[55] 马燕，徐立军,刘洋. 基于 Labview 的直流伺服电机模糊控制系统[J]. 自动化技术与应用，2017，36(2)：15－18,25.

[56] 张娓娓，陈乐瑞，赵志远. 基于 LQR 的直线一阶单倒立摆最优控制器的设计[J]. 自动化应用，2014(9)：32－34.

[57] 王洪亮，周洁，罗灵琳. 基于 LQR 控制器的直线倒立摆研究及设计[J]. 机械与电子，2018，36(4)：3－6.

[58] 王惠萍,孔庆忠. 基于 MATLAB 的直线一级倒立摆的 PID 控制研究[J]. 机械工程与自动化，2015(5)：179－180,182.

[59] 李雅琼. 基于二阶滑模的倒立摆控制研究[J]. 湖北理工学院学报，2017. 33(1)：16－21.

[60] 王志晟，张雪敏，梅生伟. 基于非线性状态依赖 Riccati 方程的直线倒立摆一致性控制[J]. 控制理论与应用，2020，37(4)：739－746.

[61] 洪金文，刘丙友，王力超. 基于改进型 ADRC 的一级直线倒立摆高精度控制[J]. 黑龙江工业学院学报(综合版)，2018，18(12)：69－75.

[62] 陈陆曦，张瑞成. 基于扩张状态观测器的直线倒立摆状态反馈控制研究[J]. 数字技术与应用，2014(11)：20－22.